农业水土资源耦合开发的碳排放效应研究

——基于“水-土-能-碳”关联的视角

赵荣钦 刘 英 肖连刚 吴 微 等 著

国家自然科学基金面上项目（41971241，42471296）资助

科 学 出 版 社

北 京

内 容 简 介

本书构建了农业“水-土-能-碳”关联的理论框架与研究方法，在河南省65个典型村庄农户调研的基础上，提出了不同“水-土-能”管理水平下的农业碳排放系数集，对河南省村庄、乡镇和县域水土资源耦合开发的碳排放进行了核算和模拟，分析了农业水土资源开发不同阶段、不同作物的碳排放构成特征、时空格局、效率差异及影响机制，并提出了农业水土资源低碳优化的方案和建议。本书的主要特色是从微观农户、典型村庄层面入手，揭示不同空间尺度下农业“水-土-能-碳”的关联机制，并提出面向增产—减投—减排多目标协同的农业水土资源优化开发方案，有助于从理论上进一步深化农业领域的多要素耦合研究，并为基于“水-土-能”要素协同的农业生产精准管理及水土资源低碳优化提供实践指导。

本书可作为地理学、土地科学、农业科学、生态学及环境科学等专业研究生的参考书，也可供从事气候变化与碳减排、农业水土资源管理、农业生命周期评价、农业生产优化与区域低碳规划等领域的专业研究人员和实践工作者参考。

图书在版编目（CIP）数据

农业水土资源耦合开发的碳排放效应研究 ：基于“水—土—能—碳”关联的视角 / 赵荣钦等著. -- 北京 ：科学出版社，2025. 9. -- ISBN 978-7-03-081854-6

Ⅰ. S279. 2

中国国家版本馆CIP数据核字第2025S54V67号

责任编辑：王丹妮／ 责任校对：贾娜娜
责任印制：张　伟／ 封面设计：有道设计

科学出版社 出版
北京东黄城根北街16号
邮政编码：100717
http://www.sciencep.com

北京华宇信诺印刷有限公司印刷
科学出版社发行　各地新华书店经销
*
2025年9月第　一　版　开本：720×1000　1/16
2025年9月第一次印刷　印张：15 1/4
字数：305 000

定价：162.00元

（如有印装质量问题，我社负责调换）

序

农业生产是人类经济社会发展的重要基础。随着全球人口的快速增长，为满足人们的粮食需求，农业生产过程中的用水、用能及各项物资投入不断增加，这在保证粮食稳定产出的同时，也带来了包括温室气体排放、地下水过度抽取、农业土壤污染及土地退化等一系列环境问题，尤其是农业水土资源不合理开发利用导致了农业生产效率低下、水能资源浪费，并带来了大量碳排放，甚至一些国家和地区对农业水土资源的开发利用程度已经超出了本地承载能力。这种状况引起了相关国家政府和学术界的广泛关注。因此，探索面向绿色低碳的农业生产方式，优化农业水土资源开发与配置格局，对于推动农业高质量发展具有重要意义。

在应对全球气候变化及“双碳”目标下，中国政府高度关注农业水土资源浪费和碳排放问题，相继出台多项政策制度，致力于推进农业水土资源高效利用和农业生产的绿色低碳转型。比如，《“十四五”推进农业农村现代化规划》指出要“以绿色发展引领乡村振兴，推进农村生产生活方式绿色低碳转型”，并提出要“建立健全农业农村减排固碳监测网络和标准体系”；《“十四五”全国农业绿色发展规划》进一步对提高农业用水效率、农业资源高效利用、农业生态环境保护等做了部署，以推动农业减排固碳、提升农业领域应对气候变化的能力；《农业农村减排固碳实施方案》提出“以农业农村绿色低碳发展为关键，以实施减污降碳、碳汇提升重大行动为抓手，全面提升农业综合生产能力，降低温室气体排放强度”。这表明，推动农业绿色低碳发展是中国当前和今后一个时期的重要战略任务，也是农业领域应对气候变化的关键举措。

赵荣钦教授在土地利用碳排放、“水-土-能-碳”耦合领域开展了较为系统的研究。该书以农业水土资源开发过程的碳排放核算与农业生产优化为切入点，基于“水-土-能-碳”关联的视角，在对河南省65个典型村庄农户调研的基础上，提出了不同“水-土-能”管理水平下的农业碳排放系数集，对河南省村庄、乡镇和县域水土资源耦合开发的碳排放进行了核算和模拟，分析了农业水土资源开发不同阶段、不同作物的碳排放构成特征、时空格局、效率差异及影响机制，并提出了面向农业水土资源低碳优化的方案和建议。该书选题新颖、内容精练、结构合理、理论和实践并重，不仅在农业多要素耦合的理论建构及微观农户调研方面具有一定的创新性，而且切合了中国推动农业绿色低碳转型发展的科技需求和现实导向。该书的主要特色表现在以下几方面。

一是基于微观农户开展农业生产的碳排放研究。作者带领团队对河南省 65 个样点村庄开展了深入调研，详细了解了农户层面农业水土资源利用、种植构成、灌溉方式、能源消耗、各项物资投入等情况，并建立了针对河南省各地域的不同“水–土–能”管理水平下的农业碳排放系数集，这突破了前人的研究大多从宏观尺度开展的局限，不仅从农户层面深化了农业碳排放研究，而且对于精准了解不同地域水土资源开发生命周期的碳排放构成提供了重要参考和宝贵的样本数据。

二是基于“水–土–能–碳”多要素关联的研究。当前人地关系研究中，复杂系统的多要素耦合问题是一个热点，也是难点。作者从农业水土资源开发过程入手，从理论上阐释了农业水土资源开发、能源消费和碳排放的内在关系机理，建立了农业“水–土–能–碳”关联的研究框架，以此为基础设计该书的内容和研究方法，并从村庄、乡镇和县域多尺度探讨了农业“水–土–能–碳”的关联特征和规律，深化了对于农业生产过程中多要素耦合规律的认知，对于从“水–土–能”资源合理利用和优化配置视角探索未来农业优化调控对策和路径具有很好的启发意义。

三是基于碳排放约束的农业水土资源优化研究。河南省是农业大省，河南省农业生产方式的优化对于全国其他省区市的农业转型和高质量发展具有重要的借鉴意义。作者基于农业生产碳排放效率的分析，提出了农业水土资源开发的碳排放阈值，并提出了面向增产—减投—减排多目标协同的河南省县域尺度水土资源优化开发方案，这对于推动“双碳”目标下农业生产方式转型具有一定的参考意义，能够为基于“水–土–能”要素协同的农业生产精准管理及水土资源优化提供实践指导。

农业生产是一个复杂的系统，既要考虑农作物产量目标，又要兼顾社会效益、生态目标和环境影响，不同地域的农业生产又受当地自然条件、生产习惯、技术水平、农户意愿等多种因素的影响，因此建立起多目标兼顾、多要素权衡的农业生产方式不是一项容易的工作。但作者深入农户开展调查研究，试图从“水–土–能–碳”多要素耦合的视角探索农业生产优化的路径，具有一定的创新性和现实意义，并具有鲜明的地域特色。相信该书的出版能够推动农业碳排放研究在微观尺度和多要素关联视角的深化，也能够在农业生产管理与资源优化配置方面发挥积极作用。

李小建

2024 年 12 月

前　言

在应对全球气候变化和“双碳”目标下，近年来，农业部门的温室气体排放受到国内外学者的广泛关注。农业生产及其相关的产业链（如农产品种植、运输、加工和消费及农业物资投入等）与人们的日常生活密切相关，与其他产业深度耦合，并带来了大量直接和间接的水、能源消费和碳排放，也被认为是最具碳减排潜力的领域之一。但前期主要是从消费端开展农业生产能源消费或物资投入的温室气体排放核算研究，而从多要素耦合视角开展农业碳排放的研究还相对较少。近年来，基于多要素耦合的农业可持续发展与粮食安全研究越来越受到国内外学术界的关注。比如，粮食—能源—水纽带关系、水-土-能-污染物关联等研究，为我们从资源耦合视角重新审视农业生产的综合环境影响提供了新视角，也为多目标导向的农业系统可持续发展提供了重要理论支撑。农业是直接利用水、土、能资源的人类活动方式，水、土、能开发利用强度及匹配关系直接关系到农业资源利用效率与碳排放效率，并决定了农业生产对环境的影响程度。要实现针对性的农业水土资源优化和生产效率的提升，应该从不同区域入手，深入调查农业“水-土-能-碳”的关联特征，探索水、土、能利用模式的不同组合对农业生产效率和碳排放强度的影响，以全面评估水、土、能资源优化和高效利用对农业碳减排的贡献，并提出面向农业水土资源优化、能源消耗、粮食安全与碳减排等多目标的农业水土资源优化与可持续发展策略。这有助于从资源耦合开发的源头揭示水、土、能资源利用效率对农业碳排放的影响机理，也能为优化农业水土资源配置、推动农业资源节约与碳减排、增强农业领域应对气候变化的能力提供参考借鉴，对于提升农业水土资源利用效率和开发容量、推动农业绿色低碳与可持续转型发展具有重要意义。

本书是在国家自然科学基金面上项目（41971241，42471296）的资助下完成的。本书按照“理论框架与模型构建—村庄调研和数据收集—样点村庄碳排放核算—区域模拟与多尺度分析—影响因素分析—水土资源优化—政策建议”的思路开展研究。首先，从理论上阐释了农业水土资源开发、能源消费和碳排放的内在关系机理，建立了农业“水-土-能-碳”关联的研究框架。考虑到农业“水-

土-能-碳”关联关系具有较强的地域特征，不同气候和地形区域下、不同种植结构和灌溉模式下农业水土资源开发的模式和效率具有显著差异，不同区域面临着高度差异化的“水-土-能-碳”制约矛盾和关键问题。因此，本书选取河南省 65 个典型村庄开展了农户调研，在此基础上，对河南省典型村庄、乡镇单元和县域单元水土资源耦合开发的碳排放进行了核算和模拟，分析了农业水土资源开发不同阶段、不同作物的碳排放构成特征、时空格局、效率差异及影响机制，并基于粮食产量最大化和农业碳排放最小化的目标提出了农业水土资源优化开发的方案和建议。本书的重点是开展样点村庄—乡镇—县域农业水土资源耦合开发的碳排放效应研究，从不同空间尺度揭示农业“水-土-能-碳”关联机制；研究的关键是从水土资源开发生命周期过程入手，构建不同“水-土-能”管理水平下的农业碳排放系数集；目标是基于农业水土资源开发的碳排放阈值提出面向粮食增产减排的水土资源优化开发方案。创新点在于从微观农户、典型村庄层面入手，揭示不同空间尺度下农业“水-土-能-碳”的关联机制。本书一方面突出农业“水-土-能-碳”关联研究理论框架和方法的构建，从理论上进一步深化农业领域的多要素耦合研究；另一方面突出基于样点村庄—乡镇—县域等不同尺度农业水土资源耦合开发的碳排放研究，并提出碳排放约束下的河南省不同县域单元农业水土资源优化开发方案，有助于为基于“水-土-能”要素协同的农业生产精准管理及水土资源优化提供实践指导。

在前期研究及本书撰写过程中，河南大学李小建教授，南京大学黄贤金教授，河南大学秦耀辰教授、苗长虹教授、秦明周教授、李二玲教授、卢鹤立教授、张鹏岩教授、揣小伟教授，浙江大学方恺教授，华北水利水电大学韩宇平教授，中国科学院成都文献情报中心曲建升研究员，安阳师范学院焦士兴教授，河南理工大学樊良新教授等对思路的形成和完善提出了宝贵的意见和建议，在此表示衷心感谢！

在前期研究阶段，杨青林、满洲、杨文娟、余娇、王帅、朱瑞明等 6 名硕士研究生于酷暑季节，克服重重困难，赴河南省 65 个典型村庄进行调研，深入农户和田间地头开展走访和数据收集，针对不同种植区、不同灌溉模式下的农业生产活动完成了近千份的农户调研问卷，为本书提供了重要的基础数据支撑。

本书由赵荣钦提出大纲和思路，由赵荣钦和吴微等完成统稿。各章节分工如下：第一章，赵荣钦，吴微；第二章，吴微，肖连刚，刘英；第三章，赵荣钦，李浩，朱瑞明；第四章，杨青林，王帅，张慧芳，邓梦莹；第五章：朱瑞明，谢志祥，李寒冰；第六章：杨青林，王帅，冯梦雨；第七章，王帅，杨青林，吴微，李汭诗。此外，研究生姚双胜、姬宇飞、高耀辉、孙海涛、张天元等参与了本书的校对工作。

由于作者水平有限，本书难免存在不足之处，且本书仅仅是从“水-土-能-碳”多要素耦合视角开展农业碳排放研究的探索，尚存在缺乏长时间序列数据、对农业土壤碳效应关注不够等问题，未来还需要对研究框架和内容进一步完善。敬请各位专家和读者批评指正！

赵荣钦

2024年10月于郑州

目　录

第一章　绪　　论

水土资源错配及利用方式不合理是造成农业水能资源浪费的主要因素，并严重威胁农业生产的可持续性与粮食安全。中国人多地少，一方面水资源总量短缺，水土资源地区不匹配现象突出，另一方面农业种植结构不合理，耕地利用效率低，水能资源及农业物资浪费严重。目前，中国个别地区面临着水土资源配置方式不合理、农业生产低效、资源粗放利用等问题，个别地区农业生产强度已超过了水土资源承载能力，这不仅加重了水资源短缺，导致土地生产力和耕地质量的下降，而且高强度的能源和物资投入也导致了大量的温室气体排放。研究表明，中国农业部门的灌溉用水量占淡水用量约62%，其中北方地区约70%的农业灌区严重依赖地下水灌溉，农业生产中能源与物资投入的温室气体排放占全国排放总量的16%～17%。这表明，水土资源不合理开发、过度的资源消耗和能源投入会导致农业环境问题。但由于人口不断增长，粮食需求持续增加，为实现粮食安全的目标，灌溉用水量和各项农业物资的投入也必然呈逐年增长趋势，这不可避免地造成农业碳排放的大幅增长。因此，开展农业水土资源耦合开发的碳排放效应研究，揭示农业生产过程中水土资源开发、能源投入和碳排放关系机理，并探索以低碳为导向的农业水土资源优化开发模式，成为生态文明建设和“双碳”目标背景下推动农业向低碳可持续转型的迫切需要。

第一节　研究背景与意义

一、研究背景

（一）低碳农业是全球气候变化背景下生态文明建设的必然趋势

当前，气候变化越来越受到世界各国的关注，政府间气候变化专门委员会（Intergovernmental Panel on Climate Change，IPCC）的评估报告中指出，全球平均气温和海温升高、大范围积雪和冰雪融化以及全球平均海平面上升等现象足以证明气候变暖是明显的（IPCC，2007），且气候变化的主要原因是人类活动（IPCC，2013），如化石燃料燃烧、森林砍伐、土地利用变化等都会产生大量的二氧化碳，并加剧全球气候变暖。自第一次工业革命以来，煤、石油等化石能源的开发利用大幅度地提升了人类劳动效率，也推动了人类经济社会的快速发展，但也造成了大量温室气体排放，尤其是20世纪中后期以来，随着汽车工业的兴起和电力需求的上升，化石燃料使用量显著增加，急剧加速了温室气体排放。对过去6000万年大气中二氧化碳浓度的研究得出，随着人类活动的不断加剧，温室气体的排放将会达到过去6000万年都没有达到的水平（Pearson and Palmer，2000）。为应对气候变化，联合国大会早在1992年就通过了旨在全面控制温室气体的《联合国气候变化框架公约》，并于1995年起每年召开缔约方大会，评估应对气候变化的进展，并确立不同国家温室气体减排的责任和义务，以减少人类活动对气候系统的危害，减缓气候变化，增强生态系统对气候变化的适应性，确保粮食生产和经济社会的可持续发展。

面对日益增长的碳排放和国际减排压力，作为负责任的大国，中国通过生态保护、清洁技术生产、产业和能源结构调整等积极推动经济社会的低碳转型。2009年，中国政府在哥本哈根气候变化会议上承诺争取到2020年单位国内生产总值二氧化碳排放比将比2005年下降40%～45%，2015年中国在巴黎气候大会上提出“到2030年单位国内生产总值二氧化碳排放比2005年下降60%～65%”。2020年，中国向世界承诺中国将提高国家自主贡献力度，采取更加有力的政策和措施，助力全球碳减排。这充分体现了中国应对气候变化的决心和推动全球气候治理的责任担当。

实现“双碳”目标，需要经济社会的系统性变革。虽然农业部门对能源的需求量低于工业部门，但由于粮食需求量的不断上升与碳排放源的复杂性，农产品生产、加工和消费等产业链带来的碳排放不容忽视。研究表明，农业活动产生的温室气体排放约占人为源碳排放总量的20%（黎孔清等，2018），在中国温室气体排放中占16%～17%（田云和张俊飚，2014），预计在2050年农业将成为中国最大的碳源（Farajian et al.，2018）。因此低碳农业是农业生产贯彻可持续发展理念，走绿色、低碳、可持续发展道路的必然选择，是全球气候变化背景下生态文明建设的必然趋势。平衡好农业生产、粮食保障与农业碳排放之间的关系，实现农业生产可持续发展是目前亟待解决的问题。近年来，我国政府一直在积极应对农业水土资源浪费和碳排放问题，并出台多项关于推动农业节水、节约集约用地、水肥一体化、农业规模化生产和集约化经营的相关政策文件和指导意见，致力于以化肥农药减量化、畜禽污染综合治理、秸秆综合利用等为重点，推进农业资源高效利用，促进种养结合、生态循环、绿色发展，不断改善和优化农业生态环境，提高农业可持续发展水平，推动农业生产的绿色低碳转型。《“十三五”国家科技创新规划》指出要“发展高效安全生态的现代农业技术”“支撑农业走出产出高效、产品安全、资源节约、环境友好的现代化道路”。2021年《“十四五”全国农业绿色发展规划》进一步对提高农业用水效率、农业资源高效利用、农业生态环境保护、农业绿色发展体制机制等做了部署，以推动农业减排固碳和提高应对气候变化能力与农业生产效率。2022年，农业农村部、国家发展和改革委员会联合印发《农业农村减排固碳实施方案》指出“以农业农村绿色低碳发展为关键，以实施减污降碳、碳汇提升重大行动为抓手，全面提升农业综合生产能力，降低温室气体排放强度”。这表明，推动农业绿色低碳发展是中国当前和今后一个时期的重要战略任务，也是农业领域应对以后变化的关键举措。

在此背景下，研究农业水土资源耦合开发的碳排放效应，揭示不同种植组合与不同灌溉模式下水土资源开发的碳排放效率，并探索面向碳减排的农业水土资源开发利用模式，既是中国当前应对气候变化和“双碳”目标的必然要求，也切合中国推动农业绿色低碳转型发展的科技需求和现实导向。

（二）水土资源优化开发是实现农业低碳转型的重要途径

新中国成立以来，农业农村发展呈现出翻天覆地的变化，实现了举世瞩目的跨越发展。我国以占世界 7%的耕地，养活了占世界 22%的人口，是名副其实的农业大国。在保障自身粮食安全的同时，对维护世界粮食安全也作出了重要贡献。但是随着工业化、城镇化的高速发展，我国农业生产面临着诸多问题，如农业水土资源配置不合理、资源利用粗放、农业物资投入过量、农业生产力水平低下等，甚至一些地区对农业水土资源开发的利用程度已经超出了本身的承载能力，如华北地区农业灌溉过程对地下水的超采，加剧了水资源的紧缺程度，导致土地生产力和耕地质量的下降，同时过量的能源和物资投入也导致了温室气体排放加剧。

水、土是农业生产的基础要素，两者相互影响，密不可分。水资源的利用方式不合理，会影响土地资源利用效率的发挥；农业种植结构和土地资源利用模式不合理，会造成水资源的浪费。农业水土资源的开发利用方式直接决定了区域农业生产水平和效率，也决定了农业生产对环境的影响程度。同时，作为农业生产活动的主要过程，农业水土资源开发利用碳排放是农业碳排放的主要来源之一。农业水土资源开发的不同阶段与农业生产效率、温室气体排放及粮食产量都有着直接的关系。因此，为推动农业低碳转型，应该加强农业水土资源协同优化管理，这样才能从根本上提升水土资源支撑能力、提高农业生产效率，实现农业高质量发展。

优化农业水土资源开发模式对资源利用效率提升和农业碳减排具有重要作用。比如，对水土资源进行精准管理，可有效减少资源浪费，提高生产效率，降低能源消耗和碳排放；采用节水灌溉技术和精准施肥，能明显减少由过量使用化肥及灌溉导致的碳排放；通过保护性耕作和生态种植，能够提高土壤有机质含量，增加碳固存；推行循环农业，利用农业秸秆和废弃物生产有机肥，能够减少农业生产对化石燃料和人造物资的依赖，并减少温室气体排放。总之，采用农业生产措施优化水土资源，可有效提升农业生产效率，推动农业低碳转型。基于此，探索农业水土资源开发与碳排放的关系，不仅有助于揭示农业生产活动中资源开发利用生命周期过程的碳排放机理，弥补前期研究对水土资源开发碳排放关注的不足，从资源耦合开发的角度综合评估农业水、土、能利用的碳排放效应，为农业领域应对气候变化的减缓和适应策略的制定提供依据，而且为水土资源精准管理和优化开发提供新的理论视角和实践指导。

（三）“水–土–能–碳”多要素协同是实现农业资源节约与碳减排双重目标的重要举措

水、土、能、碳是地球表层系统中与人类活动密切相关的关键要素，对这些要素及其耦合关系开展研究是资源环境领域的核心内容之一。农业是直接利用水、土、能资源的人类活动方式，水、土、能开发利用强度及其匹配关系直接关系到农业生产效率，并决定了农业生产对环境的影响程度。在当前全球可持续发展的背景下，基于多要素耦合的农业可持续发展与粮食安全研究越来越受到国内外学术界的关注。比如，2017～2020 年国家自然科学基金委员会发布了中美合作项目“食品、能源、水”系统关联合作研究项目指南，旨在加强“食品—能源—水”系统各环节间的耦合和反馈机制研究，揭示其系统功能的动态变化规律。此外，关于农业水土资源优化、能源消耗、粮食安全与碳减排等多目标优化的研究逐渐增多，为推动农业系统可持续发展提供了重要支撑。但从研究视角来看，以往的“水-土-能”关联研究的目标主要是粮食产量的最大化；而在当前“双碳”目标背景下，追求区域可持续发展和“绿水青山”的目标以及碳减排的限制，使我们在考虑粮食安全的同时，也要考虑水、土、能资源的优化和高效利用对农业碳减排的贡献。

“水-土-能-碳”关联关系具有较强的地域特征，不同气候和地形区域下、不同种植结构和灌溉模式下农业水土资源开发的模式和效率具有显著差异，不同区域面临着高度差异化的“水-土-能-碳”制约矛盾和关键问题。“水-土-能-碳”关联研究强调综合视角，以实现资源的最优配置和以农业生产多目标为导向，为全面理解和优化农业资源提供了新的视角。因此，要实现针对性的农业水土资源优化和生产效率的提升，应该从不同区域入手，深入调查农业“水-土-能-碳”的关联特征，探索水、土、能利用的不同组合对农业生产效率和碳排放强度的影响，识别“水-土-能-碳”各要素之间的关联关系，提出更加合理高效的农业水土资源优化开发策略。因此，揭示农业水土资源开发过程中“水-土-能-碳”的关联机理，通过水土资源优化管理实现农业资源节约和碳减排，显得尤为重要。

鉴于此，本书在考虑区域农业生产条件和资源禀赋的基础上，基于“水-土-能-碳”关联视角开展农业水土资源开发的碳排放研究，有助于揭示水、土、能耦合开发对农业碳排放的影响机理，对于揭示农业水土资源开发利用效率和开发容量具有重要意义，也为优化农业水土资源配置、推动农业资源节约与碳减排多目标的实现、增强农业领域应对气候变化能力提供地域借鉴。

二、研究意义

本书以我国粮食大省——河南省为研究案例区，构建了农业“水-土-能-碳”关联的研究框架，以河南省65个典型村庄的调研为基础，融合多源数据，开展了“样点村庄—乡镇—县域”多尺度的农业水土资源开发碳排放研究。揭示了不同区域、不同作物组合下的农业“水-土-能-碳”的关联关系与时空格局，并基于各县域单元土地资源开发碳排放强度阈值，提出县域单元农业水土资源耦合开发利用的低碳优化方案和政策建议。研究意义主要有以下几点。

（1）尝试构建农业“水-土-能-碳”关联研究的框架和方法，为农业领域资源耦合研究提供新的理论视角。之前的“水-土-能”关联研究的主要目标是粮食产量的最大化，本书将碳排放与农业水、土、能资源利用相结合，构建“水-土-能-碳”关联的理论框架，以河南省为例分析不同空间尺度上农业“水-土-能-碳”的关联机制，揭示农业水土资源开发、能源消费和碳排放的内在关系机理，为面向低碳的农业水土资源优化提供新的理论视角。

（2）基于水土资源开发利用全生命周期的视角，对不同尺度下水土资源开发利用、能源消费以及碳排放的空间特征进行分析，对比水土资源开发不同阶段碳排放强度的差异，进而建立不同“水-土-能”管理水平下的碳排放系数集。本书可以为微观尺度农业生产精准管理及水土资源优化提供实践指导。

（3）基于农业生产效率的区域差异建立了农业水土资源开发的碳排放阈值，运用多目标线性规划方法提出了河南省不同县域单元区域水土资源优化开发方案，为未来河南以及全国同类型播种区域面向低碳的水土资源优化提供实践指导，并为政府部门基于水土资源优化的农业碳减排及调控提供技术支撑，为不同区域差别化的农业生产节水、节地、节能和碳减排策略选择提供决策参考。

第二节 研究区概况

河南省是我国重要的粮食主产区，地处暖温带和亚热带、湿润和半湿润气候的过渡区，地貌类型和作物种植结构多样，水土资源条件及其空间分布极不均衡，河南省不同灌溉模式的样点也为开展“水–土–能–碳”关联研究提供了丰富的案例。因此，本书以河南省为例，开展水土资源耦合开发的碳排放效应研究，这不仅为河南省农业低碳发展、资源节约提供理论和实践指导，而且为全国其他地区开展面向低碳的农业水土资源优化配置提供借鉴。

一、河南省自然条件

（一）地理位置

河南省位于我国中东部、黄河中下游地区，是中部六省之一。地理坐标为东经 110°21′～116°39′，北纬 31°23′～36°22′，南北相距 530 km，东西横跨 580 km 左右。周边与河北省、山西省、陕西省、湖北省、安徽省和山东省接壤，总面积为 16.7 万 km^2，占全国总面积的 1.73%。

（二）地形地貌

河南省境内地势西高东低，海拔范围为 23.2～2413.8 m。地形起伏多变，地表形态复杂，有山地、丘陵、平原和盆地多种地貌类型。其中平原和盆地占土地总面积的 55.7%，山地占土地总面积的 26.6%，丘陵占土地总面积的 17.7%。山地主要分布在北部、西部和南部地区，主要包括太行、伏牛、桐柏和大别等四大山脉，海拔都在 1000 m 以上；中部和东部地区为黄淮海冲积平原，海拔大都在 100 m 以下，最低处是在固始县（海拔为 20 m 左右）；南阳盆地为河南省的西南地区，是全省最大的盆地。平原和盆地地区土壤以潮土和黄褐土为主，耕作历史悠久，已由自然土壤熟化为农业土壤，是我国主要的耕作区。

（三）水文条件

河南省地跨长江、淮河、黄河、海河四大流域。河南省内河流大多发源于西部、西北部和东南部山区，境内有 1500 多条河流，其中流域面积 100 km^2 以上的河流有 560 条。全省 1956～2000 年平均水资源总量 403.5 亿 m^3，居全国第 19 位；人均水资源占有量约 383 m^3，相当于全国平均水平的五分之一。河南省水力资源蕴藏量 490.5 万 kW，可供开发量 315 万 kW。河南是国家特大型水利重点工程——南水北调中线工程的核心水源区的重要组成部分、主要受水地以及输水总干渠工程渠首所在地，开通以来河南段常年平均受水量达 8.7 亿 m^3。

（四）气候条件

河南省地跨北亚热带和暖温带两大自然单元，具有明显的过渡性特征。气候分界带秦岭–淮河线贯穿全省，南部南阳市、信阳市和驻马店市部分区域属于亚热带湿润气候，年均降水量在 800 mm 以上。南北地区气候差异明显，山地和平原地区的气候也具有较大差异。全省多年平均气温为 12.8～15.5℃，最高温度出现在 7 月份（多年平均温度为 27～28℃），最低温度出现在 1 月份（多年平均温度为–2～2℃）。2022 年平均降水量为 621.7 mm，降水主要集中于 6～8 月，其中信阳市年降水量最高（918.8 mm），开封市年降水量最低（419.5 mm）。全省日照时长东北多、西南少、平原多、山地少，年平均日照时长在 2000～2400 h。全年无霜期为 190～230 天，太阳辐射总量为 4.601 015～5.001 015 J/m^2，基本满足作物一年两熟的需求。

（五）土壤条件

河南省的主要土壤类型为棕壤、褐土、黄褐土、黄棕壤、潮土及砂姜黑土等，黄棕壤多分布在低山丘陵地区、黄褐土主要分布在桐柏–大别山一带，黄褐土与黄棕壤处于同一生物气候带，一般具有土质黏重、结构紧实等特点，所以豫西和豫南地区打井、翻耕过程较为困难，需要投入较多的能源。

二、河南省社会经济发展情况

（一）人口状况

2021 年河南省户籍人口为 11 533 万人，年末常住人口 9883 万人，城镇常住人口 5579 万人，常住人口城镇化率达到 56.45%。农村就业人口为 2213 万人，占就业人员数的 45.72%。全省人口出生率为 8.00‰，死亡率为 7.36‰，自然增长率为 0.64‰。

（二）经济状况

2021 年河南省地区生产总值为 58 887.41 亿元，人均地区生产总值 59 410 元，其中第一产业生产总值为 5620.82 亿元，占地区生产总值的 9.5%，生产总值增速为 6.3%，第一产业的贡献率为 10%，第一产业中农林牧渔的增加值最大，2021 年农林牧渔业总产值为 10 501.20 亿元，其中农业的产值为 6564.83 亿元，占农林牧渔业总产值的 62.52%。

三、河南省农业生产基本情况

（一）农业种植结构

2021 年河南省播种面积 1.077 231×10^7 hm^2，夏粮播种面积为 5.6956×10^6 hm^2，秋粮播种面积为 5.076 75×10^6 hm^2，河南省粮食产量较高，夏收粮食产量为 3.8045×10^7 t，秋收粮食产量为 2.7397×10^7 t，各粮食作物中，稻谷、小麦和玉米产量较高，稻谷产量是 4.7969×10^6 t，小麦产量是 3.802 86×10^7 t，玉米产量是 2.033 93×10^7 t。

（二）农业水土资源开发利用状况

2021 年河南省全省水资源总量为 689.18 亿 m^3（表 1-1），其中地表水资源量 556.85 亿 m^3，地下水资源量为 257.06 亿 m^3，重复计算量 124.73 亿 m^3，由此可见河南省水资源以地表水为主，地表水资源量占总量的 80.80%。在市级行政区域上，2021 年水资源总量与多年均值相比，安阳市、濮阳市、鹤壁市、新乡市、焦作市和信阳市有所增加，其他省辖市普遍较少。河南省人均水资源拥有量为 349.03 m^3，总体来说属于严重缺水（≤1000 m^3/人）。2021 年全省用水量 222.92 亿 m^3，其中农业用水 114.99 亿 m^3，占总用水量的 51.58%，农业用水占了很大比重。具体从市域的角度来看，安阳市、鹤壁市、新乡市、焦作市、濮阳市、商丘市、周口市、驻马店市等农业用水占比相对较大。2021 年河南省总的耕地面积是 7.519 97×10^6 hm^2，但人均耕地面积仅为 0.652 hm^2，远低于全国水平。河南省农业灌溉面积是 5.534 16×10^6 hm^2，农业灌溉面积占耕地总面积的 73.59%，说明农业需水量很大，水资源短缺成为河南省农业发展的主要限制因子。

表 1-1　2000～2021 年河南省农业水土资源利用及物资投入状况

指标	2000 年	2005 年	2010 年	2015 年	2020 年	2021 年
水资源总量/（亿 m^3）	699.95	558.56	534.89	287.17	408.59	689.18
农业用水量/（亿 m^3）	134.20	114.59	125.59	120.09	123.45	114.99
耕地面积/（khm^2）	6875.25	7201.20	8177.45	8105.93	7488.15	7519.97
农用柴油使用量/万 t	79.56	89.79	107.90	114.70	97.37	95.30
农业灌溉面积/（khm^2）	4725.31	4864.12	5080.96	5210.64	5463.07	5534.16
化肥使用量/万 t	420.71	518.14	655.15	716.09	647.98	624.66
农药使用量/万 t	9.55	10.51	12.49	12.87	10.24	9.74
农膜使用量/万 t	9.19	10.84	14.70	16.20	15.17	14.04

资料来源：河南省统计局

（三）农业水土资源开发面临的问题

2020年7月，河南省人民政府《关于加快推进农业高质量发展建设现代农业强省的意见》指出：到2025年，高标准农田保有量达到8000万亩①以上，高效节水灌溉面积达到4000万亩左右，粮食综合生产能力稳定在650亿kg以上。但就目前而言，河南省农业生产还面临着农业水土资源时空分布不均、农田水利基础设施建设滞后、农业水土资源利用效率偏低、农业节水措施需要进一步加强、农业物资投入浪费及污染严重等一系列问题，这制约了农业生产效率的提升和农业高质量发展。

（1）农业水土资源时空分布不均。受自然条件的限制，河南省农业水土资源时空分布不均。豫北、豫西、豫南水资源丰富但耕地面积小，豫东平原耕地面积大但水资源相对缺乏。近年来，河南省单位面积耕地的水资源量呈显著降低趋势，农业水土资源配置匹配度不高，限制了农业生产效益的发挥。另外，从降水的年内分配情况看，河南省大部分地区降水主要集中在6～9月，而其余月份降水相对较少。

（2）农田水利基础设施建设滞后。目前河南省农村基础设施建设供求矛盾依然突出，总量不足且不配套，部分农田水利工程设施老化，效益未能充分发挥，抗御自然灾害的能力偏低。另外，除一些大中型水利设施由水利部门管理和维护外，一些小型农田水利设施，如井、站、塘、窑等则长期处于放任状态，未进行有效的维护和管理，出现设备功能老化、渠道渗漏严重、水库湖泊泥沙杂物淤积等问题，利用率不高。

（3）农业水土资源利用效率偏低。2010～2021年，河南省农业灌溉用水约占总用水量的50%，特别是2018年，占比达到了54.1%，农业灌溉用水量100亿～130亿m^3。据统计，河南省农田灌溉水有效利用系数低于全国水平，说明河南省农业水资源利用效率偏低，农业灌溉节水潜力较大。另外，近年来由于城市扩展和建设用地占用，河南省耕地面积呈逐年减少态势，部分地区新补充耕地的质量相对较低，这进一步限制了土地利用效率的提升。

（4）农业节水措施需要进一步加强。近年来，尽管河南省节水灌溉面积占比呈上升趋势，已完成的高标准农田建设均采用节水灌溉模式，但也存在不少地区未采用节水灌溉的现象。部分地区的农户虽改变了以往大水漫灌的灌溉模式，但存在地势高、土壤质地差、农业基础设施不配套、节水宣传不到位、技术人员普及节水灌溉技术不全面等情况，导致农业节水措施落实不到位，农业用水效率偏低。

（5）农业物资投入浪费及污染严重。河南省农业资源禀赋先天不足，人均耕

① 1亩≈666.7 m^2。

地和水资源缺乏。河南省作为农业大省，其粮食产量关系到全国的粮食安全，为了提高粮食产量，各项物资被过量使用，如近几年化肥、农药、农膜、农业用水、农业能源都呈增长趋势，尽管粮食产量有所提高，但也带来了污染。

从以上分析可见，由于存在水土资源利用不合理、物资投入浪费等问题，河南省农业生产面临着水、土、能多要素的耦合制约，这限制了农业生产效率的发挥和农业可持续发展。因此，迫切需要从水、土、能多要素视角开展资源利用的协同优化管理，助力农业领域碳减排，增强农业适应气候变化的能力，推动农业绿色低碳转型，这对于气候变化和新质生产力背景下中国农业高质量发展具有重要示范意义。

第三节　研究框架与结构体系

一、研究框架

农业生产是一个复杂的系统，我们可以称之为种植系统、食物生产系统或耕作系统。作为直接利用水土资源的人类活动方式，农业生产中存在复杂的“水-土-能-碳-粮”耦合关系，且这种耦合关系随自然环境、耕作方式、灌溉模式和种植结构等的变化而具有较大的地域差异。本书的研究目的是从农业生产系统中水土资源开发利用生命周期的视角，建立水、土、能、碳多要素关联的研究框架，揭示农业水土资源开发对碳排放的影响机理与优化调控对策，并从不同空间尺度和不同视角开展实证研究，为“双碳”目标背景下农业水、土、能协同优化提供参考和路径指导。

基于以上考虑，本书建立了农业“水-土-能-碳”关联的研究框架，从理论上阐释了农业水土资源开发、能源消费和碳排放的内在关系机理。本书以河南省为例，采用村庄调研、统计数据、遥感影像、气象数据等多源数据，从生命周期的视角建立了农业水土资源耦合开发碳排放核算、影响因素分析及水土资源优化调控的研究方法；从样点村庄—乡镇—县域等不同空间尺度开展了农业“水-土-能-碳”关联的实证研究，分析了农业水土资源耦合开发过程碳排放的环节构成、空间格局及作物差异，探讨了农业生产效率及其空间差异，提出了碳排放约束下农业水土资源优化的方案及政策建议。

本书按照“理论框架与模型构建—村庄调研和数据收集—样点村庄碳排放核算—区域模拟与多尺度分析—影响因素分析—水土资源优化—政策建议”的思路由浅入深地开展研究（图 1-1），在对河南省 65 个典型村庄调研的基础上，对河南省典型村庄、乡镇单元和县域单元水土资源耦合开发的碳排放进行了核算，分析了农业水土资源开发不同阶段和不同作物碳排放构成特征、区域差异及影响机制，并基于粮食产量最大化和农业碳排放最小化的目标提出了农业水土资源优化开发的方案和建议。本书的重点是开展样点村庄—乡镇—县域农业水土资源耦合开发的碳排放效应研究，从不同空间尺度揭示农业“水-土-能-碳”关联机制；研究关键是从水土资源开发生命周期入手，开展农业碳排放核算，构建不同“水-土-能”管理水平下的农业碳排放系数集；目标是基于农业水土资源开发的碳排放阈值提出面向粮食增产减排的水土资源优化开发方案。本书的创新点在于从微观农户、典型村庄层面入手，揭示不同空间尺度下农业“水-土-能-碳”的关联机制。

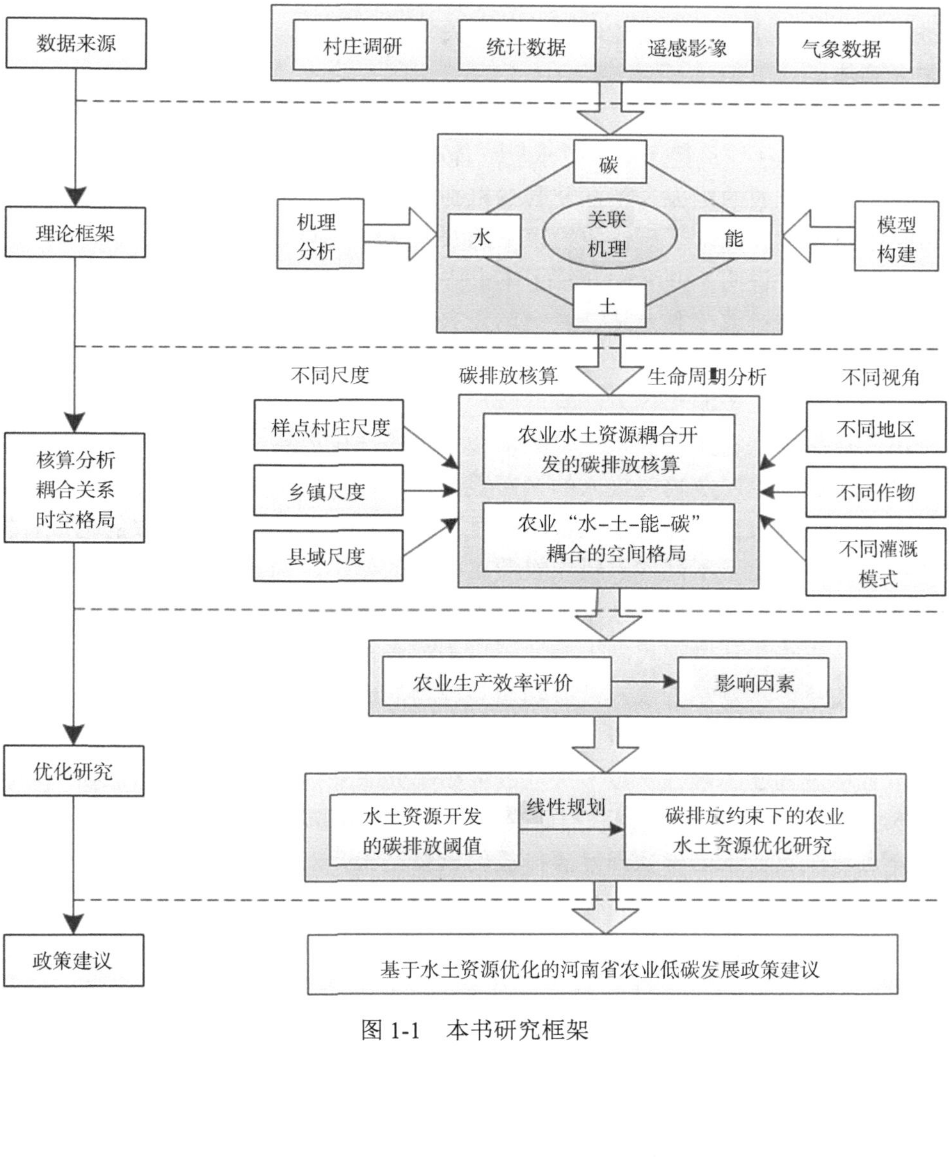

图 1-1　本书研究框架

二、结构体系

本书共分七章，主要内容如下。

第一章是绪论。从当前全球变化及中国面临的水土资源低效利用的现状入手，阐述了农业水土资源耦合开发碳排放效应研究的背景和意义；对本书的主要研究内容进行了简要说明，介绍了研究区概况，并介绍了本书的研究视角、研究框架、结构体系和章节安排等。

第二章是国内外研究进展及评述。从农业水土资源开发利用、水土资源耦合与农业碳排放的关系、农业生产效率及低碳农业优化方案等方面对国内外相关研究进行总结和评述，以全面梳理近年来相关领域的研究，并提出当前研究的不足和未来趋势。

第三章是理论框架与研究方法。从农业水土资源开发、能源消费和碳排放的内在关系机理入手，构建了农业“水-土-能-碳”关联研究的理论框架，从农业水土资源开发碳排放的构成、特征及影响机制等方面揭示了农业水土资源耦合开发的碳排放机理，并探讨了碳排放约束下的农业水土资源优化调控机理。对研究的数据来源进行了说明，并全面介绍了本书中涉及的相关研究方法：典型区农业水土资源开发的碳排放核算方法、乡镇单元农业灌溉碳排放模拟方法、县域单元农业水土资源开发的碳排放核算方法、农业生产效率及影响因素分析方法及碳排放约束下的农业水土资源优化方法等。

第四章是样点村庄农业水土资源耦合开发的碳排放特征分析。基于河南省 65 个典型村庄农业生产及物资投入的调研数据，对样点村庄农业水土资源开发的碳排放进行了全面核算，并从水土资源开发不同阶段入手分析了碳排放的构成特征及作物差异，对比了不同样点村庄农业碳排放的差异，构建了不同“水-土-能”管理水平下的农业碳排放系数集。以河南农业大学科教园区（原阳）节水农业试验场为例，进一步从微观尺度上探讨了不同灌溉模式下农业“水-能-碳”特征差异及关联关系。本章基于农户调研和微观视角的研究为后续章节乡镇和县域单元农业水土资源开发的碳排放研究奠定了数据基础。

第五章是基于“水-能-碳”关联的乡镇单元农业灌溉过程的碳排放研究。构建了农业灌溉“水-能-碳”关联的研究框架，对河南省不同灌溉模式进行了界定；结合样点村庄农业水土资源开发碳排放的核算结果，对河南省乡镇单元不同灌溉模式下农业水能资源消耗及碳排放的空间格局进行了模拟分析，分析了灌溉碳排放强度区域差异的影响因素，并揭示了灌溉过程“水-能-碳”关联特征与耦合协调水平。

第六章是县域单元农业水土资源耦合开发的碳排放特征及其时空格局。结合样点村庄农业水土资源开发的碳排放的相关基础数据，在分析河南省县域单元水土资源匹配度空间分布格局的基础上，对河南省农业水土资源开发生命周期不同环节的碳排放进行了核算和对比分析，并探讨了县域单元不同作物水土资源开发碳排放的空间格局。

第七章是碳排放约束下的农业水土资源优化研究。基于河南省农业生产效率的县域差异，结合河南省温室气体减排目标，确定各县域单元农业水土资源开发的碳排放强度阈值；在此基础上，利用多目标线性规划模型，提出了基于粮食产量最大化和碳排放最小化的农业水土资源优化开发方案，并从强化低碳农业顶层设计、制定农业碳计量标准、开展水土资源潜能划分、优化农业种植结构、鼓励农业科技创新和发展农业新质生产力等方面提出了相关政策建议。

第二章　国内外研究进展及评述

农业是碳排放的重要来源之一，且伴随着大量的水、能消耗和物资投入。传统的农业生产方式及其带来的资源粗放利用和环境影响引起了国内外学者的广泛关注。近年来，国内外学者在农业水土资源利用效率、农业碳排放核算及其空间格局、农业碳排放影响因素及减排策略等方面开展了大量研究。本章重点对近年来国内外相关研究进行全面梳理和总结。

第一节　国内外研究进展

一、农业碳排放核算及影响因素分析研究进展

农业生产的碳排放是人类活动的主要碳排放源之一，大气中 20%的 CO_2、70%的 CH_4、90%的 N_2O 都来源于农业生产活动及其相关活动（Bouwman，1990）。广义的农业碳排放涵盖农业生产过程中的各种温室气体排放，农业碳排放包括作物和土壤呼吸、秸秆分解等自然过程，以及土地平整与耕作、灌溉、农业物资及农业机械使用等人为环节。因此，农业碳排放受气候条件、作物类型、种植结构、灌溉模式、施肥方式、机械化程度等多种因素的影响。对农业碳排放进行精准核算并分析其影响因素有助于揭示不同农业生产条件下碳排放的来源、构成及作物和地域差异，对于有针对性的农业碳减排研究来说十分必要。

近年来，农业碳排放成为国内外学术界关注的热点问题，国内外在农业碳排放系数的确定（West and Marland，2002；伍芬琳等，2007）、农业碳排放核算及空间差异（Al-Mansour and Jejcic，2017；Huang et al.，2017；田云等，2011；李波等，2011）、农业碳排放的影响因素（何炫蕾等，2018；Zhang et al.，2016；Camargo et al.，2013；Brankatschk and Finkbeiner，2017）及农业碳减排策略（Lamb et al.，2016；Gan et al.，2014；马晓哲等，2019）等方面涌现了大量的研究成果。主要包括以下几个方面：①农业碳排放系数的确定。国外较早地开展了农业碳排放系数确定的研究，如美国的橡树岭国家实验室（West and Marland，2002）根据美国农业生产的相关活动较早地确定了化肥（氮肥、磷肥、钾肥）和农药（杀虫剂、

除草剂和杀菌剂）的碳排放系数。国内如南京农业大学农业资源与生态环境研究所和中国农业大学农学与生物技术学院（伍芬琳等，2007）也较早地确定了农膜和土地翻耕的碳排放系数。②农业碳排放核算及空间差异研究。不同学者基于农业生产活动中各项物资（化肥、农药、农膜）和能源（电力、柴油等）的投入，核算了不同空间尺度的农业碳排放（Al-Mansour and Jejcic，2017；Huang et al.，2017；田云等，2011；李波等，2011），如全国范围内（孙艳芝等，2017；吴贤荣等，2014）、省域（张小平和王龙飞，2014；刘立平，2014；姚成胜等，2017）、市域（钱晓雍，2011；陈琳等，2011；卢小宏等，2012）、县域（陈慧等，2018；尧波等，2014）和典型村庄（王帅等，2019）的农业碳排放，或者分析了典型村庄农业碳排放与碳足迹（Pishgar-Komleh et al.，2017；Yao et al.，2017），探讨了农业碳排放的时空分异规律。③农业碳排放的影响因素研究。根据相关研究，农业碳排放的影响因素复杂多样，区域经济发展水平（何炫蕾等，2018）、耕作方式（Zhang et al.，2016）、能源消费（Camargo et al.，2013）、轮作制度（Brankatschk and Finkbeiner，2017）、机械化水平（何艳秋和戴小文，2016）等都是影响农业碳排放的主要因素。也有学者从农业生产效率的角度分析了农业碳排放的影响因素。农业生产效率是衡量区域农业生产利用能力的指标，可以反映一个地区农业的发展水平，因此开展农业生产效率研究对于优化农业水土资源、提高粮食生产保障能力、推动农业可持续发展具有重要意义。比如，一些学者采用 SBM（slack-based measure，基于松弛变量的测度）模型、随机前沿生产函数（Nguyen et al.，2018）、DEA（data envelopment analysis，数据包络分析）模型（Shortall and Barnes，2013；刘子飞和王昌海，2015）、Malmquist（马尔姆奎斯特）指数法和 ESDA（exploratory spatial data analysis，探索空间数据分析）模型（贾琳和夏英，2017）等方法开展了全国（李博等，2016；王宝义和张卫国，2016）和区域（刘俊辉和曾福生，2018；张丽娜等，2018；张永强等，2018；贾蕊和陆迁，2017）等不同尺度的农业生产效率研究，认为生产技术水平、农业种植结构、区域配置和农户受教育程度等是影响农业生产效率的主要因素。也有学者进一步分析了农地规模（金福良等，2013）、土地流转（钱龙和洪名勇，2016；戚焦耳等，2015）、土地生产力（Deng and Gibson，2019）、土地利用变化（杨勇等，2017）、土地细碎化（王嫚嫚等，2017）和农业投入要素（邢慧茹等，2016；Talukder et al.，2019；Clark and Tilman，2017）等因素对农业生产效率的影响。总体来看，传统农业生产效率研究主要基于“粮食产量最大化和水、能及物资投入最小化”的目标，没有考虑农业生产的环境影响。实际上，农业生产方式不合理、过度的水能资源消耗和物资投入不仅造成了资源和能源的浪费，而且农业活动带来的直接或间接的碳排放也呈明显的增长态势（Xiong et al.，2016b）。④农业碳减排策略。推动农业碳减排可以通过多种策略来实现，如节约集约用地（Lamb et al.，2016）、改变耕作方式

（Gan et al.，2014）、节水灌溉（Zhao et al.，2018）、实行碳税政策（马晓哲等，2019）以及开展农业碳补偿制度（Xiong et al.，2016a）等都有利于推动农业碳减排，降低农业生产带来的环境影响。

二、农业水资源开发利用的碳排放研究进展

水资源作为农业生产的关键要素，其开发方式与灌溉模式直接影响到农业生产的可持续性。根据 IPCC 的报道，全球每年有五分之一的人为温室气体来自农业部门（Li et al.，2013），对于中国而言，有 17%～20%的温室气体来自农业部门（Wang et al.，2012）。农业水资源开发利用主要包括打井、取水、引水、输配水、灌溉和排水工程等，就水资源开发利用而言，直接碳排放是指农业机井、水泵等灌溉过程的能源消耗的碳排放，间接碳排放是指取水、引水、输配水等其他过程电力消耗的碳排放。有效利用水资源不仅是提高农业生产力的关键，也是减少碳排放的重要途径。因此对农业水资源开发利用的碳排放进行研究具有重要意义。

近年来，国内外学者分别从能源消费视角和碳排放视角对农业灌溉用水以及“水–能–粮”的关系进行研究，主要包括以下三个方面：①基于能源消费视角的农业灌溉用水研究。Chaitra 和 Chandrakanth（2005）基于 30 名农户调研数据，研究了水渠对地下水补给的协同作用，研究结果表明，可以通过优化路径为地下水开采提供可持续的途径。Wang 等（2012）对中国地下水抽取过程产生的温室气体排放量进行了估算，认为地下水抽取过程所产生的温室气体一直在迅速增加。Jackson 等（2010）对澳大利亚两个灌溉区进行研究之后发现，在地表水供应地区，灌溉过程中能源消耗增加了 163%，而在地下水依赖地区，能源消耗降低了 12%～44%，并建议使用加压灌溉和重力灌溉系统以降低能源消耗。Khan 等（2009a）以澳大利亚水稻、小麦和大麦种植为例，认为提高作物生产中的水生产力和能源利用效率是减少“水–能”足迹的关键。Siddiqi 和 Anadon（2011）从粮食安全的角度出发，以沙特阿拉伯为例，研究了沙特阿拉伯地区农业生产过程中的“水–能”关系。结果表明，沙特阿拉伯地区每年总电能消耗的 9%是由抽取地下水和海水淡化所导致的，因此可以考虑进口粮食。Dhillon 等（2019）以印度旁遮普邦为例，对地下水抽取过程中产生的碳排放进行了估算。结果表明，1998～2013 年，地下水位下降了 8.89 m，每抽取 1 m 的地下水，碳排放量将增加 2.67 g/m^3。牛海生等（2014）以我国新疆为例，分析了不同灌溉方式对冬小麦农田生态系统碳平衡的影响，从而提出有利于新疆冬小麦生产的固碳减排的灌溉方式。②基于农业碳排放视角的灌溉用水研究。Follett（2001）的研究表明，由使用灌溉水泵产生的温室气体每年可达 85～330 kgC·hm^{-2}。Zou 等（2012）以 2007～2009 年的中国统计数据为基础，定量分析了节水灌溉在应对气候变化中的作用。结果表明，由

于实施了节水灌溉技术，3 年间约减少了 34.67 Mt 的碳排放。张宇（2015）引入水足迹和碳足迹的方法，从农产品生产的全过程链角度对灌溉农业用水和碳排放进行了评估，最后指出推广滴灌、喷灌等微灌技术可有效减少水足迹和碳足迹。Li 等（2013）根据我国甘肃民勤地区 1961～2009 年的水文观测数据、灌溉数据和社会经济数据，对民勤绿洲农业用水产生的温室气体排放量进行了详细估算。结果表明，2000～2009 年，因地下水抽取产生的温室气体占农业用水总排放量的 65%～88%，与地下水开采相比，长距离输送和高泵提升需要更多的电力输入。③“水-能-粮”纽带关系研究。水和能源都是人类发展所需的重要资源，二者密不可分（Gupta，2002），随着人口的增长，在农业发展过程中需要投入更多的“水-能”，出于对粮食安全的考虑，了解农业“水-能”关系变得尤为重要（Khan et al.，2009b）。在农业生产系统中，水和能源是核心投入要素，粮食是最终产出；而在能源生产系统中，水是必要投入，能源是目标产出。农业生产过程需要消耗大量水和能源，以换取相应的粮食产出。Zheng 等（2019）采用三阶段 DEA 模型，对 1996～2015 年长江中下游 7 个省级行政区的农业生产效率进行了评价，研究发现，虽然区域温室气体排放量有减少的趋势，但是由于管理和技术水平低下，农业生产效率正以每年 2.56%的速度下降。Djumaboev 等（2019）认为在中亚地区，“水-能-粮”三者之间的关系没有得到足够的重视，因此采用定量核算的方法，对中亚卡尔希草原灌区的水和能源利用强度进行了评价。研究结果表明，运用最优规划方案可以实现节水、节能和碳减排。

三、农业土地资源开发利用的碳排放研究进展

随着全球人口的急剧扩张，对粮食的需求也日益增长。在土地资源利用方面，主要表现为农业用地扩张，种植结构、用地管理方式和投入强度改变等，这均显著影响碳排放。农业土地资源开发利用涉及土地平整、土地翻耕、除草与施肥、作物收获等环节，并伴随着大量的原材料和能源消耗及碳排放。就土地开发利用过程而言，直接碳排放是指灌溉过程和农业机械能源消耗的碳排放，间接碳排放主要是指化肥、除草剂、杀虫剂、农膜等使用过程中的碳排放，以上过程不仅产生了大量的人力投入，而且改变了土地的肥力和生产条件。国内外学者主要从以下两方面对农业土地资源开发利用进行研究。

（1）农业用地方式或管理模式变化的碳排放效应。Vleeshouwers 和 Verhagen（2002）通过建立农业土壤碳通量计算模型，分析了作物（种类、产量和轮作方式）、气候（温度、降水和蒸散）、土壤（土壤和碳含量）对农业用地碳收支的影响。研究发现，由于作物、土壤和气候的相互作用，二氧化碳减排措施的有效性存在显著的区域差异。Smith（2008）认为土壤中碳的流失会对大气中的二氧化碳浓度产

生显著影响，从而对气候产生影响，虽然停止土地利用转换可以减少土壤碳流失，但随着发展中国家人口的增长，可能需要更多的农业土地，因此未来需要最大限度地提高现有农业用地的生产力，恢复土壤碳含量。West 和 Marland（2003）认为农业土地利用变化可能导致化石燃料用量、农业投入方式的变化，由此而产生碳排放，在需求不变的情况下，如果管理方式的改变导致作物产量下降，通过增加土地投入可能会有更大的净碳通量。Börjesson 和 Tufvesson（2011）从面积、能源效率、温室气体和富营养化等方面分析了北欧农作物中的生物燃料，结果表明，直接土地利用变化对所有生物燃料的温室气体平衡和富营养化有重要的影响。Niles 等（2002）认为，发展中国家可以通过退耕还林的方式减少农业碳排放，2003～2012 年，发展中国家有潜力将大气碳排放量减少 23 亿 t 左右。国内大多数是基于实地观测数据，评估土地利用变化对碳排放的影响。Ge 等（2008）的研究表明，在过去的 300 年中，中国的土地利用和土地覆盖有明显的变化，具体表现为林地面积减少，耕地面积增加，且这种变化较为剧烈。高志强等（2004）的研究表明，1981～2000 年来中国的气候和土地利用发生了很大的变化，在农牧过渡区尤为明显，虽然土地利用变化可以促进生态系统的碳吸收，但从长时间序列来看，生态系统的碳吸收能力在不断下降。农业土地利用变化会产生大量碳排放，但也有学者注意到了农业的碳汇功能，例如，王小彬等（2011）利用国内外文献资料，系统地分析了中国农业土地利用管理对土壤碳汇功能及其土壤固碳减排潜力的影响。因此，未来应充分考虑有助于增汇减排的农业用地方式，这对于低碳农业发展具有重要意义。

（2）基于能源消费视角的农业土地资源开发利用的碳排放研究。以前研究侧重于从土地的自然属性出发研究农业用地变化与碳排放的关系，实际上农业土地资源开发利用过程中也伴随着大量的能源消耗。近年来，国内外学者开始从微观视角出发，探讨农业土地资源开发利用过程中能源消费的碳排放。Dincer 等（2005）利用沙特阿拉伯 1990～2001 年农业各部门能源消费数据（拖拉机柴油和水泵用电），对沙特阿拉伯农业部门能源利用效率进行了系统的测算，结果表明，1990～2001 年沙特阿拉伯的能源利用效率为 74.6%～74.94%。Al-Ghandoor 和 Jaber（2009）通过考虑约旦农业部门能源利用情况，对自流水井、农业机械、家禽和养牛场消耗的能源进行了详细的分析，结果表明，自流水井、农业机械、家禽和养牛场消耗的能源分别占农业部门总能源消耗量的 57%、12.3%、27.3%和 3.4%。Hatirli 等（2005）通过分析 1975～2000 年土耳其农业能源投入情况，分析出在研究期间能源利用效率、投入产出率、能源生产率均有所下降，土耳其这种低效的能源利用模式将会增加碳排放。土地资源开发过程中，土地平整、土地翻耕和收获一般依靠农业机械，因此农业机械的燃料消费也不容忽视。Asakereh 等（2010）通过调查伊朗农业部门化石燃料和电能的消耗情况，分析出燃料和电力的利用效率没有提高，因此未来可以通过提高技术水平、更换老旧农业机械设备等方式，提高能源利用效率，降低农业碳排放。除了农业机械投入会产生大量碳排放外，化肥、农药和农膜的投入对碳排放的影响也不容忽视。Zhang 等（2013）使用生命周期方法量化了中国氮肥生产和消费的碳足迹，结果表明，每生产和施用 1 t 氮肥，中国将排放 13.5 t 二氧化碳当量，欧洲将排放 9.7 t 二氧化碳当量，因此中国未来需要提高肥料生产的能源利用效率，以及尽量控制氮肥的使用。Brookes 和 Barfoot（2017）更新了作物生物技术对全球农业环境影响的评估方法，将转基因抗虫和耐除草剂技术投入转基因农业生产中，这项技术对于减少转基因作物种植区温室气体的排放有显著作用。岳云华等（2010）基于灰色关联分析方法，对农业生态系统能量投入和产出进行了研究，结果表明，研究期间能量投入以畜力、有机肥和化肥为主，农业机械能和农业劳动力能的比重小，提高有机肥使用比重，有助于提高用能效率。谭秋成（2011）从碳源的角度计算了中国农业温室气体排放，结果表明，2009 年中国农业总的温室气体为 15.86 亿 t 二氧化碳当量，年均以 1.46% 的速度增长，其中化肥、能源、农药、农膜等投入引起的碳排放为 5.4 亿 t。

四、农业水土资源耦合开发的碳排放研究进展

农业是直接利用水、土、能资源的人类活动方式，但以往的研究大多聚焦于单一要素的研究，对于多要素视角的农业碳排放效应研究相对较少。而随着近年来耦合研究的兴起，关于农业部门碳排放的多要素关联研究正逐渐成为国内外学者的研究热点。农业水土资源耦合开发碳排放研究的内容是分析农业水土资源使用过程的相互作用及其对碳排放的影响，旨在探讨如何通过优化水土资源管理，降低农业生产中的碳排放，为实现低碳农业提供科学依据和政策建议。近年来，国内外也逐渐从足迹家族、生态系统服务功能、粮食安全和气候变化等角度开展了区域“水-土-能-碳”耦合关系的探索研究。例如，赵荣钦等（2016）对区域“水-土-能-碳”耦合系统及其要素关系进行了相关分析并探究了其耦合作用机制、主要研究视角和影响因素。李凯等（2017）以河南省各地市为例，分析了水、土、能等资源利用效率与碳排放的关系。Upadhyaya 和 Alok（2015）探究了“水-土-能”与农作物生产之间的关系。王帅等（2019）用河南省典型村庄调研数据，对农业水土资源开发利用过程的碳排放进行了较为系统的核算。Fang 等（2014）综合分析了生态足迹、能源足迹、碳足迹和水足迹之间的联系和区别，并提出了足迹家族的概念。之后，国内融合水、土、碳足迹的足迹家族研究逐渐增多（方恺，2015；樊胜岳和麻亮亮，2016；赵先贵等，2016）。Watanabe 和 Ortega（2014）基于能值分析方法讨论了土地利用变化对巴西热带稀疏草原区碳水生态系统服务的影响，结果发现，由于人类活动的扰动，传统耕作方式下的碳水生态系

统服务功能是最低的。Kim 等（2016）分析了土地利用变化对草原生态系统碳储量和地下水补给的影响。Ringler 等（2013）从提高资源利用效率的视角提出了“水-能-土-食物”（water-energy-land-food，WELF）交叉研究的思路。从气候变化的角度，美国能源部开展了“水-土-能”系统与气候变化关系的研究，认为“水-土-能”系统耦合研究能够使人们更深入地了解气候变化的机制，并以美国为例分析了“水-土-能”系统与气候减缓和适应的关系（Skaggs et al.，2012）。Felzer（2012）开展了美国宾夕法尼亚州碳、氮、水循环及其对气候和土地利用变化的响应研究。Ababaei 等（2014）开展了适应气候变化的水土资源评价规划支持系统的开发与应用研究。从微观角度看，Sun 等（2017）分析了作物土地利用变化对水碳平衡的影响，发现新作物的种植减少了土壤固碳量，并导致了土壤的净碳排放量增加。Kashyap 和 Agarwal（2019）指出食品损失过程伴随着资源损失和温室气体排放，并使用印度 2013 年食品生产数据计算了主要粮食作物和动物产品生产及收获后的食品损失率，同时从水资源来源、土地资源和温室气体排放等方面评估了食物损失对环境的影响。研究结果表明，甘蔗和大米的质量损失最高，因此印度迫切需要采取相应的措施将整个食品供应链的损失降到最低。Silalertruksa 和 Gheewala（2018）以泰国甘蔗种植为例，利用碳足迹、生态足迹和水资源稀缺性足迹方法，评估了泰国灌溉和非灌溉甘蔗生产系统的土地、水资源与能源的关系。结果表明，与非灌溉系统相比，灌溉有助于提高甘蔗产量 23%～54%，甘蔗产品的碳足迹和生态足迹也因此会降低 11%～36%和 15%～35%。Zhao 等（2018）系统地阐述了农业生产过程水土资源开发对碳排放的影响，并以中国 2005～2013 年的统计数据计算了农业碳排放，并采用 LMDI（logarithmic mean divisia index，对数平均迪氏分解法）模型探讨了水土资源开发与农业碳排放的关系。以上从不同视角丰富了农业多要素耦合研究的案例。总体而言，农业水土资源耦合开发的碳排放研究有助于统筹兼顾各要素协同优化的目标，为低碳农业研究提供了一种全新的研究思路。

五、面向低碳的农业水土资源优化研究进展

农业水土资源优化配置对于提升农业生产效率、保障粮食安全具有重要意义，探寻区域最佳的水土资源开发优化组合模式是低碳农业发展的关键。近年来，国内外学者对水土资源开发优化进行了一系列研究。如姚华荣等（2004）在分析不同地区农业水土资源耦合情况的基础上，提出了相应区域的水土资源优化方案。Su 等（2014）为提高农业用水效率和绿水利用比例，开发了以“农业最大净收益、水利用公平差异最小、绿水利用最大比例”为约束目标的农业水资源多目标优化配置模型，为解决流域缺水问题提供了科学依据。姜秋香等（2017）在区域水土

资源耦合的基础上开展了水资源开发的风险与优化研究。郭萍等（2019）考虑农业系统中水资源与土地资源相互联系、相互影响的特征，建立了基于二次水分生产函数的非线性多目标水土资源联合配置模型，设置了“灌区总灌溉净效益最大和用水效率最大”的双目标，对不同作物不同月份的地表水灌溉水量和地下水灌溉水量、灌区种植结构进行联合优化配置。Gautam 等（2020）为了对缺水地区的土地和水资源进行精确分配，确保粮食需求的最小耕地面积和土地限制对水资源分配有直接影响，将土地资源作为水资源分配的约束条件，开发了一个多约束线性规划模型。刘静等（2022）将水资源作为内生要素纳入柯布-道格拉斯生产函数，构建了“以水定土、以土量水”的水土资源优化模型，运用黄河流域西北干旱区1933 份农户实地调研数据，实证分析不同配水方案及水价情景下，农作物种植面积的调整策略。在全球气候不断变化和社会经济发展的情况下，Li 等（2022）在明确水和土地资源的相互作用的基础上，从资源、社会、经济、生态、环境等多个维度平衡不相容的目标出发，提出多维优化方法以改善水土资源开发模式。Gebre 等（2023）考虑了经济、环境、社会和技术多个维度的因素，在气候变化减缓和河流生态系统服务的“土地-水-食物-能源-环境”关系框架下，最大限度地提高土地和水资源分配的经济利益。Sun 等（2024）以最小的水资源短缺、最大的碳封存和最大的经济效益作为优化目标开发了一种新的“水-碳-经济”耦合模型（water-carbon-economy coupling model，WCECM），并将其用于农业水和土地资源的优化配置。闫美霞等（2024）从水足迹视角出发，运用 CropWat 及标准差椭圆模型分析 2010～2019 年山西省和顺县乡镇域主要农作物生产水足迹和耕地面积的时空变化，运用基尼系数及空间失配指数深入研究 2010 年、2014 年、2019 年乡镇域农业水土资源时空匹配格局，并明确调控方向。以上研究为优化农业水土资源利用方式、推动“水-土-能”协同基础上的农业碳减排提供了重要的理论参考和实践指导。

第二节　研究评述

总体来看，近年来，国内外学者在农业碳排放及水土资源低碳优化配置方面开展了大量研究工作，为揭示农业碳排放机理、推动农业领域碳减排和资源优化配置提供了重要参考。这些研究主要呈现以下特点：一是从微观领域向宏观领域不断拓展。前期构建了农业碳排放核算体系，并基于不同尺度开展了农业碳排放的结构特征、时空格局、影响因素及减排策略的研究，涉及全球、国家和区域等不同空间尺度，研究内容包括微观样点的实验观测及宏观尺度的模拟等，这为从不同尺度、不同地域空间上了解农业碳排放的差异提供了重要的案例支撑和数据基础。二是与资源要素结合的研究逐渐增多。一些学者将水、土、能等资源要素开发与碳排放研究相结合，比如针对农业灌溉过程地下水使用、耕地利用过程等的碳排放研究逐渐增多。三是面向实践的资源优化配置的研究逐渐增多。在“双碳”目标下，如何通过资源优化配置、种植结构调整、生产模式优化推动农业领域碳减排也成为关注的热点。但总体来看，农业碳排放研究在以下方面还需要进一步加强。

一是基于多要素耦合视角的农业碳排放研究。农业生产是直接利用水、土、能等资源的人类活动方式，农业生产中存在复杂的“水-土-能-碳”耦合关系，且这种耦合关系因自然环境、耕作方式、灌溉模式和种植结构等的不同而具有较大的地域差异。因此，构建基于“水-土-能-碳”多要素耦合视角的农业碳排放框架，有助于揭示水、土、能耦合开发对农业碳排放的影响机理，进一步深化农业领域的多要素耦合研究。

二是资源耦合开发全生命周期的碳排放研究。尽管前期已有大量农业碳排放的相关研究，但大部分是从宏观尺度开展的，主要是基于相关碳排放系数进行核算，而基于样点观测的实验研究结果又难以拓展到更大的空间尺度，这影响了研究的精度和适用性。因此，结合不同地区水土资源开发利用过程开展深入调研，对全生命周期不同环节的碳排放进行核算，厘清不同“水-土-能”管理水平下农业碳排放的强度、构成及影响机制，对于构建更为科学合理的农业水土资源开发的碳排放数据集、从资源耦合开发的视角推动农业碳排放研究的深化具有重要意义，也可以为区域差异化的水土资源精准管理提供实践指导。

三是碳排放约束的农业水土资源优化配置研究。以往的“水-土-能”关联研究的目标主要是粮食产量的最大化；而在当前“双碳”目标背景下，追求区域可持续发展和“绿水青山”的目标以及碳减排的限制，使我们在考虑粮食安全的同时，也要考虑水、土、能资源的优化和高效利用对农业碳减排的贡献。“水-土-能-碳”多要素关联研究强调综合视角，以实现资源的最优配置和以农业生产多目标为导向，为全面理解和优化农业资源提供了新的视角。因此，开展基于碳排放约束的农业水土资源优化研究，不仅对于揭示农业水土资源开发利用效率和开发容量具有重要意义，而且为优化农业水土资源配置、推动农业资源节约与碳减排多目标的实现、增强农业领域应对气候变化能力提供参考借鉴。

因此，本书建立了农业“水-土-能-碳”关联的研究框架，从理论上阐释了农业水土资源开发、能源消费和碳排放的内在关系机理；以河南省为例，基于对65个典型村庄的调查，将村庄调研、统计数据、遥感影像、气象数据等多源数据相结合，从农业水土资源开发生命周期的视角，从样点村庄—乡镇—县域等不同空间尺度开展了农业“水-土-能-碳”关联的实证研究，分析了农业水土资源耦合开发过程碳排放的环节构成、空间格局及作物差异，探讨了农业生产效率及其空间差异，提出了碳排放约束下的农业水土资源优化方案及政策建议，为我国粮食主产区农业生产过程中“水-土-能”协同管理和碳减排提供参考借鉴。

第三章　理论框架与研究方法

本章提出了农业“水-土-能-碳”关联的研究框架，并对农业水土资源耦合开发的碳排放机理及优化调控的机理进行了阐释，从理论上探讨了农业水土资源开发、能源消耗、物资投入与碳排放的关系机理，并介绍了农业水土资源开发碳排放核算、空间模拟、格局分析、碳排放效率、影响因素及水土资源优化等的相关方法，为后续章节提供了方法基础和技术支撑。

第一节　理论框架

一、农业“水-土-能-碳”关联的研究框架

近年来，多要素耦合研究逐渐增多，因其能够综合评估人类活动的环境影响成为多学科交叉研究的热点之一。“水-土-能-碳”耦合的概念于2016年提出（赵荣钦等，2016），虽然近几年国内外学者对“水-土-能-碳”的耦合作用模式和机理进行了探索性研究，并开展了一些实证研究，但总体而言目前研究仍处于起步阶段。“水-土-能-碳”的关系是一个复杂系统，比如，对不同区域、不同产业和不同用地方式而言，“水-土-能-碳”多要素的关联方式和强度均明显不同，这取决于人类活动利用资源的方式和水平。农业是人类直接开发利用水土资源的一种生产活动方式。水是农作物的生命之源；土既是各种养分的来源，也是农业生产的重要基础和承载；能是农业生产的重要动力源和人类补给渠道；碳既是农作物自身的主要成分，也是影响人类环境的主要指标。因此，从农业生产视角厘清“水-土-能-碳”多要素的关系，对于科学合理地选择水、土、能资源开发利用模式具有重要意义。在不同作物类型和不同灌溉模式下，农业生产过程中水、能资源使用量和土地投入强度均有明显差异。农业生产效率和碳排放强度直接取决于水、土、能资源的组合格局，人类管理水平和资源利用效率，水、土、能三种资源要素的自然匹配格局以及农业生产中人类活动导致的资源利用方式和效率的改变都会影响农业碳排放（图 3-1）。因此，就存在如下问题：不同作物和灌溉模式下，农业生产过程的“水-土-能”关联情况如何？这对农业碳排放会产生

什么影响？能否通过水土资源开发利用程度的优化降低农业的碳排放强度？

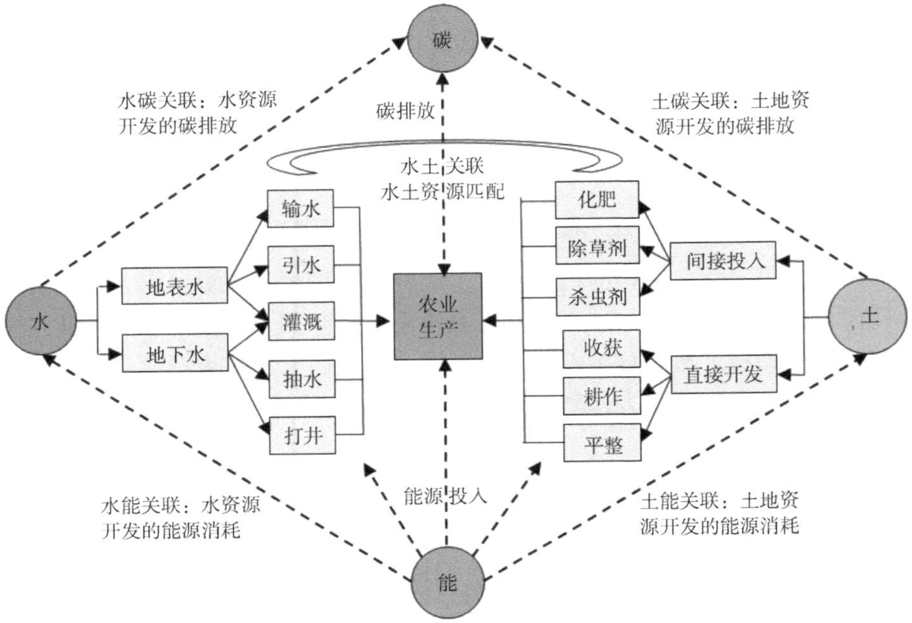

图 3-1　农业生产过程“水-土-能-碳”关联研究框架

基于以上科学问题，本书以“碳排放约束下的农业水土资源优化”为目标，尝试从水土资源开发的生命周期过程入手，分析水土资源开发不同阶段的各种直接和间接能源消耗，对农业水土资源开发的碳排放进行核算，并通过“样点村庄—乡镇单元—县域单元”等不同的研究尺度，分析水土资源开发利用的碳排放及其效率的空间差异与影响因素，重点围绕不同灌溉方式和种植模式下的差异开展对比分析，并通过设置农业水土资源开发的碳排放阈值，提出碳排放约束下的农业水土资源优化方案，为未来农业生产过程中节水、节地、碳减排和农业生产效率提升提供科学指导。

二、农业水土资源耦合开发的碳排放机理

农业生产的碳排放主要来自土地翻耕、灌溉、物资投入、农业机械使用等过程。前期的研究多从农业生产投入和能源使用的视角来进行，未能深入阐释农业生产中“水-土-能”等多要素的内在关联及其对碳排放的影响。农业水、土、能、碳要素往往是耦合开发的，农业生产既需要水和能源的投入，又需要以土地作为载体。水土资源是农业生产的基本条件，区域水土资源开发过程也是能源活动和

碳排放的过程。从水土资源开发过程来看，农业碳排放主要来源于以下两个方面。①土地资源开发过程：包括土地投入、土地翻耕和土地收获，其中，土地投入过程的碳排放主要是指各种物资投入（化肥、除草剂、杀虫剂、农药、地膜等）带来的直接或间接的碳排放，土地翻耕和土地收获的碳排放主要是指农业机械能源或电力消耗的碳排放；②水资源开发过程：主要包括沟渠开挖、打井、抽水和灌溉等过程能源消耗的碳排放。基于以上考虑，农业生产过程中各类直接或间接的能源消耗可以与水土资源开发利用的不同环节对应起来，为我们评估水土资源耦合开发对碳排放的影响提供了思路和便利。

在此基础上，借鉴产品生命周期评价方法，可以构建起农业“水-土-能-碳”关联的研究框架，将水土资源开发的整个生命周期过程看作农作物产品生产中水资源及各种能源和物资等的输入过程、土地的开发过程与碳排放的输出过程，系统边界为农业生产全过程的直接或间接与水土资源开发相关的人类活动（图 3-2）。其中，水资源开发过程涉及抽水、取水、输水、灌溉和排水等环节；土地资源开发过程涉及土地平整、土地翻耕、土地投入（除草与施肥）、作物收获等，以上过程伴随着大量能源、物资消耗及碳排放。通过收集系统边界内能源活动、农业投入、农业机械、隐含能源输入、水泵、机井等的动力消耗的相关活动数据，可以对典型区水土资源开发的碳排放进行系统核算（图 3-3）。

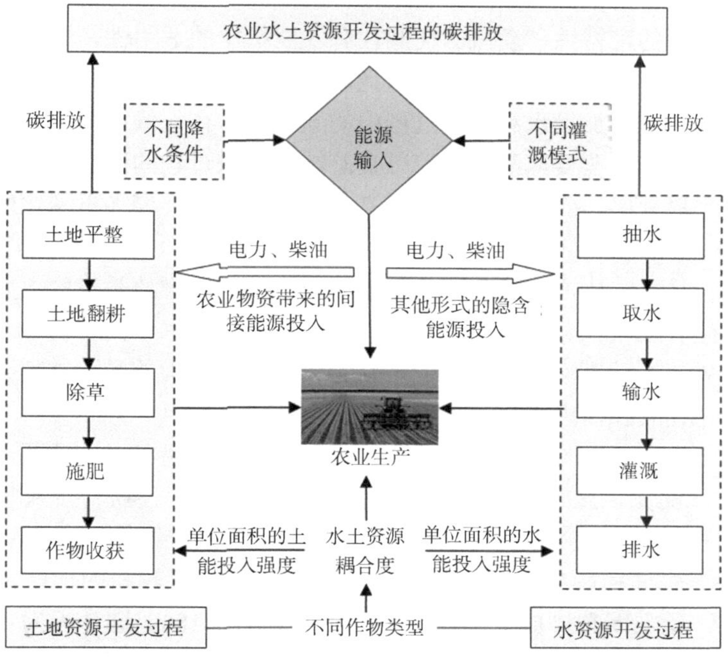

图 3-2　基于生命周期分析的农业水土资源开发的碳排放核算框架

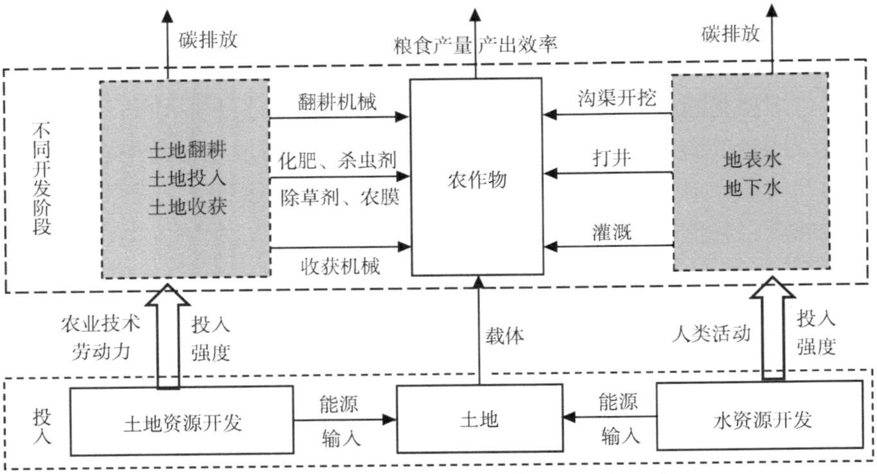

图 3-3　农业水土资源开发的碳排放效应机理分析

总体而言，农业水土资源开发的碳排放具有如下特点。

（1）农业水土资源开发的碳排放既包括直接碳排放，也包括间接碳排放。其中生产过程中农业机械能源投入是直接的碳排放源，而灌溉过程及农业物资投入等是间接的碳排放源。

（2）自然条件是决定农业水土资源开发碳排放的基础性因素。地形和气候条件决定了水资源的可得性、灌溉的便利性和农业机械的适用性，这在很大程度上决定了碳排放水平。比如，相较于平原地区而言，山地丘陵地区因为取水不便或地下水位较深，会增加抽水和灌溉过程中的碳排放；在气候相对湿润的地区，灌溉次数较少或基本不需要灌溉，这可以显著减少灌溉过程的碳排放；适合于大规模机械化的平原地区，农业生产效率更高，相对而言，会增加机械化生产过程中的碳排放。

（3）种植模式和生产方式的差异是影响农业生产碳排放效率的主要因素。不同作物类型生育期不同、对农田管理的精细化程度的要求不同，会造成不同的水肥需求；另外，不同灌溉方式下水能消耗强度也具有较大差异。这都会影响农业的碳排放，也需要在研究中进一步细化。

（4）水土资源开发具有明显的耦合特征。一方面体现在水土资源开发不同环节的关联上，比如，土地翻耕与增墒、土地耕种与灌溉、物资投入与灌溉等过程往往密切相连；另一方面不同地区水土资源匹配程度不同，也会对农业投入及能源消耗产生间接影响。研究表明，水资源匹配程度较高的地区，农业碳排放效率较高，反之则碳排放效率较低（Zhao et al.，2018）。这是因为农业水土资源匹配程度较差的地区，需要消耗更多的能源来获取水资源，从而带来更多的碳排放。

（5）土地规模化程度和农业技术水平是影响农业水土资源开发效率与碳排放的重要因素。规模化经营能够很大程度上提高水能资源的利用效率，降低单位土地上的碳排放。农业技术水平的提高，比如精准灌溉、精准施肥、智慧农业等技术能够提升农田管理的效率，从而降低碳排放强度。

（6）农业碳排放效率不仅要考虑资源的投入，也要考虑粮食产出的目标。农业水土资源开发碳排放受区域自然条件（气候、降水、地形、地下水位）、种植规模、农业机械化程度、水土资源开发投入强度等的影响，而水土资源开发投入强度最终会影响农业生产效率，农业水土资源开发过程中能源物资投入强度和产出要素决定了碳排放效率。例如，劳动力数量、种植规模、灌溉面积、水土资源开发投入强度、粮食产量和碳排放量等决定了农业水土资源开发碳排放效率。

（7）劳动力作为农业生产中投入最基础的部分，其数量和质量也会在很大程度上影响农业生产效率，这也是在农业生产中不可忽视的因素。

另外，需要说明的是：农业生产过程中的碳排放既包括人类直接和间接活动及物资投入的使用，也包括农业土壤的碳释放，比如，耕作方式的差异、是否翻耕均会显著影响土壤碳释放的速率。但本书主要突出从水土资源开发生命周期的视角提出低碳、节能、节地的水土资源开发模式，重点研究在农业生产过程中人类能源活动投入直接或间接活动引致的碳排放，并由此提出低碳优化的农业水土资源开发方案，因此暂不涉及自然过程（如土壤和水体）等的碳释放。

三、碳排放约束下的农业水土资源优化调控机理

农业“水-土-碳”的不同组合方式会导致碳排放、粮食产能和经济效益的差异（图 3-4），不同作物类型和不同水土资源组合模式下，农业生产过程中的土地投入、能源和水资源的使用量具有明显差异，而区域自然和社会经济条件、技术水平的差异导致了农业机械化水平、灌溉模式、耕作方式等的差异，因而不同区域具有不同的水土资源开发的碳排放效率。作为影响农业生产环境的重要指标，碳排放是直接或间接地反映农业水土资源开发效率的指标，因此，也可以从碳排放约束和反馈的视角对农业生产过程的水土能资源利用进行优化和调控。

农业低碳发展的目标主要是粮食产量的最大化和农业碳排放的最小化，同时使农业的水土资源组合开发模式达到最优。为了寻求区域低碳农业开发的水土资源优化调控，应该先基于不同的农业碳减排目标确定合理的农业碳排放阈值，即在特定生产技术条件下综合考虑区域历史碳排放和未来碳减排目标确定的农业碳

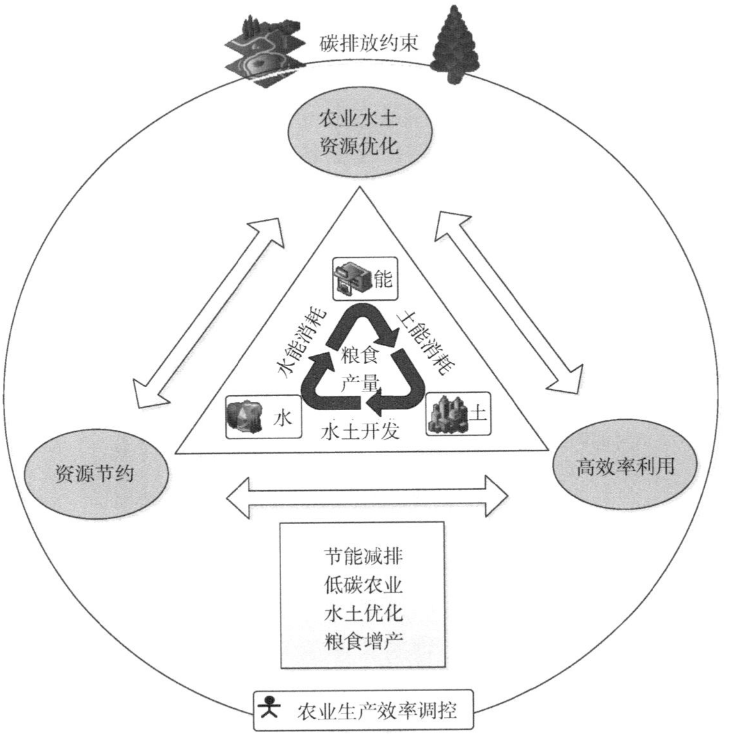

图 3-4　碳排放约束下农业水土资源优化调控的机理分析

排放的最大值。在确定区域碳排放阈值和减排目标的基础上，以区域农业水土资源开发效率为调控因子，以农业碳排放阈值为约束条件，寻求区域的最佳水土资源开发利用模式（灌溉方式、土地投入、耕作模式和种植结构等的组合），以实现粮食产量最大化和农业碳排放最小化的目标。

第二节　数 据 来 源

本书的研究数据主要包括统计数据、气象数据、遥感影像和调研问卷等。

一、统计数据

统计数据主要包括河南省各地市及县域单元的耕地面积、主要类型作物（小麦、玉米、花生、大豆、水稻）的播种面积、粮食产量、农业化肥使用量、除草剂使用量、杀虫剂使用量、农膜使用量、机井数量、有效灌溉面积、农用机械总动力等农业相关基础数据，主要来源于《河南统计年鉴》及各地市统计年鉴。

二、气象数据

河南各气象站点数据来源于国家气象科学数据中心（https://data.cma.cn/），包括安阳、新乡、三门峡、孟津、郑州、许昌、开封、西峡、南阳、宝丰、西华、桐柏、驻马店、信阳、商丘、永城和固始等17个气象站点的2017～2018年的降水量、最高温度、最低温度和日照时长等气象数据。本书采用克里金插值法获取乡镇单元冬小麦生育期内有效降水数据，并通过交叉检验的方法对插值结果进行检验。

三、遥感影像

土地利用数据来自自然资源部发布的2020年GlobeLand 30（30 m全球地表覆盖）数据，数字高程模型（digital elevation model，DEM）和陆地卫星（Landsat）影像来源于地理空间数据云网站（http://www.gscloud.cn/home）。此外，行政边界矢量数据从国家基础地理信息中心网站中获取，在ArcGIS中利用裁剪工具，裁剪出河南的行政矢量边界。

四、调研问卷

为了解不同地区、不同类型作物水土资源开发利用过程与能源相关的基础资料投入差异，本书选取河南省不同地市的65个典型调研村庄开展农户调研（表3-1）。调研内容主要包括：主要作物（小麦、玉米、花生、水稻、大豆）的种植面积、产量，单位土地面积的除草剂、杀虫剂和化肥的使用量，灌溉次数、灌溉措施、单位面积机井的分布数目，灌溉、翻耕、收获的能源消耗量等（附表1）。调研村庄所在乡镇均位于河南省冬小麦主产区，且涵盖了不同地形、气候、作物、灌溉和轮种条件，基本上可以涵盖河南省整体情况。关于调研的情况，说明如下。

表3-1 调研村庄信息

地区	县（市、区）	经度/°E	纬度/°N	作物类型	轮作方式
白云山村	兰考县	114.76	34.81	小麦、玉米、水稻	一年两熟
王庄村	通许县	114.58	34.44	小麦、玉米、花生	一年两熟
郇封村	修武县	113.48	35.20	小麦、玉米	一年两熟
小营村	温县	112.95	34.89	小麦、玉米、花生	一年两熟
程封村	武陟县	113.51	35.12	小麦、玉米、花生	一年两熟
张武村	博爱县	113.16	35.07	小麦、玉米	一年两熟

续表

地区	县（市、区）	经度/°E	纬度/°N	作物类型	轮作方式
柿花沟村	济源市	112.58	35.04	小麦、玉米	一年两熟
高龙村	偃师区	112.71	34.62	小麦、玉米	一年两熟
侯村	伊川县	112.28	34.43	小麦、玉米、花生	一年两熟
何村	嵩县	112.06	34.13	小麦、玉米	一年两熟
柳子村	栾川县	111.40	33.96	小麦、玉米	一年两熟
涧西村	卢氏县	111.10	34.06	小麦、玉米	一年两熟
北召店村	南召县	112.77	33.48	小麦、玉米、花生	一年两熟
中吴店村	淅川县	111.47	33.12	小麦、玉米	一年两熟
千兵村	邓州市	111.86	32.60	小麦、玉米、花生、水稻	一年两熟
周庄村	唐河县	112.74	32.81	小麦、玉米、花生	一年两熟
易营村	镇平县	112.20	32.91	小麦、玉米、花生	一年两熟
余寨村	平桥区	114.06	32.31	玉米、花生、水稻	一年两熟
王畈村	光山县	114.86	32.10	水稻	一年两熟
庙岗村	商城县	115.33	31.83	玉米、花生、水稻	一年两熟
安埠村	固始县	115.69	32.08	水稻	一年两熟
陈店村	新蔡县	114.83	32.75	小麦、玉米、花生	一年两熟
任店村	确山县	114.09	32.78	小麦、玉米、花生	一年两熟
三里朱村	遂平县	114.17	33.17	小麦、玉米	一年两熟
孔牛村	西平县	113.95	33.41	小麦、玉米、花生、大豆	一年两熟
邢庄村	舞阳县	113.78	33.65	小麦、玉米、花生、大豆	一年两熟
大于庄村	临颍县	113.86	33.84	小麦、玉米、大豆	一年两熟
王博儒村	叶县	113.51	33.61	小麦、玉米	一年两熟
冢留村	鲁山县	113.08	33.66	小麦、玉米	一年两熟
前王庄村	郏县	113.39	34.00	小麦、玉米、花生	一年两熟
崔辛庄村	汝州市	112.95	34.05	小麦、玉米、花生	一年两熟
榆园村	长葛市	113.86	34.24	小麦、玉米	一年两熟
毛庄村	太康县	114.90	34.04	小麦、玉米、大豆	一年两熟
张路口村	淮阳区	114.86	33.66	小麦、玉米、花生	一年两熟
高庄村	川汇区	114.78	33.63	小麦、玉米	一年两熟
牛营村	项城市	114.92	33.27	小麦、玉米	一年两熟
田营村	沈丘县	115.10	33.50	小麦、玉米	一年两熟
方庄村	永城市	116.45	33.88	小麦、玉米、大豆	一年两熟
槐树刘村	夏邑县	116.10	34.24	小麦、玉米	一年两熟

续表

地区	县（市、区）	经度/°E	纬度/°N	作物类型	轮作方式
祥府寨村	睢县	114.96	34.43	小麦、玉米、花生	一年两熟
双八村	梁园区	115.70	34.51	小麦、玉米	一年两熟
老王集村	柘城县	115.32	34.02	小麦、玉米、花生	一年两熟
拐铺村	封丘县	114.36	35.04	小麦、玉米	一年两熟
陈庄村	原阳县	114.10	35.15	小麦、水稻	一年两熟
高庙村	辉县市	113.70	35.47	小麦、玉米、花生	两年三熟
原本庙村	淇县	114.19	35.72	小麦、玉米、花生	两年三熟
左洼村	浚县	114.42	35.69	小麦、玉米	一年两熟
大黄村	汤阴县	114.37	35.96	小麦、玉米	两年三熟
东街村	内黄县	114.87	36.08	小麦、玉米、花生	一年两熟
楼营村	南乐县	115.19	36.03	小麦、玉米	两年三熟
万庄村	范县	115.61	35.83	小麦、玉米、大豆	一年两熟
大陈村	濮阳县	115.02	35.66	小麦、玉米	一年两熟
徐黑村	宁陵县	115.38	34.52	小麦、玉米、花生	一年两熟
砚台寺村	中牟县	113.94	34.64	小麦、玉米、花生	一年两熟
西老河寨村	滑县	114.43	35.43	小麦、玉米、花生	一年两熟
前吴庄村	长垣市	114.77	35.33	小麦、玉米、花生	一年两熟
元东村	禹州市	113.61	34.14	小麦、玉米	一年两熟
后三里村	台前县	115.84	36.01	小麦、玉米	一年两熟
瓦岗村	杞县	114.84	34.34	小麦、玉米	一年两熟
孟庄村	鹿邑县	115.62	33.80	小麦、玉米	一年两熟
雷河村	孟津区	112.63	34.83	小麦、玉米	一年两熟
匡庄村	卧龙区	112.48	33.12	小麦、玉米、花生	一年两熟
温塘村	陕州区	111.11	34.72	小麦、玉米	一年两熟
大刘庄村	息县	114.59	32.43	小麦、玉米	一年两熟
蔡庄村	正阳县	114.48	32.31	小麦、水稻	一年两熟

（1）为便于了解区域农业生产的空间差异，调研样点应尽可能涵盖河南省所有地市，样点的分布在空间上比较均衡，选择的县（市、区）一般是产粮大县，农业生产条件较好，且选取的调研样点村庄均以第一产业为主。同时调研对象主要选择直接从事农业生产活动的农户、承包户或农村农资店店员。总体而言，调研点具有较好的代表性。

（2）在行政村的选择方面，尽量选择规模化种植水平较高的村子，一般是选择 2～3 个行政村，每个村子尽量选择农业承包大户或者种植大户进行调研，总共调研合计约为 10 户。

（3）问卷调研共分四次进行，分别是 2017 年 1 月至 2 月、2018 年 1 月至 3 月、2018 年 5 月至 9 月、2020 年 7 月至 8 月。四次调研共回收 978 份问卷，其中有效问卷 926 份，有效率为 94.68%。

第三节　研 究 方 法

一、典型区农业水土资源开发的碳排放核算方法

（一）农业碳排放系数确定

1. 化肥、农药、农膜碳排放系数

目前农业生产存在国别和地区差异，因此统一采用国外的碳排放系数或者引用全国尺度的系数，存在一定的误差。美国能源信息署（Energy Information Administration，EIA）指出，大部分的农业碳排放来自氮肥的施用，化肥碳排放占总量的 87%，中国的氮肥施用量占全球氮肥用量 30%左右（中国农业年鉴编辑委员会，2004），而河南省作为农业大省，普遍存在氮肥施用过量的问题（苏芳等，2007；赵亚南等，2018），因此在选用化肥碳排放系数时，只考虑氮肥的碳排放系数，该系数参考了美国橡树岭国家实验室（West and Marland，2002）的研究，其数值是 857.54 kg-C/kg。根据调研经验，河南省农作物生长过程中主要施用除草剂和杀虫剂这两种农药，因此参考美国橡树岭国家实验室的农药碳排放系数，求得除草剂和杀虫剂碳排放系数的平均数，并以此作为本书研究的农药碳排放系数，其数值是 4817.155 kg-C/kg。农膜碳排放系数则参考李波（2012）的研究，其数值是 5.18 kg-C/kg。

2. 电力碳排放系数

由于国内外不同机构已经给出了电力和柴油的碳排放系数，但是不同机构的系数差异较大，因此，在选取电力和柴油碳排放系数时应该尽量符合中国的实际情况。本书中的电力碳排放系数主要来自国家发展和改革委员会的相关数据，但是在《节能低碳技术推广管理暂行办法》[①]中电力碳排放系数是 0.75 $kgCO_2$/

① 《国家发展改革委关于印发〈节能低碳技术推广管理暂行办法〉的通知》，https://www.ndrc.gov.cn/xxgk/zcfb/tz/201401/t20140110_964014.html[2024-11-23]。

（kW·h），而《省级温室气体清单编制指南（试行）》[①]中电力碳排放系数是 0.801 $kgCO_2$/（kW·h），前者是针对国家尺度的系数，而后者是具体区域的电力碳排放系数，因此采用《省级温室气体清单编制指南（试行）》的数据（表 3-2）。

表 3-2　我国区域电网碳排放系数

电网名称	覆盖省区市	二氧化碳排放/［kg/（kW·h）］
华北区域	北京市、天津市、河北省、山西省、山东省、内蒙古自治区西部地区	1.246
东北区域	辽宁省、吉林省、黑龙江省、内蒙古自治区东部地区	1.096
华东区域	上海市、江苏省、浙江省、安徽省、福建省	0.928
华中区域	河南省、湖北省、湖南省、江西省、四川省、重庆市	0.801
西北区域	陕西省、甘肃省、青海省、宁夏回族自治区、新疆维吾尔自治区	0.977
南方区域	广东省、广西壮族自治区、云南省、贵州省	0.714
海南	海南省	0.917
全国	国家尺度	0.750

资料来源：《省级温室气体清单编制指南（试行）》和《节能低碳技术推广管理暂行办法》

3. 柴油碳排放系数

虽然前人研究中考虑了国别和地区差异，进而引用了差异化的柴油碳排放系数，但是没有考虑不同尺度下碳排放系数的适用性。这里采用已有研究（潘家华和张丽峰，2011）的碳排放系数推算公式，重新计算柴油碳排放系数。碳排放系数计算公式为

$$C_C = L_{\text{calorific}} \times C_{\text{content}} \times O_{\text{rate}} \tag{3-1}$$

式中，C_C 为碳排放系数；$L_{\text{calorific}}$ 为低位发热量；C_{content} 为含碳量；O_{rate} 为氧化率。因为《中国能源统计年鉴》中给出的是平均低位发热量，所以选用柴油的低位发热量，其数值是 42 652 kJ/kg，含碳量和氧化率来源于《省级温室气体清单编制指南（试行）》，其数值分别是 20.2 tC/TJ 和 0.98，根据公式最终求得柴油碳排放系数是 0.8443 kg-C/kg。

（二）农业碳排放量及强度核算

碳排放的估算方法主要有两种，即碳转化系数法和 IPCC 推进的物料平衡法（Lal，2004）。物料平衡法适用于一次能源消费的碳排放估算，而对于农业碳排放，

① 《省级温室气体清单编制指南（试行）》，http://www.edcmep.org.cn/tzh/ptfb/zcbz/202106/P020210601177040314696.pdf [2024-11-23]。

更多的学者选用碳转化系数法进行估算。在参考张秀梅等（2010）碳排放公式构建方法的基础上，构建农业碳排放公式如下：

$$A_C = \sum A_i = \sum T_i \times \delta_i \tag{3-2}$$

式中，A_C为农业碳排放总量；A_i为各种碳源的碳排放量；T_i为各碳源的用量；δ_i为各碳源的碳排放系数（表 3-3）。

表 3-3　各类碳源碳排放系数及参考来源汇总表（单位：kg-C/kg）

碳源种类	碳排放系数	来源	本书碳排放系数
化肥	0.8956	田云等（2011，2012）；李波等（2011）	0.8575
	0.9	Lal（2004）	
	0.8575	West 和 Marland（2002）	
农药	4.9341	田云等（2011，2012）；李波等（2011）	4.8170
	5.9	尧波等（2014）	
	4.817	West 和 Marland（2002）	
电力	0.097	赵荣钦（2012）	0.2185
	0.725	尧波等（2014）	
	0.2045	苏芳等（2007）	
	0.18	West 和 Marland（2002）	
	0.2185	《省级温室气体清单编制指南（试行）》	
柴油	0.5927	田云等（2012）	0.8443
	0.94	尧波等（2014）	
	0.8443	中国碳排放交易网[1)]	
	0.8864	田云（2015）	
	0.5913	李国志和李宗植（2010）	
	0.862	张秀梅等（2010）	
农膜	5.18	赵亚南等（2018）	5.1800

1）《各种能源碳排放参考系数以及计算方法和公式》，http://www.tanpaifang.com/tanjiliang/2014/0914/38053.html[2024-11-23]

二、乡镇单元农业灌溉碳排放模拟方法

本书通过遥感反演、空间插值和模型拟合等方法，利用植被指数数据、Landsat 8 遥感影像、GlobeLand 30 土地利用数据、河南省乡镇单元行政区划数据、预测建模语言数据、气象站站点数据及农户调研数据获取河南省 2018 年冬小麦种植面积及灌溉过程中的水能资源消耗情况；参考 IPCC 估算方法，基于能源数据测算不

同乡镇单元农业灌溉中的碳排放量；利用 MOD 13 数据、实地调研情况以及统计数据估算各乡镇的冬小麦产量数据，并计算出河南省 2018 年不同乡镇和模式下冬小麦的灌溉用水能源消耗和碳排放强度；利用空间自相关方法和地理探测器分析不同乡镇和灌溉模式下冬小麦灌溉过程中的灌溉用水能源消耗和碳排放的空间分布格局与碳排放强度的影响因素；运用比较分析法和耦合协调度模型探索冬小麦灌溉过程中的“水-能-碳”关联关系（图 3-5）。

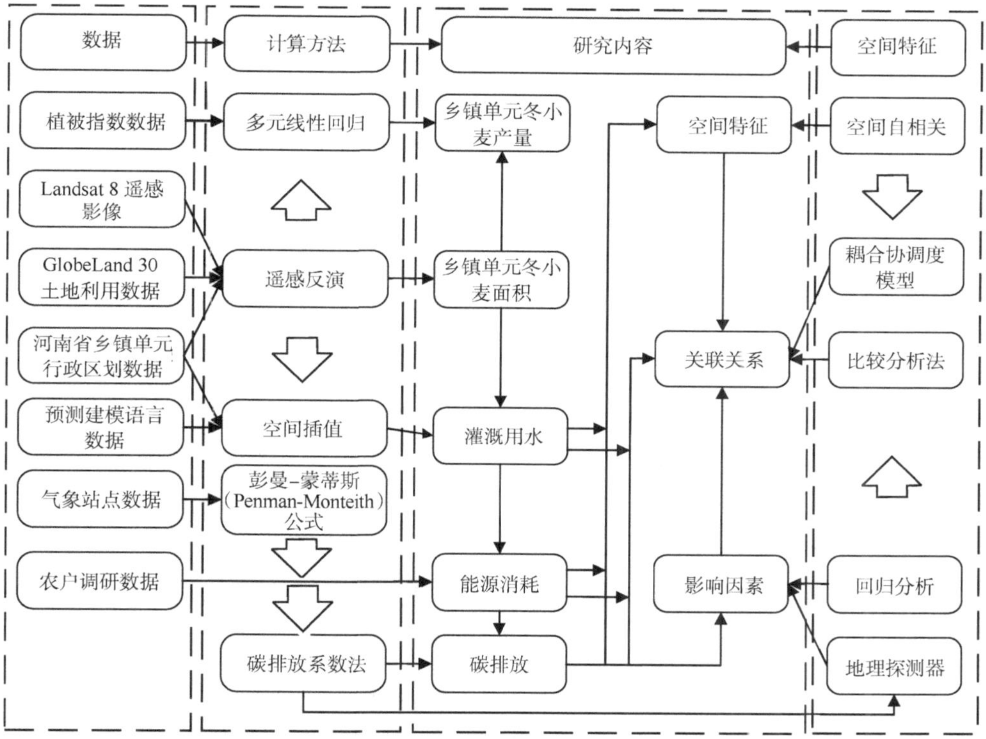

图 3-5 农业灌溉碳排放模拟流程图

（一）粮食产量估算方法

本书通过时间序列 NDVI（normalized differential vegetation index，归一化植被指数）影像数据提取河南省不同乡镇冬小麦作物分布信息（Li et al.，2021），并利用多元线性回归方法建立估产模型（Morgounov et al.，2014），对冬小麦产量进行估测，具体计算公式如下：

$$Y = b_0 + b_1X_1 + b_2X_2 + \cdots + b_nX_n + \xi \tag{3-3}$$

式中，n 为自变量个数且 $n > 2$；Y 为冬小麦产量；X_i 为不同时间段的自变量数据；

$b_1 \sim b_n$ 为回归系数；ξ 为 NDVI 数据。

（二）灌溉用水量计算方法

灌溉用水量主要是指作物生长过程所需的灌溉水量（Zhao et al.，2020），具体计算公式如下：

$$\mathrm{TW} = \mathrm{ET} - P \tag{3-4}$$

式中，TW 为灌溉用水量（单位：mm）；ET 为冬小麦生育期内需水量（单位：mm）；P 为有效降水量（单位：mm）。

冬小麦生育期内需水量的核算采用联合国粮食及农业组织（Food and Agriculture Organization of the United Nations，FAO）推荐的公式（彭曼–蒙蒂斯公式）（Liu et al.，2020），具体公式如下：

$$\mathrm{ET} = K_C \times \mathrm{ET}_0 \tag{3-5}$$

$$\mathrm{ET}_0 = \frac{0.408\varDelta\left(R_n - G\right) + \dfrac{900}{T + 273}\gamma U_2\left(e_s - e_a\right)}{\varDelta + \gamma\left(1 + 0.34U_2\right)} \tag{3-6}$$

式中，R_n 为冠层表面净辐射（单位：$\mathrm{MJ \cdot m^{-2} \cdot d^{-1}}$）；$G$ 为土壤热通量（单位：$\mathrm{MJ \cdot m^{-2} \cdot d^{-1}}$）；$\varDelta$ 为饱和水汽压与温度曲线斜率（单位：kPa/℃）；γ 为温度常数（单位：kPa/℃）；T 为平均温度（单位：℃）；U_2 为 2 m 高处的风速（单位：m/s）；e_s 为空气饱和水汽压（单位：kPa）；e_a 为指空气实际水汽压（单位：kPa）；K_C 为作物系数；ET_0 为参考作物蒸散发量（单位：mm/d）。河南省冬小麦作物系数见表 3-4。

表 3-4　河南省冬小麦作物系数

生长期	作物系数
越冬期	1.26
返青期	1.18
拔节期	1.24
孕穗、抽穗期	1.33
灌浆期	0.95

有效降水量（P）采用美国农业部土壤保持局方法（United States Department of Agriculture-soil conservation service method，USDA-SCS），具体公式如下（Gong et al.，2020）：

$$P=\begin{cases}\dfrac{R(4.17-0.2R)}{4.17}, & R<8.3\ \text{mm/d}\\ 4.17-0.1R, & R\geqslant 8.3\ \text{mm/d}\end{cases} \tag{3-7}$$

式中，R 为日降水量（单位：mm/d）。

（三）灌溉碳排放量核算方法

碳排放主要来自灌溉过程中机械运行产生的能源消耗。基于农户调研数据和已有文献（Fuhrman et al.，2020），碳排放量的具体计算公式如下：

$$C=E\times A \tag{3-8}$$

式中，C 为农业灌溉碳排放量；E 为农业灌溉中的能源消耗量；A 为能源碳排放系数。

本书首先结合实地调研的农业生产数据，计算出典型村庄冬小麦单位面积灌溉碳排放量，尝试构建不同灌溉模式下的农业碳排放数据库。其次结合不同冬小麦种植面积数据，可以获取各乡镇冬小麦灌溉碳排放量。最后根据调研数据和区域实际生产条件对异常值进行修正。

（四）碳排放影响因素分析方法

综合考虑自然条件、区位、人类活动等因素以及数据的可获得性，本书共选取了 8 个要素（3 个自然要素和 5 个人为要素）对碳排放强度的驱动机制进行分析。自然要素分别是平均海拔、有效降水量和河流长度，人为要素分别是种植面积、灌溉用水量、产量、能源和土地投入强度，并利用 Origin Pro 2021 的 k-均值法进行离散化处理。

地理探测器是分析驱动因素对某种地理现象空间分异特征影响机制的有效评价工具。这里采用地理探测器中的分异及因子探测模块和交互作用探测模块，识别冬小麦灌溉碳排放强度空间分异格局形成的主要驱动因素，揭示不同驱动因素交互作用后的解释力度变化规律。具体公式如下（王劲峰和徐成东，2017）：

$$q=1-\sum_{h=1}^{L}N_h\delta_h^2\,/N\delta^2 \tag{3-9}$$

式中，δ_h^2 和 δ^2 分别为层 h 和全区的 Y 值的方差；h 为指驱动因素分层数，$h=1,2,\cdots,L$；N_h 为分层 h 的单元数；N 为全区单元数；q 的取值范围为[0, 1]，q 值越接近 1，说明该驱动因素对灌溉碳排放强度空间分异的解释力越强，q 值越接近 0，说明该驱动因素对灌溉碳排放强度空间分异的解释力越弱。

（五）耦合协调度评价方法

耦合是指若干个系统或系统要素间相互作用、彼此影响的现象，但其难以反映各系统或要素之间的驱动方向，只能体现系统之间影响程度的强弱。耦合协调度则可以有效反映各系统要素之间相互作用的强度和协调发展状况的好坏。

本书采用耦合协调度模型计算河南省农业灌溉“水-能-碳”系统的耦合协调度来反映水、能、碳之间的耦合协调关系。以协同论为理论基础，本书借鉴物理学相关耦合系数模型和相关学者的研究（盖美和张福祥，2018），建立了农业灌溉“水-能-碳”系统的耦合协调度评价模型。

$$\mathrm{CD}=\left\{\frac{W\times E\times C}{\left(W+E+C\right)^{3}}\right\}^{1/3} \tag{3-10}$$

式中，W 为水系统的综合评价的得分；E 为能源系统的综合评价的得分；C 为碳排放系统的综合评价的得分；CD 为耦合度，取值范围为[0, 1]，当 CD 值趋近于 0 时，说明各系统或要素之间的关联程度很弱，当 CD 值趋近于 1 时，说明各系统或要素之间存在强烈的相互作用关系。

$$\mathrm{CCD}=\sqrt{C\times T} \tag{3-11}$$

式中，CCD 为耦合协调度，取值范围为[0, 1]。参照相关学者的研究（逯进等，2017），这里对耦合协调度进行了类型划分（表 3-5）。

表 3-5　耦合协调度划分标准及类型

耦合协调度	类型	耦合协调度	类型
[0, 0.1]	极度失调	(0.5, 0.6]	勉强协调
(0.1, 0.2]	严重失调	(0.6, 0.7]	初级协调
(0.2, 0.3]	中度失调	(0.7, 0.8]	中级协调
(0.3, 0.4]	轻度失调	(0.8, 0.9]	良好协调
(0.4, 0.5]	濒临失调	(0.9, 1.0]	优质协调

三、县域单元农业水土资源开发的碳排放核算方法

县域单元的农业碳排放数据是依据村庄单元的碳排放核算结果，结合县域的相关统计数据进行拟合模拟得到的。首先计算出各县（市、区）不同类型作物占总种植面积的比值，并推算出不同类型作物单位面积化肥、农药使用量。其次利用 SPSS 软件中缺失值分析组件，对数据进行补充。具体如下。①不同类型化肥、农药碳强度：结合样点数据与作物种植面积、作物化肥、农药单位面积使用量，

选用回归分析方法，对样点外县（市、区）的化肥、农药碳强度数据进行补充；②不同类型作物灌溉碳强度：选用作物种植面积和打井深度，采用回归方法对灌溉碳强度进行补充；③翻耕和收获碳强度：选用作物种植面积和翻耕碳强度、收获碳强度进行回归，最后补充完整数据；④打井碳排放强度：先从《河南省地质环境公报》中获取河南省区域浅层地下水等水位线图，然后补充完整打井深度数据，并根据调研数据和经验所得，打 1 m 深的井大概需要 2 斤[①]柴油（平均值），得到打井碳强度。由于数据的可得性等，所选参与回归的变量数量有限，因此计算出的结果有一定的误差，所以还需要根据调研经验，结合调研数据对回归计算出的异常值进行修正。

（一）县域农业土地资源开发利用阶段的碳排放估算

本书分别计算出了不同样点小麦、玉米、花生、水稻、大豆的土地投入（化肥和农药）、土地翻耕和收获的碳强度，用碳强度乘以各个县域不同作物的实际种植面积，可得到各个县（市、区）不同作物类型土地资源开发阶段的碳排放量，计算公式如下：

$$C_1 = I_{ij} \times P_a \tag{3-12}$$

式中，C_1 为不同县域五种类型作物的土地翻耕、土地投入和土地收获碳排放量；I_{ij} 为不同样点的碳排放强度数值；P_a 为不同县（市、区）不同类型作物实际种植面积。

（二）县域农业水资源开发阶段的碳排放估算

用不同类型作物的灌溉碳强度乘以各个县域不同作物的有效灌溉面积，得到各个县（市、区）不同作物类型的灌溉碳排放，灌溉碳排放的计算公式如下：

$$C_2 = I_{ij} \times \text{Irrigated}_a \tag{3-13}$$

式中，C_2 为各县（市、区）灌溉碳排放量；I_{ij} 为不同样点的不同类型作物的灌溉碳强度；Irrigated_a 为不同县（市、区）不同类型作物的有效灌溉面积。

根据打井的碳强度与各个县（市、区）打井深度、机井数量，最后求得各个县（市、区）的打井碳排放量，计算公式如下：

$$C_3 = I_{ij} \times D_i \times N_i \tag{3-14}$$

式中，C_3 为各县（市、区）打井的碳排放量；I_{ij} 为不同样点的打井碳排放强度；

① 1 斤=0.5 kg。

D_i 为该县（市、区）的打井深度，需要说明的是，不同问卷的打井深度不一样，因此在计算该县（市、区）打井深度时取所有问卷的平均值，其余县（市、区）的打井深度数据根据河南省区域浅层地下水等水位线图补充完整；N_i 为该县（市、区）的机井数量。

（三）碳排放空间格局分析

空间自相关指数可以衡量农业水土资源开发碳排放及其强度在空间上的依赖程度。空间自相关分析包括全局和局部空间自相关（local indicators of spatial association，LISA）分析，其中全局空间自相关分析用于探测一个总的空间范围在空间上的依赖程度，用 Moran’s I（莫兰指数）来度量空间自相关的全局指标。全局自相关指数的计算公式如下（赵荣钦等，2014）：

$$I=\sum_{i=1}^{n}(x_i-\bar{x})\sum_{j=1}^{n}W_{ij}(x_j-\bar{x})\Big/\sum_{i=1}^{n}(x_i-\bar{x})^2\sum_{i=1}^{n}\sum_{j=1}^{n}W_{ij} \tag{3-15}$$

式中，n 为研究区域的空间样本个数；x_i 和 x_j 分别为市域 i 和 j 的碳排放强度；W_{ij} 为空间权重，通过基于邻接关系 Rook 获得空间权重矩阵；$\bar{x}$ 为所有城市碳排放强度的平均值；I 指数（Moran’s I）值介于–1 和 1 之间，该值越接近于 1，表明正空间自相关越强，越接近–1，表明负空间自相关越强，如果该值接近或等于 0，表明空间单元属性处于随机分布状态。

用局部空间自相关指数来判别空间单元集聚类型。该指数是量化局部空间关联性的核心指标，而全局指数检验整体集聚存在性（高–高，低–低），局部集聚图则基于该指数可视化空间关联模式。局部空间自相关指数的计算公式如下：

$$I_i=\frac{(x_i-\bar{x})}{s^2}\sum_{j}w_{ij}(x_j-\bar{x}) \tag{3-16}$$

式中，s^2 为碳排放强度的方差；w_{ij} 为空间权重。

（四）县域单元水土资源耦合度分析

区域水土资源耦合度主要反映区域水土资源开发利用的比例关系，这里采用农业水土资源匹配度来表示区域水土资源耦合度（刘彦随等，2006）：

$$R_i^{wl}=W_i a_i/L_i \tag{3-17}$$

式中，R_i^{wl} 为第 i 个县域单元的水土资源匹配度（耦合度）；W_i 为水资源量；L_i 为耕地面积；a_i 为农业用水比重。从农业生产过程及不同作物轮种的角度来看，水土资源耦合度可分为综合水土资源耦合度和分时段水土资源耦合度两种，式（3-17）表示的是综合水土资源耦合度。

四、农业生产效率及影响因素分析方法

（一）农业生产效率计算方法

DEA 模型是一种用来评价决策单元投入产出效率的方法，本书采用 DEA 模型测算碳排放约束下的农业生产效率。传统 DEA 模型是从减少投入、扩大产出的角度来衡量生产效率的，本书将碳排放作为农业生产的非期望产出纳入进来，采用超效率松弛变量模型（Super-SBM）测算河南省县域的农业生产效率，模型如下：

$$\rho = \frac{\frac{1}{m}\sum_{i=1}^{m} x / x_{io}}{\frac{1}{s_1+s_2}\left(\sum_{r=1}^{s_1} \overline{y}_r^g \Big/ y_{ro}^g + \sum_{a=1}^{s_2} \overline{y}_a^b \Big/ y_{ao}^b\right)} \tag{3-18}$$

$$\text{s.t.}\begin{cases} \overline{x} \geqslant \sum\limits_{j=1, j\neq o}^{n} \lambda_j x_j,\ \overline{y}_r^g \leqslant \sum\limits_{j=1, j\neq o}^{n} \lambda_j y_{rj}^g,\ \overline{y}_a^b \leqslant \sum\limits_{j=1, j\neq o}^{n} \lambda_j y_{aj}^b \\ \overline{x} \geqslant x_{io},\ \overline{y}_r^g \leqslant y_{ro}^g,\ \overline{y}_a^b \geqslant y_{ao}^b \\ \sum\limits_{j=1, j\neq o}^{n} \lambda_j = 1,\ y^g \geqslant 0,\ y^b \geqslant 0,\ \lambda_j \geqslant 0 \\ i=1,2,\cdots,m;\ r,a=1,2,\cdots,q;\ j=1,2,\cdots,n \end{cases} \tag{3-19}$$

式中，m 为各调研村庄投入要素类别；n 为调研村庄个数；ρ 为非期望产出的 Super-SBM 模型效率值；s_1 和 s_2 分别为粮食产量和农业碳排放的松弛向量；x、y^g 和 y^b 分别为投入要素、粮食产量和农业碳排放，$x \in R_m$，$y^g = R_{s_1}$，$y^b = R_{s_2}$；R_m 为投入要素类别的取值空间；R_{s_1} 为粮食产量松弛向量的取值空间；R_{s_2} 为农业碳排放松弛向量的取值空间；λ_j 为各调研村庄的权重向量；x_{io} 为第 i 个投入要素的参考值；o 为参考值；$\overline{y}_r^g$ 为第 r 个期望产出（粮食产量）的实际值；y_{rj}^g 为所有决策单元的加权期望粮食产量；$\overline{y}_a^b$ 为第 a 个非期望产出（农业碳排放）的实际值；y_{aj}^b 为所有决策单元的加权非期望农业碳排放；y_{ro}^g 为第 r 个期望产出（粮食产量）的参考值；y_{ao}^b 为第 a 个非期望产出（农业碳排放）的参考值。

（二）农业生产效率的测算指标选取

本书采用非期望产出的 Super-SBM 模型估算河南省县域单元的农业生产效

率，在测算过程中需要确定农业生产过程中的投入产出指标。其中，农业投入指标包括：①土地投入（单位：hm^2），一般采用耕地面积、农作物播种面积或耕地灌溉面积。结合实际情况和参考前人的研究，本书选择县域农作物播种面积作为土地投入。②劳动力投入（单位：万人），由于缺少农业就业人数，本书以农林牧渔就业人数作为劳动力投入。③资本投入（单位：万元/户），是农业生产活动的重要投入要素，本书选取农林牧渔的固定资产投入为代理变量。④资源投入，农业生产过程离不开能源和物资的投入，其中主要包括化肥（单位：万 t）、农药（单位：t）、农膜（单位：t）的使用量，同时本书也考虑了农村用电量（单位：万 kW·h）、农业用水量（单位：亿 m^3）。⑤技术投入，本书拟采用农业机械总动力（单位：$\times10^7$ W）来衡量技术投入。本书的期望产出指标选取农业总产值（单位：亿元）、粮食总产量（单位：万 t）来衡量农业活动所带来的经济、社会效益。由于农业生产活动产生的温室气体占我国排放总量的 17%～20%，农业碳排放问题较严重，故本书将农业碳排放量作为非期望产出指标纳入农业生产效率测算体系。

（三）农业生产效率的影响因素分析方法

农业生产效率的时序演进及空间格局是区域自然地理条件、耕地资源禀赋、社会经济发展、农业科学进步、农业政策调整和农户自身状况等多重因素共同作用的结果。不同学者分别从农业设施条件、耕地资源禀赋、经济发展水平、农业生产条件、地区科技水平、自然条件和经济发展水平等方面选取指标，利用面板数据模型对不同因素的影响程度进行了测度。考虑到数据的可获得性和指标的易量化性，这里主要选取耕地灌溉水平、土地投入强度、耕地资源禀赋、农业生产水平、农业经济发展水平等指标来分析农业生产效率的影响因素。

（1）耕地灌溉水平（wsi）。农业水资源开发利用碳排放主要是由农业灌溉产生的，因此耕地灌溉水平可以反映出区域农业水利建设开发状况，本书采用有效灌溉率来解释此指标，有效灌溉率=有效灌溉面积/农作物实际播种面积。

（2）土地投入强度（lii）。农业生产的土地投入过程是土地资源开发的主要碳排放源，其主要消耗化肥、农药、农膜等，其中化肥碳排放占土地投入碳排放的80%以上，因此本书的土地投入强度=化肥使用量/农作物实际播种面积。

（3）耕地资源禀赋（sa）。土地资源是农业生产的基石，农户的人均耕地面积一定程度上影响着农业生产规模的大小。土地的集约化程度会影响农业水土资源开发的物资和能源投入。因此本书用人均播种面积（农作物实际播种面积/农业从业人数）来表示此指标。

（4）农业生产水平（at）。农户的受教育程度会直接影响认知能力，从而间接影响农户的投入水平。因此本书用劳动力文化水平代替农业技术，劳动力文化水平=农村劳动力初中以上学历人口/农村总人口。

（5）农业经济发展水平（ae）。农业产值的增加会提高农户的经济收益，带动农业整体的生产技术向前发展。人均农业收入水平会影响农户对农作物的生产投资，因此本书用人均农业产值来代替农业经济发展水平。农业经济发展水平=农业总产值/农村总人口。

根据变量的选取结果，本书研究的解释变量为耕地灌溉水平（wsi）、土地投入强度（lii）、耕地资源禀赋（sa）、农业生产水平（at）、农业经济发展水平（ae），被解释变量为农业生产效率（CEE），最终构建的农业生产效率影响因素 Tobit（托宾）模型如下：

$$\mathrm{CEE}_i = \beta_0 + \beta_1 \mathrm{wsi}_i + \beta_2 \mathrm{lii}_i + \beta_3 \mathrm{sa}_i + \beta_4 \mathrm{at}_i + \beta_5 \mathrm{ae}_i + \varepsilon_i \tag{3-20}$$

式中，i 为不同的县域；β_0 为常数项；ε_i 为扰动项；$\beta_1,\beta_2,\cdots,\beta_5$ 为待估计参数。运用 EViews 9.0 中的 Tobit 模型对农业生产效率的影响因素进行识别和分析。

五、碳排放约束下的农业水土资源优化方法

（一）县域农业碳排放强度阈值的计算方法

县域农业水土资源开发碳排放强度是指单位面积土地/水资源的碳排放强度，具体为区域农业水土资源开发利用的碳排放与耕地面积/水资源利用量的比值。碳排放强度阈值是指县域单元水土资源开发的碳排放强度阈值，用单位耕地面积的碳排放和单位水资源量的碳排放量来表示。先以县域水土资源开发利用效率作为调控因子计算出不同县域的阈值调控系数，计算方法如下（丁明磊等，2019）：

$$A_i = \begin{cases} \min A_i + \left[\left(\max A_i - \min A_i \right)/2 - a \right] \times \dfrac{Z_i - \min Z_i}{\max Z_i - \min Z_i}, & 1 \leqslant i \leqslant (m+1)/2 \\ \left(\max A_i + \min A_i \right)/2, & i = (m+1)/2 \\ \left(\max A_i + \min A_i \right)/2 + a + \left[\dfrac{\left(\max A_i - \min A_i \right)}{2} - a \right] & \\ \times \dfrac{Z_i - \min Z_i}{\max Z_i - \min Z_i}, & m/2+1 < i \leqslant m \end{cases} \tag{3-21}$$

$$A_i = \begin{cases} \min A_i + \left[\left(\max A_i - \min A_i \right)/2 - a \right] \times \dfrac{Z_i - \min Z_i}{\max Z_i - \min Z_i}, & 1 \leqslant i \leqslant (m+1)/2 \\ \left(\max A_i + \min A_i \right)/2 + a + \left[\dfrac{\left(\max A_i - \min A_i \right)}{2} - a \right] & \\ \times \dfrac{Z_i - \min Z_i}{\max Z_i - \min Z_i}, & m/2+1 < i \leqslant m \end{cases} \tag{3-22}$$

式中，A_i 为阈值调控系数；Z_i 为农业生产效率从小到大排列的顺序值；m 为县域个数，式（3-21）和式（3-22）分别代表 m 为奇数和偶数时的情况，由于本节研究的主要是 125 个县域的水土资源开发优化方案，因此选用式（3-21）；a 为调整参数，取值范围为 $0<a<(\max A_i-\min A_i)/2$；$\max A_i$、$\min A_i$ 为阈值调控系数的最大值、最小值，可根据县域单元碳排放和自身生产节能减排能力设定。结合国家碳减排目标和《河南省“十三五”控制温室气体排放工作实施方案》，本节设定的阈值调控系数的最大值、最小值分别为 1.1 和 0.9，即河南省各县域增减幅度在正负 10%之间。

在确定节能减排系数的基础上，计算出的各县域 2016 年单位面积水土资源开发碳排放强度作为参考值，参照《河南省“十三五”控制温室气体排放工作实施方案》各地市的节能减排目标（表 3-6），设定到 2020 年单位国内生产总值二氧化碳排放比 2015 年下降 19.5%的目标，确保碳排放总量得到有效控制，从而确定不同县域的碳排放阈值。计算方法如下：

$$\mathrm{CEQ}_i = \mathrm{CE}_i \times A_i \tag{3-23}$$

式中，CEQ_i 为县域的水土资源碳排放强度阈值；CE_i 为县域按照节能减排目标确定的基准值碳排放强度。

表 3-6　河南省“十三五”省辖市、省直管县（市、区）碳排放强度控制分解目标

地区	碳排放强度控制分解目标	地区	碳排放强度控制分解目标
郑州市	20%	许昌市	19%
巩义市	20%	漯河市	18%
开封市	19%	三门峡市	20%
兰考县	18%	南阳市	18%
洛阳市	20%	邓州市	18%
平顶山市	20%	商丘市	18%
汝州市	19%	永城市	20%
安阳市	20%	信阳市	18%
滑县	18%	固始县	18%
鹤壁市	20%	周口市	18%
新乡市	19%	鹿邑县	18%
长垣市	18%	驻马店市	18%
焦作市	20%	新蔡县	18%
濮阳市	19%	济源市	20%

（二）基于线性规划的农业水土资源优化方法

本节基于不同县域单元的碳排放强度阈值，采用多目标线性规划方法的思路，以最小化的农业碳排放和最大化的粮食产量为目标建立函数：

$$\max F(Y)=\sum C_{1n}\times X_n \quad (3\text{-}24)$$

$$\min F(C)=\sum C_{2n}\times X_n \quad (3\text{-}25)$$

式中，Y 为粮食产量；C 为不同县域水土资源开发碳排放；X_n 为各项影响因子：有效灌溉面积 X_1、化肥使用量 X_2、农药使用量 X_3、农膜使用量 X_4、农业用水量 X_5 等；C_{1n} 为粮食产量与各影响因子回归模拟的参数；C_{2n} 为碳排放与各影响因子回归模拟的参数，本节主要采用约束模型（极大极小法）来进行求解。不同区域水土资源优化的约束条件见表 3-7。

表 3-7 不同区域水土资源优化的约束条件

类型区	约束条件	约束指标表达式					约束条件解释
		X_1	X_2	X_3	X_4	X_5	
河南省总体	有效灌溉面积增加，化肥、农药、农膜等投入要保证不增加，农业用水量减少	$X_1 \geqslant M_1$	$X_2 \leqslant M_2$	$X_3 \leqslant M_3$	$X_4 \leqslant M_4$	$X_5 \leqslant M_5$	“十三五”规划总约束指标
水土丰富区	有效灌溉面积增加，化肥、农药、农膜减少，农业用水量可以适当增加	$X_1 \geqslant N_1$	$X_2 \leqslant N_2$	$X_3 \leqslant N_3$	$X_4 \leqslant N_4$	$X_5 \leqslant 1.2\ N_5$	水土资源特点区域约束性指标
水土缺乏区	有效灌溉面积保持不变或增加，化肥、农药、农膜等投入可以适当增加，农业用水量可以适当增加	$X_1 \geqslant N_1$	$X_2 \leqslant 1.2\ N_2$	$X_3 \leqslant 1.2\ N_3$	$X_4 \leqslant 1.2\ N_4$	$X_5 \leqslant N_5$	水土资源特点区域约束性指标
水多土少区	有效灌溉面积增加，化肥、农药、农膜投入可以适当增加，农业用水量可以适当增加	$X_1 \geqslant N_1$	$X_2 \leqslant 1.2\ N_2$	$X_3 \leqslant 1.2\ N_3$	$X_4 \leqslant 1.2\ N_4$	$X_5 \leqslant 1.2\ N_5$	水土资源特点区域约束性指标
水少土多区	有效灌溉面积保持不变或增加，化肥、农药、农膜投入减少，农业用水量要保证不增加	$X_1 \geqslant N_1$	$X_2 \leqslant N_2$	$X_3 \leqslant N_3$	$X_4 \leqslant N_4$	$X_5 \leqslant N_5$	水土资源特点区域约束性指标

注：$M_n(n=1,2,\cdots,5)$为《河南省“十三五”农业和农村经济发展规划》和《河南省“十三五”控制温室气体排放工作实施方案》中各县域影响因子 2020 年的规划值，$N_n(n=1,2,\cdots,5)$为各影响因子 2016 年的基准值

由于粮食产量与各项农业生产投入的影响因子关系未定，而柯布-道格拉斯函数被广泛地运用在农业生产技术中表达投入与产出的关系，为了更好地表示农业生产投入要素与粮食产量和农业碳排放的关系，同时为了更方便地建立多目标规划方程，本节采用柯布-道格拉斯函数的变形式表示粮食产量、碳排放与各影响因子之间的关系，具体公式如下：

$$\ln(Y)=C_{11}\ln(X_1)+C_{12}\ln(X_2)+C_{13}\ln(X_3)+C_{14}\ln(X_4)+C_{15}\ln(X_5)+a \tag{3-26}$$

$$\ln(C)=C_{21}\ln(X_1)+C_{22}\ln(X_2)+C_{23}\ln(X_3)+C_{24}\ln(X_4)+C_{25}\ln(X_5)+b \tag{3-27}$$

式中，a、b 为常数。

第四章　样点村庄农业水土资源耦合开发的碳排放特征分析

基于河南省65个典型村庄农业生产及物资投入的调研数据，本章对样点村庄农业水土资源开发的碳排放进行了全面核算，并从水土资源开发不同阶段入手分析了碳排放的构成特征及作物差异，对比了不同样点村庄农业碳排放的差异，构建了不同“水-土-能”管理水平下的农业碳排放系数集。以河南农业大学科教园区（原阳）节水农业试验场为例，进一步从微观尺度上探讨了不同灌溉模式下农业“水-能-碳”的特征差异及关联关系。本章基于农户调研和微观视角的研究为后续章节乡镇和县域单元农业水土资源开发的碳排放研究奠定了数据基础。

第一节　农业水土资源开发的碳排放特征分析

一、水资源开发的碳排放特征

研究发现，河南省65个调研村庄水资源开发碳排放强度差异悬殊（表4-1）。其中，水资源开发碳排放强度最大的是浚县左洼村，为871.85 kg/hm^2，水资源开发碳排放强度较小的是伊川县侯村、嵩县何村、栾川县柳子村、淅川县中吴店村、商城县庙岗村、禹州市元东村、卧龙区匡庄村、息县大刘庄村，为0 kg/hm^2，作物种植时不进行灌溉。水资源开发碳排放强度前10的村庄分别为浚县左洼村、正阳县蔡庄村、中牟县砚台寺村、长垣市前吴庄村、修武县郇封村、偃师区高龙村、滑县西老河寨村、鹿邑县孟庄村、淇县原本庙村、陕州区温塘村，这些村庄大多集中在豫北地区，地表水匮乏且雨季较集中，不能满足农作物生长期间的需水量且以地下水灌溉为主，因此灌溉次数较多，水资源开发碳排放强度较大。排在后10位的为确山县任店村、原阳县陈庄村、伊川县侯村、嵩县何村、栾川县柳子村、淅川县中吴店村、商城县庙岗村、禹州市元东村、卧龙区匡庄村、息县大刘庄村，这些村庄主要位于山区且大多集中在豫西地区，地形复杂且地块较小，地下水位较深，农业基础水利设施不完善，因此农户不灌溉或很少灌溉，水资源开发碳排放强度较小。

表 4-1　调研村庄水资源开发碳排放强度（单位：kg/hm^2）

调研村庄	水资源开发碳排放强度	调研村庄	水资源开发碳排放强度	调研村庄	水资源开发碳排放强度
兰考县白云山村	46.91	确山县任店村	2.62	辉县市高庙村	155.37
通许县王庄村	152.08	遂平县三里朱村	51.09	淇县原本庙村	178.93
修武县郇封村	213.41	西平县孔牛村	29.32	浚县左洼村	871.85
温县小营村	132.52	舞阳县邢庄村	64.42	汤阴县大黄村	39.45
武陟县程封村	103.06	临颍县大于庄村	44.87	内黄县东街村	125.88
博爱县张武村	80.33	叶县王博儒村	51.08	南乐县楼营村	90.70
济源市柿花沟村	74.65	鲁山县冢留村	27.40	范县万庄村	62.06
偃师区高龙村	205.36	郏县前王庄村	71.06	濮阳县大陈村	82.14
伊川县侯村	0	汝州市崔辛庄村	124.44	宁陵县徐黑村	123.03
嵩县何村	0	长葛市榆园村	121.67	中牟县砚台寺村	222.62
栾川县柳子村	0	太康县毛庄村	44.52	滑县西老河寨村	188.99
卢氏县涧西村	85.22	淮阳区张路口村	33.91	长垣市前吴庄村	214.48
南召县北召店村	8.45	周口市川汇区高庄村	35.06	禹州市元东村	0
淅川县中吴店村	0	项城市牛营村	44.57	台前县后三里村	72.31
邓州市千兵村	28.80	沈丘县田营村	74.69	杞县瓦岗村	115.89
唐河县周庄村	33.55	永城市方庄村	13.26	鹿邑县孟庄村	185.42
镇平县易营村	64.14	夏邑县槐树刘村	49.70	孟津区雷河村	102.42
平桥区余寨村	51.73	睢县祥府寨村	42.53	卧龙区匡庄村	0
光山县王畈村	144.80	梁园区双八村	67.29	陕州区温塘村	168.18
商城县庙岗村	0	柘城县老王集村	51.62	息县大刘庄村	0
固始县安埠村	32.57	封丘县拐铺村	109.51	正阳县蔡庄村	536.03
新蔡县陈店村	115.66	原阳县陈庄村	0.46		

不同样点村庄的地理环境、水利设施条件、农户勤劳度、种植意愿等自然因素和人为因素存在差异，因此水资源利用方式和利用程度也存在差异。由调研结果可知，调研村庄的灌溉方式主要分为四种，分别为引水灌溉、抽水灌溉（地表水）、抽水灌溉（地下水）、无灌溉。引水灌溉是指通过修建水利工程（如南水北调中线工程）、沟渠（引水沟）等直接通过水平高度差引用地表河流水，引水灌溉的区域主要集中在黄河沿岸、南水北调中线沿岸、部分信阳市水稻种植区，此类村庄主要沿地表河流分布或在大型水利工程沿线分布，农作物水资源开发的资金投入较大，但是农用物资（如柴油和电力）的投入较低，水资源开发利用碳排放强度低。抽水灌溉（地表水）是指通过水利设施（水泵、柴油机等）从河流或池

塘抽水来进行灌溉，此类村庄主要分布在河流周围和豫南多雨地区，农业水资源开发利用的物资投入相对较多，灌溉抽水时耗费的柴油、电力较大，导致在进行农作物灌溉时水资源开发的碳排放强度相对较高。抽水灌溉（地下水）是指通过水泵从农田的机井抽水来进行灌溉，受地形条件影响，此类村庄主要集中在平原地区。同时不同村庄地下水位不同导致抽水所消耗的能源也不同，调研得知，地下水位越深消耗的能源越高，此类村庄的地下水位深度普遍高于其他村庄，所消耗的能源也高于其他村庄，因此水资源开发的碳排放强度最大。无灌溉是指村庄种植作物时不进行灌溉。此类村庄主要聚集在山区，且主要集中在豫西地区。由于地形复杂、地块较小、土壤肥力欠缺且个人耕地较少，农户大多选择不进行灌溉或种植一些蔬菜，因此没有农用物资的投入，也没有产生水土资源开发的碳排放。

二、土地资源开发碳排放特征

河南省 65 个调研村庄土地资源开发碳排放强度差异较大（图 4-1）。其中，土地资源开发碳排放强度最大的是程封村，为 1469.08 kg/hm^2，最小的为前王庄村，为 525.23 kg/hm^2，程封村的土地资源开发碳排放强度是前王庄村的 2.80 倍。土地资源开发碳排放强度较大的村庄主要位于豫北、豫南，中部区域村庄的土地资源开发碳排放强度较小。豫南、豫北调研村庄的土地资源投入要高于中部区域村庄，豫东南、豫北地区为我国主要的商品粮基地，为了保障粮食稳定增长往往会过量投资。由调研数据及农户调研情况可知，相近村庄的土地投入具有一定的相似性，同一村庄及相近村庄农户的农业生产模式及物资投入量相似，而农资店周边的农户投入更加接近，因此相近调研村庄土地资源开发碳排放强度的空间分布具有聚集性。

土地资源开发过程主要包括土地投入、土地翻耕、土地收获，土地投入过程中主要投入了化肥、农药，土地翻耕和土地收获主要消耗了柴油。其中，调研村

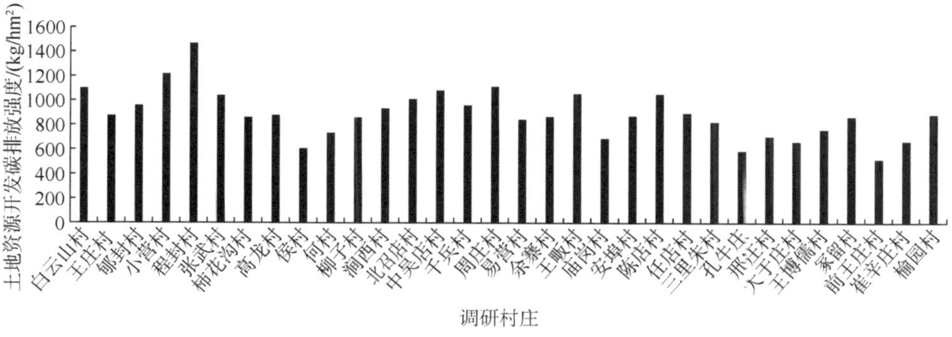

（a）

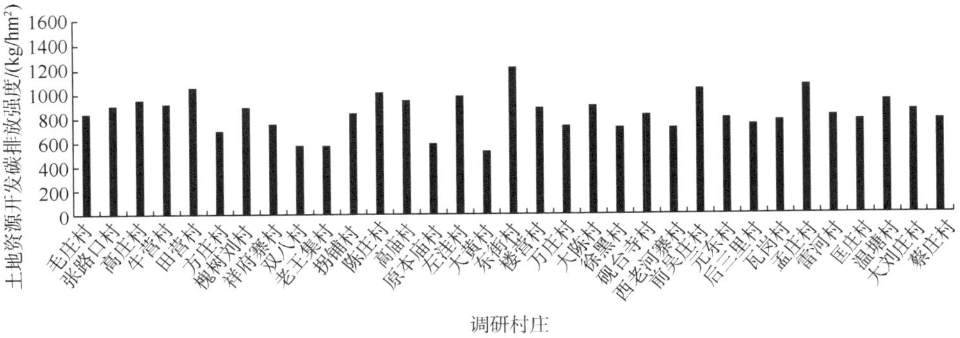

（b）

图 4-1　调研村庄土地资源开发碳排放强度

庄的土地投入碳排放强度最大，其次为土地收获碳排放强度，土地翻耕碳排放强度最小，由调研数据结果可知（图 4-2），土地投入过程中程封村的碳排放强度最大，为 1390.9 kg/hm^2，大黄村最小，为 466.4 kg/hm^2，土地投入碳排放强度的平均值为 773.11 kg/hm^2，且调研村庄土地投入碳排放强度同土地资源开发碳排放强度空间分布相近。土地翻耕碳排放强度最大的是砚台寺村，为 162.70 kg/hm^2，最小的为西老河寨村，为 15.97 kg/hm^2，土地翻耕碳排放强度的平均值为 51.83 kg/hm^2，且高值主要集中在信阳市的部分村庄。由于调研时发现信阳市主要种植水稻，种植水稻时翻耕次数较多，因此土地翻耕碳排放强度较高。土地收获碳排放强度最大的是田营村，为 132.01 kg/hm^2，最小的是柳子村、涧西村，都为 0。土地收获碳排放强度的平均值为 56.08 kg/hm^2，且豫东的调研村庄土地收获碳排放强度要明显大于豫西。豫西主要为山地丘陵，地块破碎分散，不利于进行机械化耕作，主要为人工或小型机械耕作，豫东主要是平原，有利于开展大型农机耕作，加上农业机械化水平较高，所以能源消耗较高。

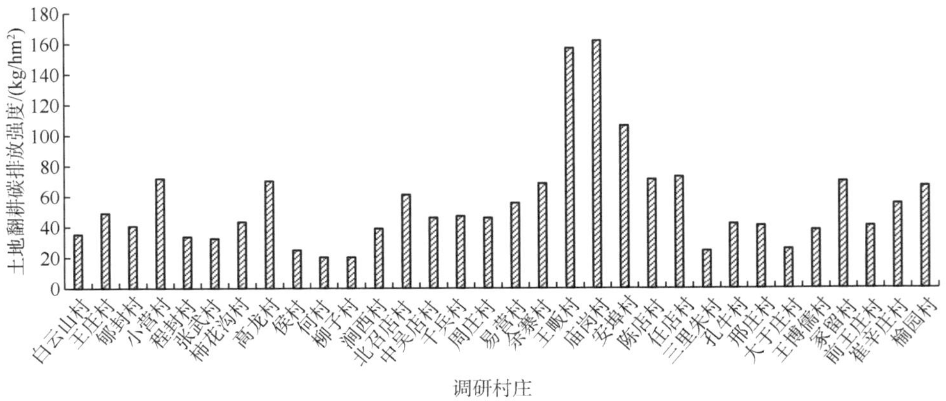

（a）

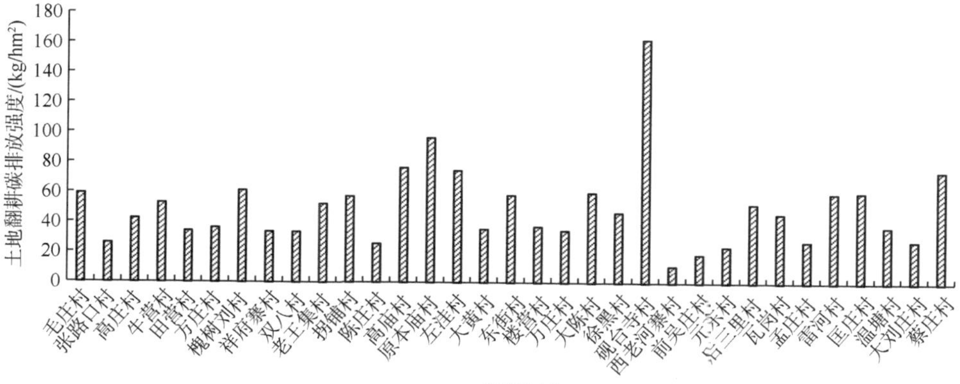
土地翻耕碳排放强度/(kg/hm²)
0
20
40
60
80
100
120
140
160
180
毛庄村
张路口村
高庄村
牛营村
田营村
方庄村
槐树刘村
祥府寨村
双八村
老王集村
拐铺村
陈庄村
高庙村
原本庙村
左洼村
大黄村
东街村
楼营村
方庄村
大陈村
徐黑村
砚台寺村
西老河寨村
前吴庄村
元东村
后三里村
瓦岗村
孟庄村
雷河村
匡庄村
温塘村
大刘庄村
蔡庄村
调研村庄
（b）

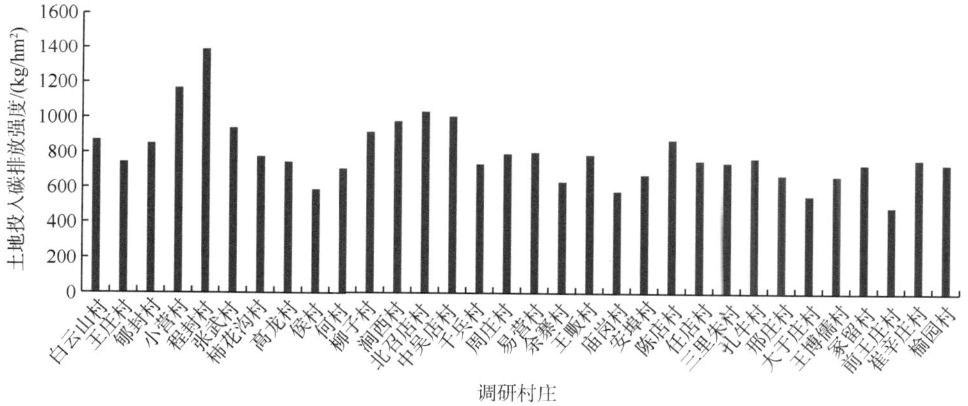
土地投入碳排放强度/(kg/hm²)
0
200
400
600
800
1000
1200
1400
1600
白云山村
王庄村
郇封村
小营村
程封村
张武村
柿花沟村
高龙村
侯村
何村
柳子村
涧西村
北召店村
中吴店村
于兵村
周庄村
易营村
东寨村
王畈村
庙岗村
安埠村
陈店村
任庄村
三里朱村
孔生村
邢庄村
大于庄村
王傅儒村
冢留村
前王庄村
崔辛庄村
榆园村
调研村庄
（c）

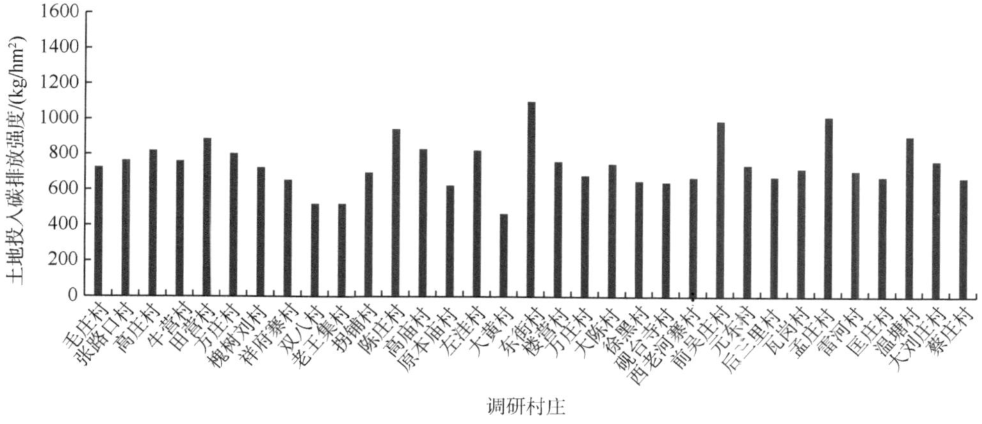
土地投入碳排放强度/(kg/hm²)
0
200
400
600
800
1000
1200
1400
1600
毛庄村
张路口村
高庄村
牛营村
田营村
方庄村
槐树刘村
祥府寨村
双八村
老王集村
拐铺村
陈庄村
高庙村
原本庙村
左洼村
大黄村
东街村
楼营村
方庄村
大陈村
徐黑村
砚台寺村
西老河寨村
前吴庄村
元东村
后三里村
瓦岗村
孟庄村
雷河村
匡庄村
温塘村
大刘庄村
蔡庄村
调研村庄
（d）

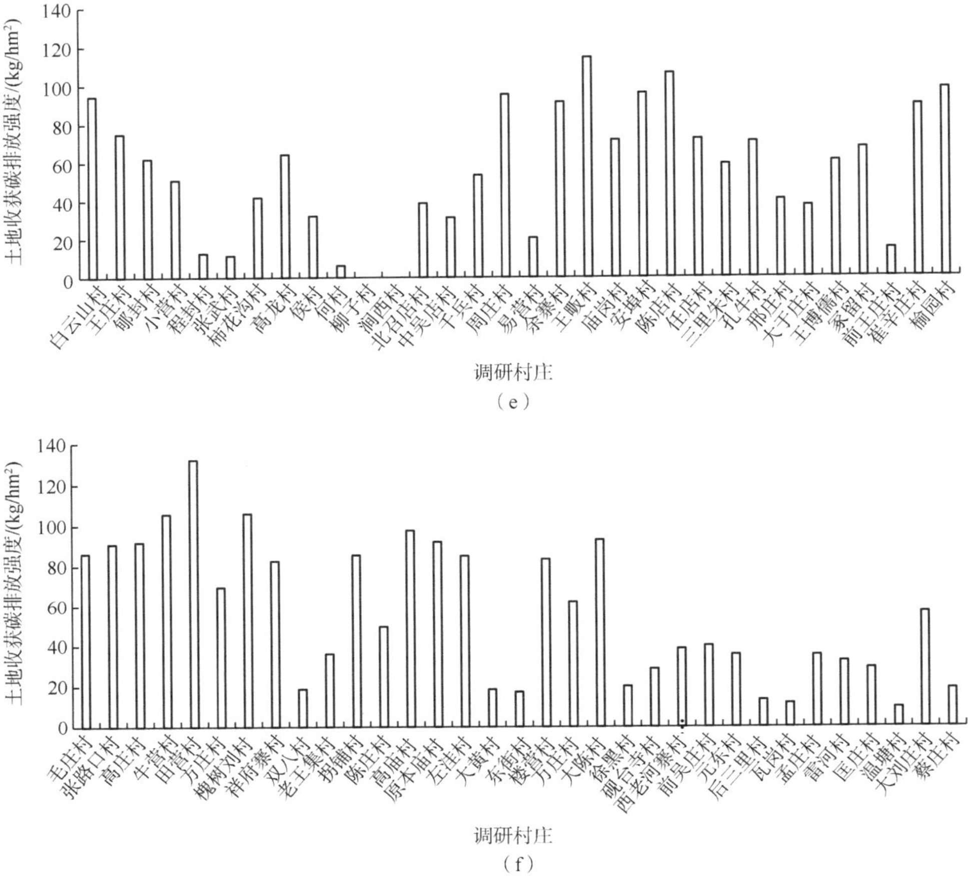

图 4-2　调研村庄土地翻耕、投入、收获碳排放强度

从农作物土地资源开发的过程来看，土地投入碳排放强度占很大比例（图 4-3）。同时，土地投入过程中所消耗的化肥、农药是土地资源开发过程中的主要碳排放源。大多豫西、豫南村庄的土地翻耕碳排放强度大于土地收获碳排放强度，而豫北和豫东村庄的土地收获碳排放大于土地翻耕碳排放强度。

在四个阶段中，土地投入阶段碳排放强度最大，其他投入阶段碳排放强度较小。土地翻耕的平均碳排放强度为 51.83 kg/hm^2，土地投入的平均碳排放强度为 773.11 kg/hm^2，土地收获的平均碳排放强度为 56.08 kg/hm^2，灌溉平均碳排放强度为 83.02 kg/hm^2。四种投入过程碳排放强度的顺序是土地投入>灌溉>土地收获>土地翻耕（附表 2）。

农业水土资源开发碳排放构成具有局部区域差异。总体而言，大部分样点的土地投入碳排放强度较高，其他投入过程碳排放强度较小，但是还存在某些样点

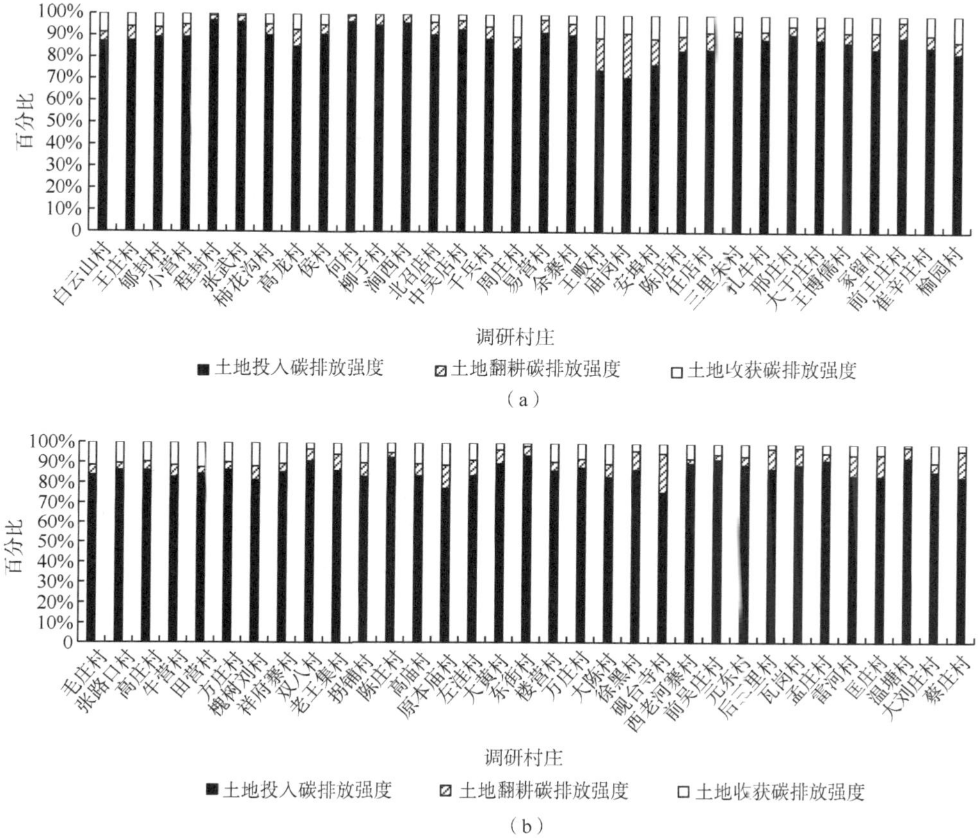

图 4-3　调研村庄土地资源开发碳排放强度构成占比图

的其他类型碳排放强度高于土地投入碳排放强度的现象。例如，鹤壁市浚县白寺镇左洼村的灌溉碳排放强度高于其土地投入碳排放强度，该村的灌溉碳排放强度为 871.85 kg/hm^2，土地投入碳排放强度为 823.75 kg/hm^2。浚县位于河南省北部，属于暖温带半湿润性季风气候，降水较少，同时该地是太行山与华北平原的过渡地带，地形复杂，耕地资源较少。发放的 10 份调研问卷显示，浚县平均打井深度为 150～200 m，灌溉次数一般为每生长周期 3～4 次，灌溉主要用能类型是电力，每亩地的灌溉用电量是 100 kW·h 左右。综上所述，浚县由于水资源较少，打井较深，灌溉用电量高，因此有着较高的灌溉碳排放强度（附表 2）。

三、不同作物碳排放强度差异分析

作为农业大省，河南省 2016 年总播种面积是 14 472.25 khm^2，占全国播种面积的 8.68%。河南省以粮食作物种植为主，粮食作物种植面积为 10 286.15 khm^2，占全省总播种面积的 71.1%，粮食作物占据了很大的比重。粮食作物中小麦和玉米的种植面积最大，2016 年河南省小麦种植面积为 5465.66 khm^2，玉米种植面积为 3316.86 khm^2，分别占粮食作物种植面积的 53.14%和 32.25%，除小麦和玉米外，水稻、花生和大豆也有相当大的种植面积。由于种植面积较大，其水土资源开发过程中的碳排放不应被忽视，应具体分析不同典型区不同作物类型的碳排放水平差异，为河南省实施低碳农业战略提供数据支撑。河南省典型区不同作物农业水土资源开发不同阶段的碳排放强度计算结果见附表 3。

总的来说，典型区各种类型作物不同水土资源开发过程中，土地资源开发碳排放大于水资源开发碳排放。农业水土资源开发碳排放包括土地翻耕、土地投入、土地收获，其中土地投入占据很大的比例，在土地投入过程中，由于化肥的使用量较大，所以有着较高的化肥碳排放，大多数典型区不同类型作物的土地投入碳排放强度较高，只有局部地方的其他开发阶段的碳排放强度大于土地投入阶段（附表 3）。例如，浚县白寺镇左洼村和正阳县大林镇蔡庄村的灌溉碳排放强度明显高于土地投入碳排放强度。左洼村由于打井较深、灌溉用电较多，因此有着较高的灌溉碳排放强度，而蔡庄村主要种植水稻，水稻的需水量较大，灌溉次数多，所以有着较高的灌溉碳排放强度。土地资源开发碳排放强度整体大于水资源开发碳排放强度，是因为在进行样点分析时，没有核算打井、沟渠开挖等的碳排放，所以水资源开发利用中的碳排放只占很小的比重。

不同典型区同一作物农业水土资源开发碳排放具有较大差异。例如，偃师区高龙镇高龙村、平顶山市鲁山县马楼乡冢留村、鹤壁市淇县庙口镇原本庙村、鹤壁市浚县白寺镇左洼村等的土地翻耕碳排放强度较大（附表 3），这些村子主要分布在豫西、豫中、豫北的山地地区，由于地形原因，单位面积翻耕碳排放强度较高。在土地投入碳排放强度中，焦作市温县招贤乡小营村、焦作市武陟县谢旗营镇程封村、南阳市淅川县金河镇中吴店村等的碳排放强度较高，由于地处山区，土地贫瘠，因此需要大量的化肥和农药投入，致使豫西北和豫南的小麦土地投入碳排放强度较高。

不同作物的农业水土资源开发碳排放具有较大差异。一般来说山区地区的花生和水稻的碳排放强度要高于小麦和玉米，而平原地区的小麦和玉米碳排放强度高于花生和水稻，大豆的碳排放强度最低。例如焦作市武陟县谢旗营镇程封村的花生土地投入碳排放强度为 1555.03 kg/hm^2、南阳市邓州市林扒镇千兵村花生土地投入碳排放强度为 1249.32 kg/hm^2 等。山区的土壤耕层浅，很适宜花生这样的浅根系作物种植，但是碎石土质多、土壤肥力较差，致使花生的产量低，为了增产氮肥施用量较高，因此山区的花生碳排放强度较高。平原地区以种植小麦和玉米为主，小麦和玉米种植过程中各项投入较高，因此小麦和玉米的碳排放强度较高，如商丘市睢县尚屯镇祥府寨村的小麦土地投入碳排放强度为 756.97 kg/hm^2，玉米土地投入碳排放强度为 673.65 kg/hm^2，而花生的土地投入碳排放强度仅为 499.72 kg/hm^2（附表 3）。

相比主要作物而言，河南省水稻和大豆种植面积很少，只有局部地区有种植。2016 年，河南省水稻种植面积为 35 120 hm^2，占总种植面积的 0.24%，大豆种植面积为 10 180 hm^2，占总种植面积的 0.07%。由于数据获取难度较大，因此，这里只探讨几个样点之间的差异。水稻的碳排放强度呈北高南低的态势。水稻的主产地是信阳市和南阳市，豫北也有少部分地区种植，由于种植面积较少，所以只调研了具有代表性的地区。水稻平均碳排放强度为 1058.41 kg/hm^2，大豆平均碳排放强度为 370.75 kg/hm^2，水稻种植区分别是原阳县、兰考县、淮滨县、商城县、罗山县、邓州市，由于信阳市大部分位于淮河以南，属于亚热带季风气候，信阳市的地形多为山地丘陵，水资源丰富，信阳市有得天独厚的优势种植水稻，所以有着较高的碳排放量和碳排放强度。由于受国际贸易的冲击，河南省大豆种植面积急剧下降，再加上适宜种大豆的地方不多，所以河南省大豆的种植不具规模性，因此只调研了范县、兰考县、永城市、太康县、临颍县、舞阳县、西平县，主要分布在黄淮海平原，大豆碳排放强度主要呈西高东低的态势（附表 3）。

第二节　样点村庄农业水土资源开发的碳排放对比分析

将水土资源开发的碳排放进行汇总，可以得到河南省 65 个调研村庄农业碳排放强度（附表 4）。结果发现，调研村庄的农业碳排放强度总体上呈现“南北高，中间低”的空间分布特征，即豫南、豫北的碳排放强度高于豫中，且相同纬度村庄的农业碳排放强度相当。其中，农业碳排放强度最大的是浚县左洼村，为 1855.13 kg/hm^2，最小的为汤阴县大黄村，为 565.05 kg/hm^2，浚县左洼村的农业碳排放强度是汤阴县大黄村的 3.28 倍。调研村庄的农业碳排放强度平均值为 960.83 kg/hm^2，大于平均值的调研村庄有 29 个，小于平均值的调研村庄有 36 个（图 4-4）。为了更好地反映调研村庄农业碳排放强度的空间分布，我们把调研村庄的农业碳排放强度按照大小分为四类，即低强度区（<800 kg/hm^2）、中等强度区（800 kg/hm^2≤碳排放强度<1000 kg/hm^2）、较高强度区（1000 kg/hm^2≤碳排放强度<1200 kg/hm^2）和高强度区（≥1200 kg/hm^2）。其中，低强度区的调研村庄有 17 个、中等强度区 24 个、较高强度区 16 个、高强度区 8 个。调研村庄农业碳排放强度主要分布在中等强度区和低强度区，占调研村庄总量的 63.08%。调研村庄的农业碳排放强度高值的分布相对离散，但是也存在相对的高值区域，即豫北地区。其中，高强度区有 5 个调研村庄隶属于豫北地区，分别为浚县左洼村、武陟县程封村、温县小营村、内黄县东街村、长垣市前吴庄村。

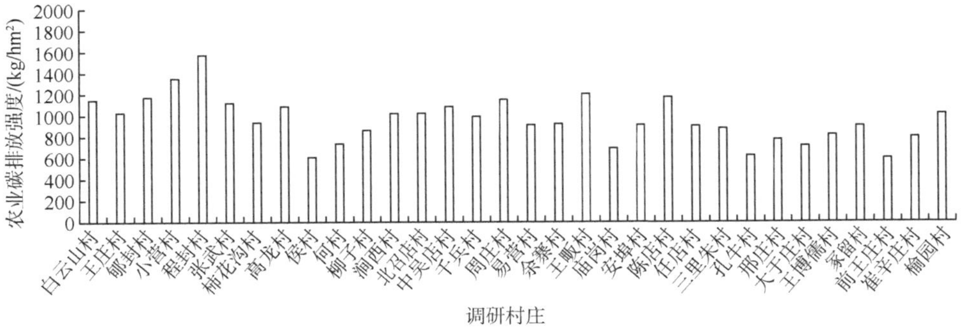

（a）

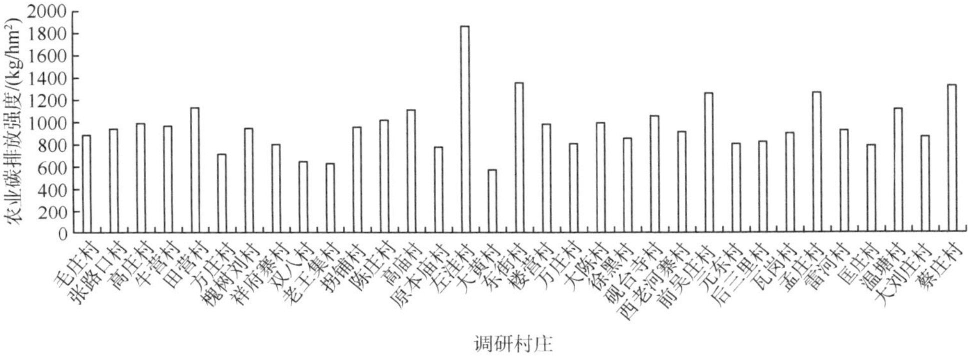

（b）

图 4-4　调研村庄的农业碳排放强度

样点村庄的农业碳排放强度主要受以下因素影响：①土地的规模化经营程度。整理调研数据可知，农户种植面积大且土地集中连续时，单位面积的物资投入相对较少。农户种植地块小且土地分散时，单位面积的物资投入较大。如舞阳县邢庄村，该村种植大户单位面积物资投入量是其他农户的 2/3，且该村只有种植大户灌溉时有配套的电力设施，其他农户使用柴油发电机抽水灌溉，能源和资金的投入相对较大。土地的集约利用和规模化经营会减少单位面积的物资投入量，增加农户的经济效益，同时会减少农业碳排放。②农业水利设施完善与便利度。农业生产资料的投入往往会伴随着水资源的消耗，水利设施完善且布设便利的村庄管理作物时，灌溉次数要多于无机井或灌溉困难的村庄。如同属于平顶山市的叶县王博儒村和鲁山县冢留村，王博儒村有机井 35 眼且沟渠建设已基本完成，冢留村无机井。两个调研村庄的其他生产条件相近，但王博儒村灌溉次数多，伴随着灌溉所投入的物资和能源也高于冢留村，因此王博儒村农业碳排放强度大于冢留村。③种植结构。区域种植结构的不同使得农业生产过程中的物资投入存在着差异，如豫北地区主要种植小麦、玉米、花生，豫中地区主要种植小麦、玉米、大豆，豫南地区主要种植小麦、玉米、水稻。其中，小麦的碳排放强度大于玉米和花生。大豆种植方式简单、易管理，不需要打药和灌溉，农业生产过程中投入的物资极少，碳排放强度要小于其他三种作物。因此豫中的碳排放强度要低于豫南和豫北。④地形条件。土地的自然环境与自身条件会影响农业生产的投资，如豫西地区以山区为主，人均耕地少、土地地块较小且主要为坡地，不利于使用大型机械进行农业生产，恶劣的生产条件促使农户更倾向于人工管理，这一定程度上减少了物资的投入量，如伊川县侯村、嵩县何村、栾川县栫子村等。

第三节　不同灌溉模式下农业水能消耗及碳排放分析

为深入探讨样点村庄不同灌溉模式下农业“水-能-碳”的关联状况，本节以河南农业大学科教园区（原阳）节水农业试验场为例进行了监测和对比分析。该试验场位于35°6′18″N～35°48′43″N和113°56′28″E～114°34′53″E之间，属典型的豫北黄河冲积平原。该区域多年平均降水量为580 mm，属暖温带大陆性季风气候，四季分明，光热充沛，土壤类型为潮土，质地为砂壤土，土质肥沃，耕作条件良好。数据来自河南农业大学科教园区（原阳）节水农业试验场2016年10月至2019年10月农业耕作过程相关水肥、电力和柴油等物资投入的监测和记录。试验设置了4种灌溉模式，分别为漫灌、微喷灌、滴灌及雨养，雨养为空白对照，总面积8000 m^2，每种灌溉模式下田块规格25 m×80 m，中间以宽度为40 cm的地垄分隔开。其中，漫灌是在田间不做任何沟埂，灌水时任其在地面漫流，借重力作用浸润土壤，是一种比较粗放的灌水方法；微喷灌选择借助于微喷带，带间距离2.5 m，带上每组有4个出水孔，孔口间距20 cm，水压0.04 MPa，流速4 L/h；滴灌是采用内镶贴片式滴灌带，带间距离0.5 m，滴头间隔10 cm，水压0.02 MPa，滴头流速2.5 L/h；雨养是指不进行人工灌溉，仅利用天然降水为水源发展的农业生产模式。在冬小麦种植期间，漫灌模式下在越冬期灌水1次，灌水强度为1500 $m^3 \cdot hm^{-2}$；微喷灌和滴灌处理下灌水2次，分别在越冬期和拔节期，每次的灌溉水强度为300 $m^3 \cdot hm^{-2}$。在夏玉米种植期间，漫灌处理下在拔节期灌水1次，灌水强度为1500 $m^3 \cdot hm^{-2}$；微喷灌和滴灌模式下在其生育期灌水3次，分别为出苗期、拔节期和抽穗期，每次的灌水强度为300 $m^3 \cdot hm^{-2}$。试验期间，冬小麦和夏玉米生育期的降水量分别为198 mm和381 mm，化肥投入强度均为150 $kg \cdot hm^{-2}$。对其中涉及的灌溉抽水过程中的耗电量、翻耕及收获阶段农用机械工作时的柴油消耗量、农业生产过程中化肥投入量及作物种植面积和产量均进行精准控制和严格记录。需要说明的是，本试验期间夏玉米种植采取免耕播种方式，不涉及翻耕的能源消耗及碳排放。

一、不同灌溉模式下水资源消耗特征分析

不同灌溉模式下水资源消耗强度具有明显差异。就灌溉模式而言，漫灌模式由于其远高于其他灌溉模式的灌水定额，而产生了较高的水资源消耗量。如冬小麦在漫灌模式下毛灌溉用水量为 1500 $m^3·hm^{-2}$，显著高于微喷灌和滴灌模式下的 600 $m^3·hm^{-2}$。夏玉米在漫灌模式下的毛灌溉用水量为 1500 $m^3·hm^{-2}$，显著高于微喷灌和滴灌模式下的 900 $m^3·hm^{-2}$。从作物类型来看，夏玉米在微喷灌和滴灌模式下的毛灌溉用水量比冬小麦高 50%左右，而在漫灌模式下相差不大。这是由于在微喷灌和滴灌模式下，夏玉米全生长期内的灌溉次数为 3 次，显著高于冬小麦全生长期内的 2 次灌溉，而在漫灌模式下，针对不同农作物，单次灌水定额远高于其他灌溉模式而均进行 1 次灌溉，且毛灌溉水量基本相同。

不同灌溉模式下作物产量不同，且滴灌处理具有明显优势。冬小麦在滴灌模式下的产量约为 8100 $kg·hm^{-2}$，高于漫灌、微喷灌和雨养模式下的 7350 $kg·hm^{-2}$、7125 $kg·hm^{-2}$ 和 4050 $kg·hm^{-2}$，总体表现为滴灌>漫灌>微喷灌>雨养；夏玉米在滴灌模式下的产量约为 10 375 $kg·hm^{-2}$，高于微喷灌和漫灌模式下的 10 075 $kg·hm^{-2}$ 和 9125 $kg·hm^{-2}$，及雨养处理下的 5900 $kg·hm^{-2}$，总体表现为滴灌>微喷灌>漫灌>雨养（图 4-5）。这与不同灌溉模式下的灌溉水利用系数有关，研究区内微喷灌和滴灌模式下的灌溉水利用系数为 0.92～0.95，且滴灌普遍略高于微喷灌，均显著高于漫灌模式下的 0.69。实施更精准灌溉的滴灌模式显著提高了灌溉水的利用效率及作物产量，更有利于资源节约高效利用。

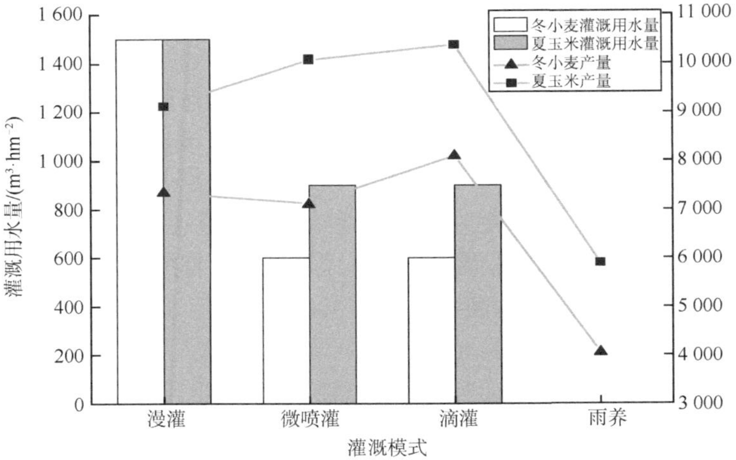

图 4-5　不同灌溉模式下冬小麦和夏玉米的灌溉用水量及产量

二、不同灌溉模式下能源消耗特征分析

不同灌溉模式下的能源消耗主要来源于抽水灌溉时的电力消耗、翻耕和收获阶段农用机械使用的柴油化石能源的消耗及化肥投入所造成的间接能源消耗。其中除灌溉耗能外，其他过程的能源消耗按时间排序依次为翻耕、化肥投入和收获三个阶段。

不同灌溉模式下的能源消耗强度不同，且各阶段对能源消耗总强度的贡献率也有所差异。冬小麦在雨养模式下的能源消耗强度为 329.97 kg·hm^{-2}，低于微喷灌和滴灌模式下的 385.25 kg·hm^{-2} 和 386.48 kg·hm^{-2}，显著低于漫灌模式下的 479.92 kg·hm^{-2}。同样，夏玉米在不同灌溉模式下的能源消耗强度整体表现为漫灌>微喷灌=滴灌>雨养（图 4-6）。这是因为雨养模式无须进行灌溉，其能源消耗总强度仅来自翻耕、化肥投入和收获这三个阶段；而在漫灌模式下，尤其是灌溉阶段，相比灌溉定额差距不大的微喷灌和滴灌，会产生更高的能源消耗强度。与漫灌模式相比，微喷灌和滴灌模式下能源消耗强度下降明显，能源利用效率较高。主要表现为夏玉米在微喷灌模式下能源消耗强度减少 13.60%，而产量增加 10.41%；冬小麦在滴灌模式下能源消耗强度减少 19.47%，而产量增加 10.20%。

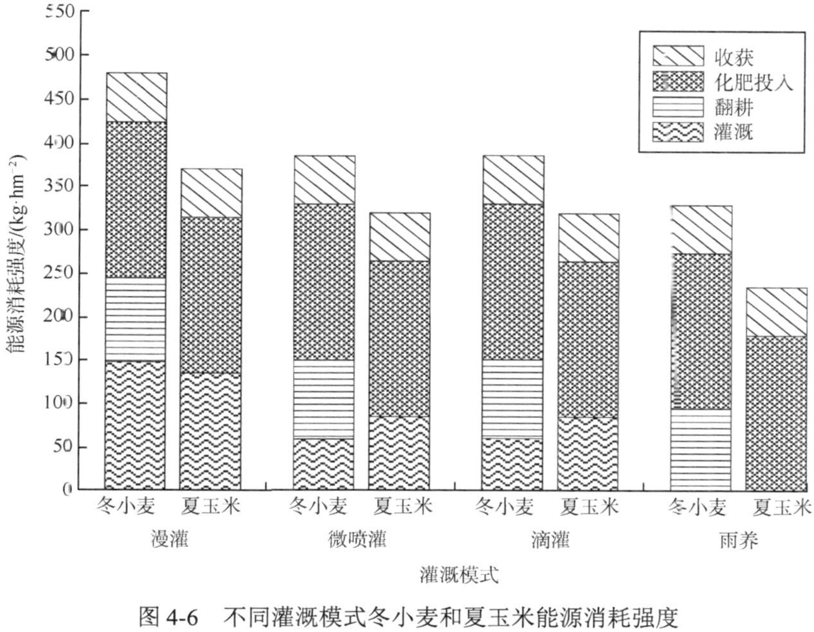

图 4-6 不同灌溉模式冬小麦和夏玉米能源消耗强度

从各阶段的能源消耗强度来看，冬小麦在漫灌模式下的能源消耗总强度为 479.92 kg·hm^{-2}，其中灌溉、翻耕、收获及化肥投入阶段的能源消耗强度分别为

148.09 kg·hm^{-2}、96.61 kg·hm^{-2}、55.73 kg·hm^{-2}及 179.49 kg·hm^{-2}，它们分别占总强度的 30.86%、20.13%、11.61%及 37.40%。相似地，夏玉米在漫灌模式下的能源消耗总强度为 370.41 kg·hm^{-2}，其中灌溉、翻耕、收获和化肥投入阶段的能源消耗强度分别为 135.19 kg·hm^{-2}、0 、55.73 kg·hm^{-2}和 179.49 kg·hm^{-2}，分别约占总强度的 36.50%、0、15.05%和 48.46%。两种作物在化肥投入阶段的能源消耗强度均较高，这可能与研究区作物全生长周期内投入的化肥主要为氮肥，而氮肥在原材料获取、生产加工和成品包装运输等生产流程中的间接能源消耗强度较高有关。此外，灌溉阶段的能源消耗强度在漫灌模式下仅次于化肥投入阶段，这与漫灌模式下因灌溉用水量较多而产生的高能源消耗强度有关。与漫灌模式相比，冬小麦在微喷灌和滴灌模式下灌溉过程的能源消耗强度分别下降 60.17%和 59.34%，在该模式总能源消耗强度中占比分别为 15.31%和 15.58%，低于化肥投入阶段的 67.13%和 66.45%，这与微喷灌和滴灌模式下作物水分利用效率较高有关。

从作物类型来看，夏玉米在各灌溉模式下的能源消耗强度普遍低于冬小麦。翻耕阶段夏玉米因免耕而产生了较低的能源消耗强度，灌溉阶段虽夏玉米在全生长期内灌溉了 3 次，大于冬小麦 2 次，但由于单次灌溉的过程总耗能较低，因此作物能源消耗强度整体表现为夏玉米<冬小麦。收获阶段的能源消耗对总能源消耗强度的贡献率因作物类型不同而差异明显。冬小麦收获阶段的能源消耗对漫灌、微喷灌、滴灌和雨养模式下的总能源消耗强度的贡献率分别为 11.61%、14.47%、14.42%和 16.89%，整体低于夏玉米收获阶段在各灌溉模式下的贡献率 15.05%、17.41%、17.41%和 23.69%。

三、不同灌溉模式下农业碳排放特征分析

不同灌溉模式下各阶段对总碳排放强度的贡献率差异明显。冬小麦在雨养模式下的总碳排放强度为 215.82 kg·hm^{-2}，低于微喷灌和滴灌模式下的 318.55 kg·hm^{-2}和 320.73 kg·hm^{-2}，显著低于漫灌模式下的 480.19 kg·hm^{-2}。同样，夏玉米在各灌溉模式下的碳排放强度整体表现为漫灌>微喷灌=滴灌>雨养（图 4-7），这与其能源消耗强度趋势基本一致，且灌溉阶段是造成各灌溉模式碳排放出现差异的主要原因。就各阶段对碳排放强度的贡献率来看，灌溉和化肥投入阶段产生的碳排放量是农业生产碳排放总量的重要组成部分。以漫灌模式为例，冬小麦全生长期的灌溉、翻耕、化肥投入和收获阶段的碳排放强度占总碳排放强度的 54.83%、11.66%、26.79%和 6.72%。其中化肥投入阶段的碳排放强度仅次于灌溉过程，这与氮肥的投入强度及碳排放转换系数有关；翻耕和收获阶段，因为农用机械在规模化作业时柴油消耗强度较低，所以碳排放强度也低。因而在微喷灌与滴灌模式下碳排放强度呈现出化肥投入>灌溉>翻耕>收获，雨养模式下因不存在灌溉过程

碳排放而表现为化肥投入>翻耕>收获。

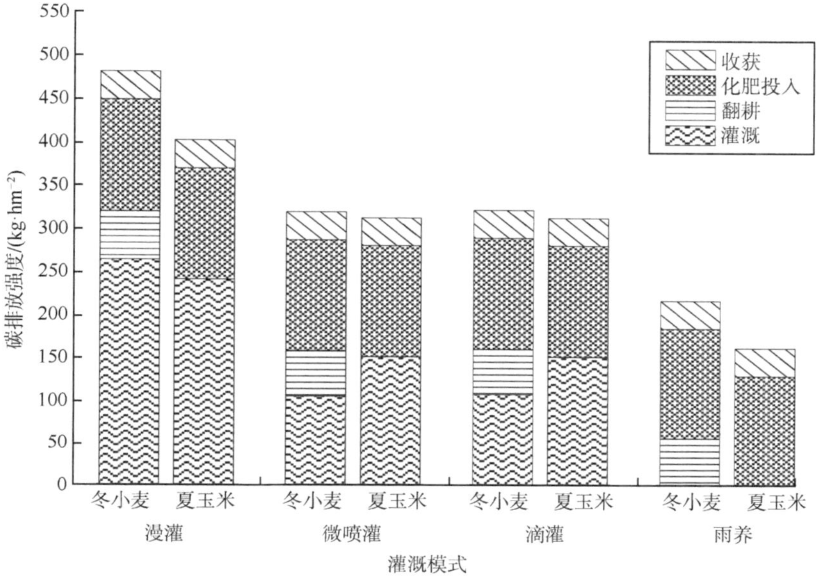

图 4-7　不同灌溉模式冬小麦和夏玉米的碳排放强度

不同灌溉模式下灌溉过程的碳排放强度差异较大。冬小麦和夏玉米在漫灌模式下灌溉过程的碳排放强度分别为 263.29 kg·hm^{-2} 和 240.35 kg·hm^{-2}，分别约为该作物滴灌模式下的 2.5 倍和 1.6 倍。这与漫灌处理下的毛灌溉用水量高于滴灌模式有关。与微喷灌和滴灌模式相比，冬小麦在漫灌模式下的灌溉次数较少，灌水定额较高，其毛灌溉用水量约为微喷灌或滴灌的 2.5 倍，从而在能源消耗及碳排放强度方面显著高于其他灌溉模式。微喷灌模式下冬小麦和夏玉米灌溉过程的碳排放强度为 104.88 kg·hm^{-2} 和 150.77 kg·hm^{-2}，而滴灌模式下为 107.07 kg·hm^{-2} 和 150.77 kg·hm^{-2}，这两种作物在其微喷灌和滴灌模式下的碳排放强度差异不大，主要是因为冬小麦或夏玉米在这两种灌溉模式下的毛灌溉用水量基本相同，能源消耗强度相差不大，而灌溉过程的碳排放强度受其阶段能源消耗强度的影响，即间接受作物灌溉阶段毛灌溉用水量的影响。综上所述，不同灌溉模式下，作物灌溉过程的碳排放强度大体上表现为漫灌>微喷灌=滴灌>雨养，除漫灌与雨养模式外，其他模式下夏玉米灌溉阶段碳排放强度高于冬小麦。

不同灌溉模式下作物单位产值的碳排放量不同，且在灌溉条件允许的情况下，冬小麦优选滴灌或微滴灌的方式代替雨养模式，这样在显著提高产量的同时碳排放的增幅较小，生产效率明显提高。冬小麦在漫灌、微喷灌、滴灌、雨养模式下单位产值的碳排放量分别为 0.0653 kg、0.0447 kg、0.0396 kg、0.0533 kg，整体表现为漫灌>雨养>微喷灌>滴灌；同样夏玉米在这四种灌溉模式下分别为 0.0440 kg、0.0309 kg、0.0300 kg、0.0273 kg，整体表现为漫灌>微喷灌>滴灌>雨养。需要强调的是，冬小麦在滴灌和微喷灌模式下单位产值的碳排放量小于雨养模式，这与滴灌和微喷灌模式下作物产量的增幅大于作物全生长期内总碳排放量的增幅有关。同时，雨养模式下夏玉米单位产值碳排放量低于其他灌溉模式，但其较低的产量严重阻碍了生产效率的提高，不适宜于大面积推广。从作物类型来看，在各灌溉模式下，冬小麦单位产值的碳排放量高于夏玉米，且雨养模式下的差异最大为 0.0260 kg，滴灌模式下的差异最小为 0.0096 kg，这与不同类型作物产量及夏玉米采取免耕种植方式等有关。

四、不同灌溉模式下“水–能–碳”关联分析

不同灌溉模式下农业生产过程水能资源消耗与碳排放具有较强的关联性。研究表明，农业生产过程中，各因子对农业碳排放的贡献作用顺序为：水资源经济产出>水土资源匹配度>人口因子>人均土地利用面积>农业碳排放强度，其中水资源经济产出和水土资源匹配度与农业生产碳排放正相关。Wang 等（2012）认为“水–能–碳”关系在能源消耗或为实现可持续发展目标而控制碳排放的过程中往往伴随有水资源的消耗，而水资源消耗及实施碳减排过程中同样伴随有能源消耗的现象，且由于以化石能源为主要能源消耗类型的碳排放加速了全球变暖，水资源的开发利用或将发生重大变化。Li 等（2013）认为“水–能–碳”之间为动态相互关系，其耦合机制相互关联，转化过程体现在相互交织的多学科链中。

农业部门的用水主要用于作物灌溉；碳排放则来自灌溉和农业生产中的能源消费；而能源消耗分为直接能源消耗和间接能源消耗。直接能源消耗包括用于土地平整和土地整理、抽水、供应、输送和灌溉、耕种和收获、施肥和除草过程中的电力和燃料消耗；间接能源消耗包括作为生产材料的能量输入，如肥料、农药、除草剂、种子、灌溉系统和农业机械等。漫灌模式下水资源消耗强度较大，且具有较高的能源消耗量，主要表现为灌溉阶段抽水过程耗电量的增加，而滴灌和微喷灌模式利用智慧灌溉系统在减少作物毛灌溉用水量，提高水资源利用效率的同时降低了灌溉过程的能源消耗强度，这在一定程度上有助于碳减排目标的实现。与漫灌模式相比，冬小麦在滴灌模式下水资源消耗强度减少了 60%，总能源消耗强度减少了 19.47%，其中灌溉过程的能源消耗强度减少了 59.34%，总碳排放强度减少了 33.21%，灌溉模式的优化调整对于农业生产特别是农业灌溉过程节能减排的意义重大。除灌溉过程耗能之外，农业生产过程还包括翻耕、化肥投入和收获阶段的能源消耗。其中，冬小麦翻耕和收获阶段碳排放强度之和在各灌溉模式中占总碳排放强度比重呈雨养>微喷灌>滴灌>漫灌的形式，这与各灌溉模式下总

能源消耗强度的逐渐增大有关。氮肥因工艺过程、运输销售等环节复杂而具有较高的间接能源转换系数，从而使化肥投入阶段在作物生长过程中的总能源消耗和总碳排放强度方面的贡献显著。如滴灌模式下夏玉米化肥投入阶段的能源消耗占总能耗的 56.09%，碳排放占总碳排放的 41.27%。

农业生产各阶段对总能源消耗和总碳排放强度的贡献率不同，但受灌溉用水量影响的灌溉过程和以化肥投入为代表的物资投入阶段对总能耗和总碳排放的影响较大。如夏玉米灌溉阶段对漫灌和微喷灌模式下总能源消耗强度的贡献率分别为 36.50%和 26.50%，对总碳排放强度的贡献率分别为 59.90%和 48.37%；冬小麦化肥投入阶段在微喷灌和滴灌模式下对总能源消耗强度的贡献率分别为 46.59%和 46.44%，对总碳排放强度的贡献率分别为 40.38%和 40.11%。因此，灌溉农业生产过程碳排放强度主要取决于灌溉和农业各项投入的直接及间接能源消耗强度，而这与不同灌溉模式下的耕作及水、肥使用方式密切相关。

通过分析，本章得到以下主要结论：①灌溉过程中的电力消耗是农业生产过程中的主要碳排放源。其中由于漫灌模式下的毛灌溉用水量远高于其他灌溉模式，因此与其他灌溉模式相比，漫灌造成的水能消耗及碳排放强度均较高。②微喷灌与滴灌模式下水能消耗及碳排放强度显著下降，这与其采取严格的土壤墒情监控和灌溉水量控制措施有关，其碳排放强度较漫灌模式分别降低了 33.66%和 33.21%。③就不同作物而言，漫灌模式下冬小麦全生长期内碳排放强度高于夏玉米 19.67%。而在微喷灌和滴灌模式下，夏玉米灌溉碳排放强度比冬小麦高 43.75%和 40.81%。④就作物产量而言，夏玉米产量在滴灌模式下略高于微喷灌，显著高于漫灌模式（12.05%），远高于雨养模式（43.13%）。

第五章　基于“水-能-碳”关联的乡镇单元农业灌溉过程的碳排放研究

本章基于“水-能-碳”关联视角分析了农业灌溉碳排放机理，将河南省划分为四种主要的灌溉模式类型区，采用农业调研数据、统计资料、气象数据和遥感影像等多源数据，对河南省不同乡镇和灌溉模式下冬小麦灌溉过程的水能资源消耗及碳排放进行了模拟分析，探讨了其空间格局，分析了灌溉碳排放强度的影响因素，揭示了乡镇单元农业灌溉过程“水-能-碳”的关联特征。

第一节　关联机理与灌溉模式的界定

一、农业灌溉过程“水-能-碳”关联机理

农业灌溉碳排放包括两大部分，一部分是灌溉过程中机械消耗能源产生的温室气体排放（包括提水、输水、灌水等环节），另一部分是灌溉设备、备件等基础设施生产过程中的碳排放（Sainju et al.，2008）。由于河南省不同乡镇进行农业灌溉时使用的设施配件来源不同，难以进行有效的统计分析，因此在参考前人关于碳排放核算公式的基础上（Zhu et al.，2021）。本节的碳排放计算只考虑了农业机械能源消耗所产生的碳排放，而未将灌溉设施配件产生的碳排放纳入，因此研究主要涉及灌溉中的取水、输水和灌水三个环节（图 5-1）。

（1）取水环节。取水是农业灌溉的第一个环节，其灌溉水源主要包括地下水和地表水两种类型。其中地下水包括浅层地下水和深层地下水，利用机井和水泵等设备，通过消耗柴油和电力获取动力将其从地下抽出并送至下一个环节，会产生大量的碳排放。地表水源包括地表河流、湖泊、水库等，主要通过渠道和小型机械，利用重力和柴油燃烧提供动力，其中柴油燃烧会产生温室气体排放。

（2）输水环节。输水是连接取水和灌水环节的重要节点，目前输水的主要途径是管道和沟渠。其中管道方式主要是指在取水环节后利用塑料管道将水源由水源地输送至田间进行灌溉，其动力主要来源于水泵等机械加压，管道压力一般小于 1.0 MPa，这一方式需要消耗电力、柴油等能源，并且会产生碳排放。沟渠方

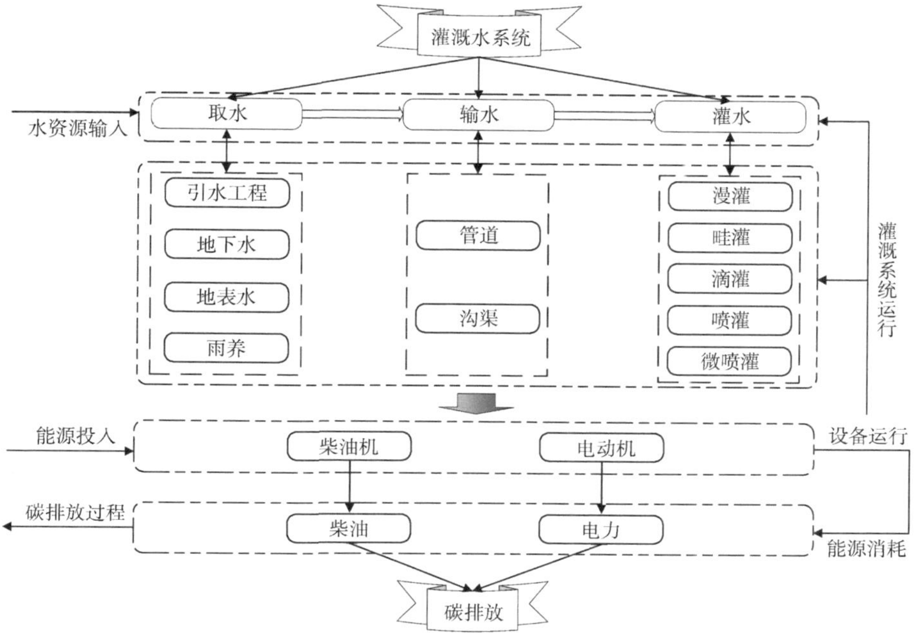

图 5-1 农业灌溉"水–能–碳"关联机理分析

式主要是指利用人工挖掘建设的地表工程将水流由源头输送至田间，目前沟渠工程主要通过重力自流，大型工程提水过程均由政府部门三导，不需要农户投入能源，无碳排放产生。

（3）灌水环节。根据水资源利用方式，灌水主要包括漫灌和节水灌溉两大类型。漫灌是指地表漫灌、畦灌等方式，该方式虽然对设备的要求低且操作简单，但水资源利用效率较低。主要通过重力和毛细管作用渗入土壤，无须消耗能源，无碳排放产生。滴灌、喷灌和微喷灌等是目前主要的节水灌溉方式，目的是利用最低限度水资源获取更多的经济效益。该类方式需要在田间进行塑料管道、田间支管、喷头、喷管、中心支轴式与平移式大型喷灌机、绞盘式喷灌机等基础设施建设，并进行资金投入。

二、不同灌溉模式的界定

灌溉是指按照作物生长需求，利用水利工程设施有计划地将水输送和分配到田间，以补充农田水分的人工措施。农业灌溉系统由取水、引水、输水、配水、蓄水、灌水和退水等各级渠道或管道及相应建筑物与设施组成。本节基于不同地区农业区位条件差异，将取水、输水和灌水等不同环节中水能资源利用方式的差异作为划分灌溉模式的主要依据，包括雨养为主的灌溉模式、地表水为主的灌溉模式、引水为主的灌溉模式和地下水为主的灌溉模式。

1. 雨养为主的灌溉模式①

雨养为主的灌溉模式主要是指受区域自然条件限制，灌溉区水量难以完全满足作物生长需求，灌溉面积难以覆盖全部作物种植区，从而采取以雨水灌溉为主的灌溉模式。该模式主要分布在山地区域，包括三门峡市、洛阳市西部、济源市、南阳市北部等地。作物灌溉水源以雨水为主，也存在部分地表水源，取水和输水主要依靠小型农业机械，灌水主要采取粗放式的地表漫灌、畦灌，因此农业水资源利用效率相对较低，能源消耗强度较高。

2. 地表水为主的灌溉模式②

该灌溉模式主要应用于河南省南部信阳市区域，该区域属于亚热带湿润半湿润气候，年均降水量在 800 mm 以上，地表水资源丰富，因此农业灌溉以地表水为主，部分地区存在井灌模式。取水的主要地点为就近河流、水库和地下水；输水、配水过程主要依靠农业灌溉基础设施和小型农业机械，灌水方式主要是地表漫灌、畦灌。能源消耗过程主要是取水和输水过程，能源种类以电力和柴油为主。

3. 引水为主的灌溉模式③

该模式主要包括引黄灌溉受水区和红旗渠工程灌区。引黄工程涉及郑州市、开封市、洛阳市、新乡市、焦作市、濮阳市、三门峡市和济源示范区；红旗渠工程主要位于安阳市境内。该灌溉模式以渠灌方式为主，部分地区以井灌进行补充。灌水方式包括喷灌、滴灌以及地表漫灌、畦灌。大部分地区的输水过程以沟渠自流为主，不需要能源投入；部分井灌区取水和输水过程以电力、柴油两种能源为主；灌水过程的能源消耗以电力为主。由于该区域农业采用规模化种植，节水灌溉水平较高，因此农业灌溉水能资源消耗强度相对较低，但种植面积较大，消耗量高。

4. 地下水为主的灌溉模式④

该灌溉模式应用于河南省中部和西南部区域，该区域降水量高于北部区域，地下水资源较为丰富，农业灌溉多采用井灌模式。灌溉水源以地下水为主，输水

① 英文全称为 rain-fed irrigation，简称为 RI 模式。
② 英文全称为 surface water irrigation，简称为 SWI 模式。
③ 英文全称为 water diversion irrigation，简称为 WDI 模式。
④ 英文全称为 groundwater irrigation，简称为 GI 模式。

和引水过程主要依靠机井等设施，灌水方式以喷灌、滴灌和地表灌溉为主。能源消耗主要集中在取水和输水过程中，能源种类以电力和柴油结合为主。地下水为主的灌溉模式区域农业发展水平高，农业水能利用效率相对较高，但农业种植面积广阔，因此水能资源消耗总量较大。

三、不同灌溉模式“水-能-碳”关联特征

水资源开发利用的取水、引水、输水、配水、蓄水、灌水和退水等不同环节中，水、能、碳要素之间呈现出不同的关联特征。基于已有研究和调研实际情况，本节研究的“水-能-碳”关联关系分析主要涉及取水、输水和灌水等环节（图 5-2）。

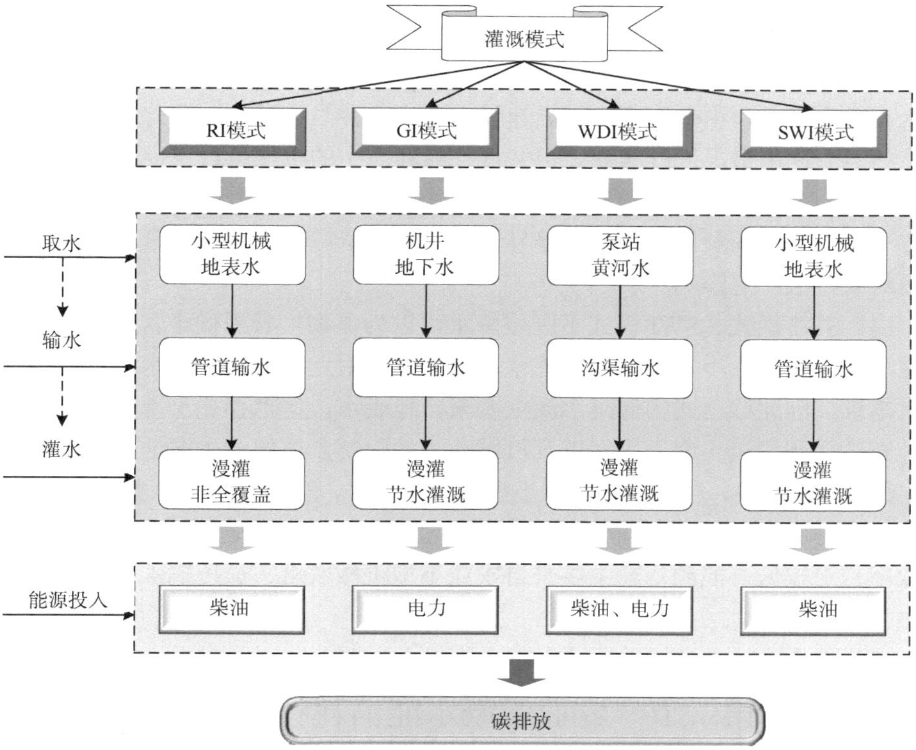

图 5-2　不同灌溉模式下“水-能-碳”关联分析框架

（1）RI 模式。RI 模式下农业灌溉水源主要来自耕地附近的地表水源（河流、水库等），提水设备主要依靠小型农用机械（拖拉机、水泵），然后采用塑料水管输送至耕地区域，并采用传统地表漫灌方式进行灌溉。同时，由于该区域地势海

拔较高，水资源获取困难，因此随着海拔上升耕地可灌溉面积在逐渐下降。其中，能源消耗主要是指取水环节中机械运行消耗的柴油，管道输水能耗较低（占总能耗 0.14%）（Qureshi，2014），因此未列入计算。碳排放主要来自取水过程的能源消耗。

（2）GI 模式。GI 模式下农业灌溉水源主要来自地下水源，同时也掺杂着部分地表水源，但其占比相对较小，因此水资源来源总体以地下水为主。取水过程主要依靠国家和个人建设的机井，并采用塑料水管进行输水。灌水过程包括漫灌、滴灌、喷灌、微喷灌等方式，不同方式的水资源的利用效率存在差异，因此水能资源需求量也具有较大的差距，进而对碳排放产生影响。其中，能源消耗主要来自提水和输水环节中的机械运行（以电力为主），并由此产生碳排放。

（3）WDI 模式。该模式下灌溉水源主要来自黄河，该模式采用泵站加压或重力直流的方式进行取水，难以引水区域则采用地下水进行补充。输水环节主要依靠沟渠直流方式由水源地输送至灌区，并在中途加压取水进行输送。总体而言，取水和输水环节均由政府部门主导建设，农户不参与该环节，因此本节并未对该环节的能源利用情况进行统计。但井灌补充环节中的机械运行也会产生能源消耗和碳排放。灌水过程包括漫灌和节水灌溉（滴灌、喷灌、微喷灌）两种方式，不同方式的水资源的利用效率存在差异，因此水能资源需求量也具有较大的差距，进而对碳排放产生影响。

（4）SWI 模式。SWI 模式下区域降水可以为作物生长提供丰富的水分，作物对灌溉水的依赖最小。同时由于降水丰富，耕地附近存在充足的水源，能满足灌溉水需求，因此该模式的灌溉水源主要来自地表水，但也存在小部分的地下水作为补充。受到管道长度、压力以及机械动力的限制，该模式水源地一般都接近灌区。在取水环节中，农户主要依靠小型机械和机井，然后采用塑料水管进行输水。但该模式的农业节水灌溉面积比例只有 13.00%，灌水以地表漫灌为主，水资源利用效率相对较低。能源消耗主要来自农业小型机械取水、加压输水环节，并由此产生大量碳排放。

第二节　农业灌溉水能消耗特征分析

基于河南省冬小麦种植过程中的种植面积、蒸散发量、降水、能源投入等实地调研情况，本节分析了不同乡镇和灌溉模式下河南省冬小麦灌溉过程中的水能资源消耗差异及其空间分布格局。

一、农业生产基本情况

（一）种植面积

冬小麦种植面积在空间上呈现出由西部向东部递增、由北部向南部递减的分布格局。河南省2018年冬小麦种植面积为570.98万hm^2，较统计数据相差–0.52%，反演结果符合预期效果。其中，鹤壁市浚县善堂镇（1.24万hm^2）、南阳市邓州市构林镇（1.09万hm^2）、驻马店市汝南县常兴镇（1.07万hm^2）和南阳市唐河县桐寨铺镇（1.03万hm^2）等乡镇的种植面积超过了1.00万hm^2。种植面积大于0.70万hm^2的乡镇共有38个，位于河南省北部、东部及驻马店市和南阳市，是主要的粮食种植基地。四种灌溉模式下，冬小麦种植面积从大到小的排序是WDI模式（259.42万hm^2）>GI模式（219.61万hm^2）>SWI模式（84.16万hm^2）>RI模式（7.78万hm^2）（图5-3）。

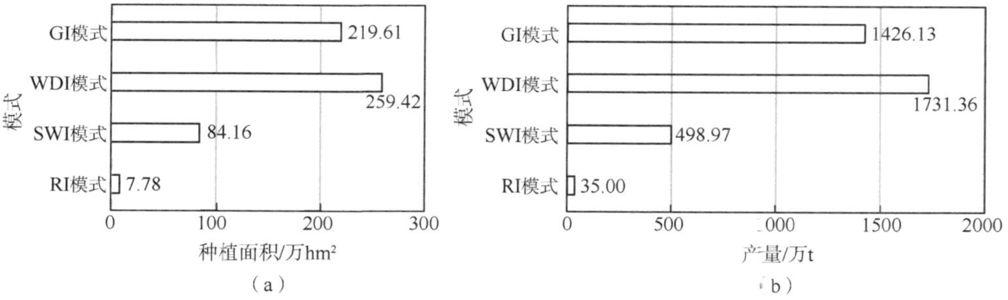

图5-3 不同灌溉模式下冬小麦的种植面积及其产量

（二）有效降水量

河南省有效降水量随纬度递增而逐渐减少，南部地区降水量明显高于北部地区。2018年冬小麦生育期内有效降水量均值为189.24 mm，其中有效降水量最高的市区分别是信阳市（286.23 mm）、驻马店市（251.03 mm）和南阳市（238.29 mm），这主要是因为该区域大多位于亚热带与暖温带过渡区，降水量高于北部区域。而河南省最北部的安阳市（116.62 mm）和鹤壁市（112.72 mm）的降水量明显低于其他区域。在乡镇尺度上，有效降水量高于河南省均值的乡镇共有952个，位于南部三地市（信阳市、南阳市、驻马店市）的乡镇占比在80%以上。其中，降水量最高的三个乡镇分别是信阳市商城县上石桥镇、信阳市固始县马堽集乡和信阳市固始县胡族铺镇，有效降水量分别为304.25 mm、304.02 mm和303.83 mm。而在各灌溉模式中，SWI模式的有效降水量明显高于其他三种模式，达到了277.99 mm，有效降水量最低的是WDI模式（163.58 mm）。

（三）冬小麦产量

冬小麦 2018 年总产量为 0.37×10^8 t，在空间上呈现出东高西低、北高南低的分布趋势。冬小麦产量在 400 万 t 以上的地市分别是驻马店市（540.28 万 t）、周口市（526.76 万 t）和商丘市（403.81 万 t），这主要是因为该区域的种植面积在 500 万 hm^2 以上，且单位面积产量在 6500.00 kg 以上。而南阳市的种植面积大于商丘市，但单位面积产量较商丘市低了 22.93%，因此总产量低于商丘市。在乡镇尺度上，冬小麦总产量达到 7.00 万 t 以上的乡镇分别是鹤壁市浚县善堂镇、驻马店市正阳县兰青镇、驻马店市汝南县常兴镇、鹤壁市浚县新镇镇和邓州市构林镇，总产量分别为 8.35 万 t、7.56 万 t、7.55 万 t、7.52 万 t 和 7.07 万 t。这些乡镇的种植面积均在 9000.00 hm^2 以上，因此冬小麦总产量也相对较高。四种灌溉模式下，冬小麦总产量从大到小的排序是 WDI 模式>GI 模式>SWI 模式> RI 模式，与种植面积大小顺序一致，分别为 1731.36 万 t、1426.13 万 t、498.97 万 t 和 35.00 万 t（图 5-3）。

二、农业灌溉水资源消耗特征分析

（一）乡镇单元农业灌溉水资源消耗特征分析

1. 灌溉用水量特征分析

2018 年河南省冬小麦灌溉用水量为 101.67 亿 m^3，在空间上呈现北部高于南部、东部高于西部的分布趋势。其中，高灌溉用水量乡镇（>900.00 万 m^3）呈现“之”字形空间分布格局，沿“濮阳市—新乡市”、“新乡市—商丘市”和“商丘市—南阳市”三线分布。在乡镇单元上，冬小麦灌溉用水量均值为 507.85 万 m^3，高于均值的乡镇共有 866 个，低于均值的乡镇共有 1136 个。灌溉用水量最高的五个乡镇分别是鹤壁市浚县善堂镇、鹤壁市浚县新镇镇、鹤壁市浚县小河镇、安阳市滑县白道口镇和安阳市滑县留固镇，冬小麦灌溉用水量分别为 2975.97 万 m^3、2761.89 万 m^3、2527.46 万 m^3、2461.19 万 m^3 和 2458.06 万 m^3。原因在于这些乡镇全都位于河南省北部区域，蒸发量高而降水量低，冬小麦生育期内灌溉需水量相对较高；同时各乡镇的冬小麦种植面积全都在 8000 hm^2 以上，对农业灌溉用水的需求较高。类似的还有“之”字形附近的周口市西华县奉母镇（2181.74 万 m^3）、开封市尉氏县永兴镇（2154.15 万 m^3）、商丘市永城市裴桥镇（1864.63 万 m^3）、新乡市封丘县应举镇（1841.38 万 m^3）和漯河市临颍县王岗镇（1552.97 万 m^3）等沿线乡镇受种植面积的影响，冬小麦灌溉用水量全都高于周边其他乡镇。

低灌溉用水量乡镇（< 300.00 万 m^3）在空间上呈现山区、市区和水稻区三种

集聚形式。山区集聚区是指太行山、伏牛山、桐柏山和大别山等山系，分布于焦作市、济源市、三门峡市、洛阳市西部和南阳市北部等地区。该地区乡镇受地形因素影响，难以进行大面积农业活动，冬小麦种植区大多为零星小块分布，灌溉活动难以进行，冬小麦灌溉用水量较低。市区集聚区主要是指郑州市和洛阳市两大区域，它们是河南省区域经济发展的核心地带，人类活动以第二产业、第三产业为主，农业活动较少，因而该类型乡镇冬小麦灌溉用水量偏低。水稻区主要是指信阳市区域，它位于我国南北分界线附近，年降水量在 800 mm 以上，作物种植以水稻为主，冬小麦种植面积的比例较低，因而冬小麦的灌溉用水量较少。

河南省冬小麦灌溉用水量空间相关性显著，并在研究区域内呈现出一定的空间集聚趋势。空间自相关分析结果显示，2018 年河南省冬小麦灌溉用水量的全局空间莫兰指数为 0.602，存在显著的正空间相关性。其中，“高–高”集聚和“低–低”集聚是冬小麦灌溉用水量的主要空间分布状态。“高–高”集聚类型乡镇个数为 346 个，“低–低”集聚类型乡镇个数为 480 个，两者占总乡镇个数的 41.26%，这说明河南省乡镇单元冬小麦灌溉用水量空间两极分化严重。

“高–高”集聚类型乡镇主要分布在“之”字形沿线附近，这里是主要的小麦种植基地，小麦种植面积广阔，灌溉用水量普遍偏高。“低–低”集聚类型乡镇主要分布于西部山区和南部信阳市，西部山区的耕地面积少，灌溉比例低，因此冬小麦灌溉用水量较少；而南部信阳市降水量丰富，冬小麦种植面积小，因此灌溉用水量普遍较低。此外，“低–高”集聚和“高–低”集聚类型乡镇个数分别是 42 个和 8 个，占比相对较低，主要位于“高–高”集聚和“低–低”集聚类型乡镇附近，在全省均有分布，空间上相对较为零散。

2. 灌溉用水强度特征分析

2018 年河南省冬小麦灌溉用水强度均值为 275.42 m^3/t。与雒新萍和刘晓洁（2020）关于全国的研究结果相比较低（452.00 m^3/t），但高于李杨等（2020）关于中部五省的研究结果（127.00 m^3/t），总体处于正常值范围内。以 150.00 m^3/t、300.00 m^3/t、450.00 m^3/t 为临界值，可以将各乡镇冬小麦灌溉用水强度划分为低、较低、较高和高四种类型。

高灌溉用水强度类型乡镇共 28 个，主要分布在三门峡市、洛阳市等西部山地区域，产量过低是该区域乡镇冬小麦灌溉用水强度过高的主要驱动因素。其中，灌溉用水强度达到 500.00 m^3/t 以上的有 10 个，分别是林州市石板岩镇（615.83 m^3/t）、许昌市鄢陵县陈化店镇（603.07 m^3/t）、许昌市鄢陵县柏梁镇（564.03 m^3/t）、许昌市鄢陵县大马镇（563.65 m^3/t）、灵宝市寺河乡（546.77 m^3/t）、三门峡市陕州区西张村镇（532.40 m^3/t）、新乡市辉县市沙窑乡（531.95 m^3/t）、新乡市封丘县城关镇（529.92 m^3/t）、三门峡市陕州区菜园乡（521.54 m^3/t）和鹤壁市淇县黄洞乡（506.33 m^3/t）（附表 5）。石板岩镇、寺河乡、西张村镇、沙窑乡、菜园乡和黄洞乡均位于山地区域，地势海拔较高，农业生产水平落后，冬小麦产量偏低；而陈化店镇、柏梁镇和大马镇是鄢陵县花卉的主产镇，经济发展以花木种植为主，农业种植相对较少。2018 年高灌溉用水强度类型区域乡镇的种植面积均值为 609.89 hm^2（图 5-4），低于全省均值（2300.90 hm^2），因此种植面积是限制灌溉用水强度下降的主要因素。

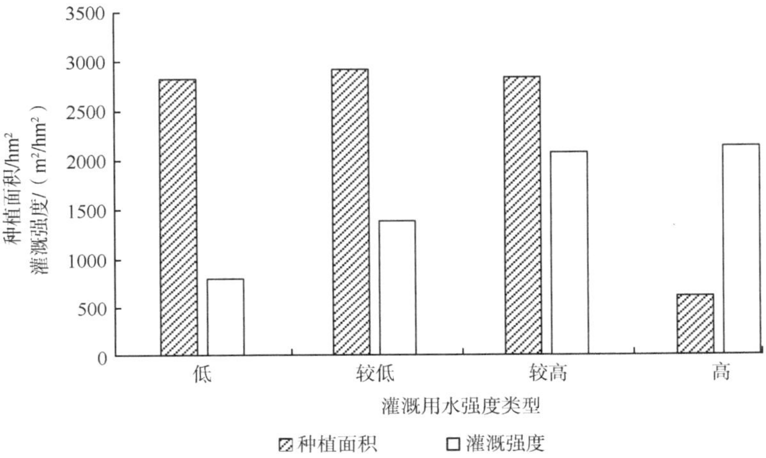

图 5-4　冬小麦不同灌溉用水强度类型及种植面积

较高灌溉用水强度类型共包含 865 个乡镇，主要分布于西部山区以及北部和东部的平原区。其中西部山区由于海拔过高不利于进行粮食种植，冬小麦产量低，灌溉用水强度偏高。北部地区冬小麦生育期蒸散发量达到了 361.13 mm，但有效降水量低，冬小麦生育期内 59.14%的需水量由灌溉水提供，因此该地区的灌溉用水强度高于周围乡镇。例如，濮阳市濮阳县两门镇、安阳市内黄县豆公镇、安阳市安阳县善应镇、安阳市林州市东姚镇、安阳市林州市原康镇等地区的灌溉用水强度分别为 448.42 m^3/hm^2、447.42 m^3/hm^2、434.22 m^3/hm^2、433.91 m^3/hm^2 和 426.91 m^3/hm^2。而在东部平原地区，分布有河南省乃至全国的粮食生产基地，作物产量高，如周口市商水县张明乡、商丘市夏邑县孔庄乡、商丘市虞城县杜集镇和商丘市永城市龙岗镇 2018 年的冬小麦单位面积产量全都超过了 7500 kg/hm^2。但该区域的冬小麦种植以高投入、高产出的模式为主，2018 年冬小麦灌溉用水量分别为 1074.89 万 m^3、1039.42 万 m^3、1057.77 万 m^3 和 1089.44 万 m^3，冬小麦灌溉用水强度也相对较高。

灌溉用水强度较低类型乡镇共有 1030 个，占全部乡镇个数 51.45%。该类型乡镇在全省均有分布，主要集中于西南（南阳市）、南部（信阳市、驻马店市）和中部（平顶山市、许昌市）等地区。其中，西南和南部地区有效降水量与冬小麦生育期蒸散发量的比值分别为 0.65 和 0.61，只有 35.02%和 38.52%的水量需要灌溉水作为补充（图 5-5），因此灌溉用水强度处于中等水平。

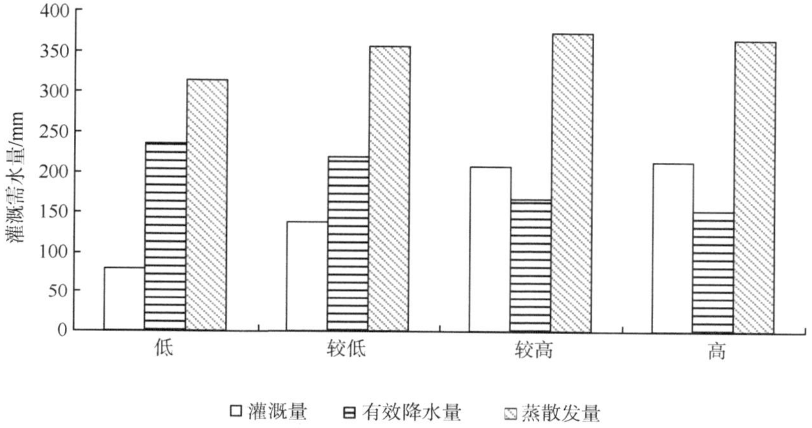

图 5-5 冬小麦不同类型灌溉需水量图

属于低灌溉用水强度类型的有 79 个乡镇，主要位于信阳市和驻马店市部分区域。驻马店市正阳县新阮店乡、吕河乡、汝南埠镇、雷寨乡以及王勿桥乡等地的蒸散发量相对较高，达到了 390.00 mm 以上。该区域位于亚热带湿润半湿润气候区，2018 年冬小麦生育期有效降水量分别为 278.58 mm、296.26 mm、280.01 mm、281.08 mm 和 281.01 mm，因此只有 29.00%左右的需水量由灌溉水提供，这说明有效降水量是影响此区域乡镇冬小麦灌溉用水强度的主要因素之一。

冬小麦灌溉用水强度在研究区域内呈现一定的空间集聚状态。空间自相关分析结果显示，2018 年河南省冬小麦灌溉用水强度的全局空间莫兰指数为 0.628，存在显著的正空间相关性，且在空间上呈现“高–高”集聚和“低–低”集聚的分布趋势。其中，“高–高”集聚乡镇有 420 个，“低–低”集聚乡镇有 405 个，两者占总乡镇个数的 41.21%，这表明河南省乡镇单元冬小麦灌溉用水强度空间两极分化严重。

“低–低”集聚类型乡镇主要分布于南阳市、驻马店市、洛阳市和郑州市等地。其中，南阳市和驻马店市地区乡镇与北部和东部乡镇都存在大面积种植区，但南阳市和驻马店市地区乡镇的有效降水量高，对灌溉水的依赖性低于北部和东部乡镇，因此冬小麦的灌溉用水强度较低。洛阳市和郑州市是河南省经济发展中心，第一产业、第三产业发达，农业种植面积小，水资源利用效率高，因此该区域乡镇的冬小麦灌溉用水强度呈现出“低–低”集聚的趋势。

“高-高”集聚类型乡镇主要分布在北部、东部和西部地区，形成了冬小麦灌溉用水强度的高值区域。其中北部和东部地区的灌溉用水强度较高主要是由降水量少，农业灌溉强度过高造成的，西部地区则受限于农业技术水平低、作物产量过低。此外，“低-高”集聚和“高-低”集聚类型的乡镇个数分别是 16 个和 10 个，占比相对较低。北部和西部地区是该类型乡镇的主要集聚区。

（二）不同灌溉模式下农业水资源消耗特征分析

灌溉模式差异是导致灌溉用水强度差异的重要因素。河南省冬小麦灌溉存在四种灌溉模式，不同灌溉模式下的灌溉用水强度差异显著。2018 年河南省冬小麦灌溉用水强度由大到小排序依次是：RI 模式>WDI 模式>GI 模式>SWI 模式，数值大小分别为 353.76 m^3/t、317.68 m^3/t、255.06 m^3/t 和 181.50 m^3/t，与灌溉用水量存在较大差异（图 5-6）。

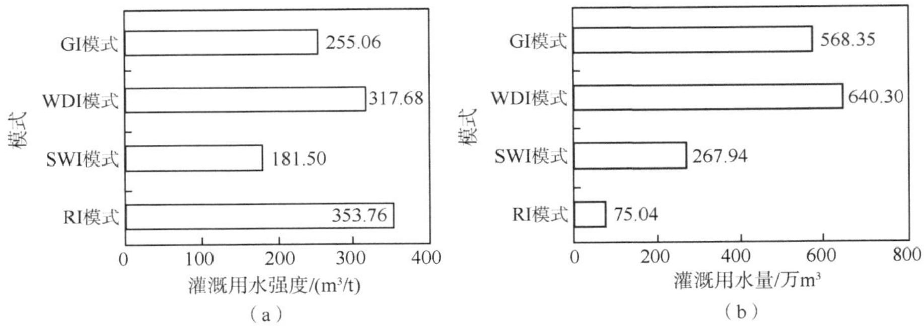

图 5-6　不同模式下灌溉用水量及其强度

RI 模式主要应用于高海拔山地区域且各乡镇冬小麦灌溉用水强度普遍偏高。河南省西部和北部地区是 RI 模式的主要分布区域，包括三门峡市、洛阳市西部、南阳市北部以及济源市、新乡市和安阳市部分乡镇。RI 模式下冬小麦灌溉用水强度取值范围是 169.81～615.83 m^3/t，其中灌溉用水强度最高的是林州市石板岩镇（615.83 m^3/t）。该模式下冬小麦生育期内蒸散发量均值为 346.90 mm，有效降水量为 193.08 mm，44.34%的生育期内的需水量需要用灌溉水进行补充（图 5-7）。同时由于该灌溉模式下各乡镇均位于海拔 500 m 以上的地方，78.57%的乡镇冬小麦种植面积小于 800.00 hm^2，且土壤肥力较差，各乡镇的冬小麦产量为 190.56～5960.4 kg/hm^2，产量相对较低。在产量和灌溉的双重影响下，RI 模式冬小麦虽然灌溉用水量较低，但灌溉用水强度相对较高（图 5-6）。例如，登封市颍阳镇的冬小麦总产量和灌溉用水量分别为 1.29 万 t 和 333.34 万 m^3，其灌溉用水强度达到了 326.48 m^3/t，高于全省均值。

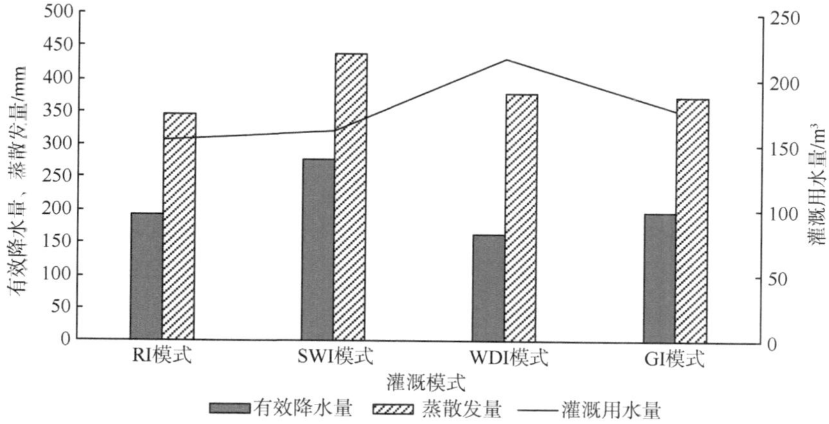

图 5-7 不同灌溉模式下冬小麦灌溉用水量、有效降水量和蒸散发量

WDI 模式下冬小麦的灌溉用水量和灌溉用水强度都相对较高，其中灌溉用水量在四种灌溉模式中位居第一（图 5-6）。2018 年该模式下冬小麦灌溉用水量均值为 640.30 万 m^3，而灌溉用水强度的取值范围为 16.29～603.07 m^3/t。在各乡镇单元空间上，冬小麦灌溉用水强度由西向东、北两个方向不断上升。其中西部济源市、焦作市、洛阳市东北部以及中部郑州市等地区乡镇的灌溉用水强度相对较低（< 200.00 m^3/t），而北部新乡市、安阳市东部和濮阳市，东部开封市、商丘市和周口市北部各乡镇的灌溉用水强度相对较高。该模式下各乡镇冬小麦生育期内蒸散发量均值为 379.62 mm，有效降水量为 163.58 mm（图 5-7），共有 56.91%的灌溉水进行补充，因此整体的冬小麦灌溉用水量和灌溉用水强度都相对较高。但部分地区出现灌溉用水强度低值分布现象，如焦作市武陟县龙泉街道冬小麦的灌溉用水量为 109.46 万 m^3，灌溉用水强度只有 156.31 m^3/t。此外，洛阳市和郑州市周边区域在市区经济的辐射下，冬小麦种植少，但作物产量和水资源利用效率高，灌溉用水强度普遍低于其他区域。

GI 模式下冬小麦的灌溉用水量较高，但灌溉用水强度相对较低（图 5-6）。其中冬小麦灌溉用水强度在空间上呈现北高南低的空间分布态势，南阳市、驻马店市南部和平顶山市是灌溉用水强度低的乡镇的主要集聚区。该模式下冬小麦灌溉用水强度范围为 70.85～506.33 m^3/t，其中灌溉用水强度最高的是鹤壁市淇县黄洞乡（506.33 m^3/t），灌溉用水强度最低乡镇位于焦作市沁阳市（70.85 m^3/t）。由于该灌溉模式乡镇大多处于平原和盆地区域，海拔高度低于 200 m，井灌设施完善，因此单位面积灌溉用水量较高。例如，单位面积灌溉用水量最高的安阳市汤阴县古贤镇，达到了 2839.35 m^3/hm^2。灌溉用水量也在四种灌溉模式中居于第二位，达到了 568.35 万 m^3（图 5-6）。但 GI 模式区域冬小麦生育期内蒸散发量大多在 240.00～500.00 mm，70.47%的区域有效降水量高于 180.00 mm，生育期需水量中灌溉水占比相对较低（47.21%）。同时该区域土壤肥沃，适宜冬小麦生产，各乡镇单位面积产量相对较高（6493.8 kg/ hm^2），因此 GI 模式下冬小麦灌溉用水强度相对较低（图 5-6）。

SWI 模式下冬小麦灌溉用水强度最低（图 5-6），主要在信阳市分布。该灌溉模式区域位于亚热带气候区，有效降水量超过了 250.00 mm，是全省降水量最为丰富的区域，有效地满足了冬小麦生长需水。因此，该灌溉模式区域各乡镇冬小麦灌溉用水量相对较低（< 92.09 mm）。例如，有效降水量最高的乡镇——信阳市商城县上石桥镇（304.25 mm），冬小麦亩均灌溉水量只有 63.49 m^3。另外，信阳市是河南省水稻种植的主要区域，冬小麦种植面积相对较少［图 5-8（b）］，76.92% 的乡镇种植面积小于 4000.00 hm^2。受灌溉和种植面积的双重影响，SWI 模式下各乡镇冬小麦灌溉用水强度最低。

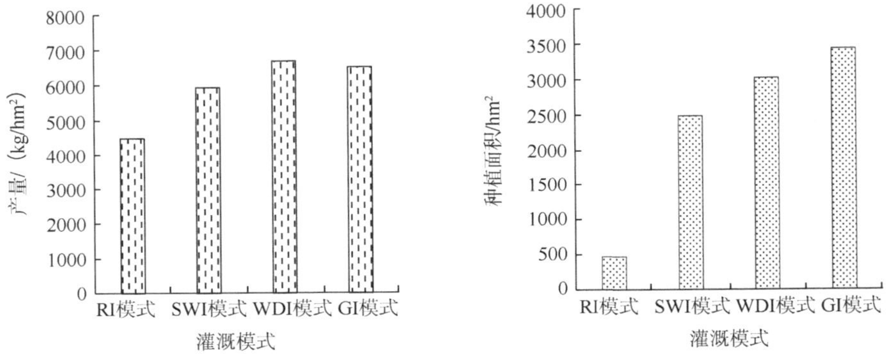

（a）产量　　（b）种植面积

图 5-8　河南省不同灌溉模式下冬小麦产量与种植面积

三、农业灌溉能源消耗特征分析

（一）乡镇单元农业灌溉能源消耗特征分析

河南省冬小麦灌溉能源消耗量具有较大的空间差异性，总体呈现北部高于南部，东部高于西部的空间分布格局。安阳市东部、开封市、周口市北部以及驻马店市、南阳市部分地区乡镇的灌溉能源消耗量在 200.00 万 kW·h 以上，高于全省平均水平。原因在于该区域冬小麦种植面积较大且灌溉设施完善，生育期内冬小麦灌溉大多在两次以上，因此该区域各乡镇农业灌溉的水能资源消耗总量偏高。其中，灌溉能源消耗量排在全省前三位的乡镇分别是鹤壁市浚县善堂镇、鹤壁市浚县新镇镇和周口市江村镇，灌溉能源消耗量分别为 592.36 万 kW·h、473.94 万 kW·h 和 449.01 万 kW·h（表 5-1）。它们的冬小麦种植面积和灌溉用水量也都高于其他乡镇。低灌溉能源消耗乡镇主要分布在信阳市、洛阳市、三门峡市以及安阳市西北部区域。信阳市地区有效降水量普遍高于 250.00 mm，可以有效补充生育期需水量，农业灌溉次数少，冬小麦灌溉用水量均值只有 435.89 万 m^3，单位面积上的灌溉能源消耗量只有 288.90 kW·h/hm^2。洛阳市、三门峡市以及安阳市西北部地区地势较高，可适宜耕作面积较小，分布零散，耕地灌溉比例低，因此冬小麦灌溉能源消耗较少。此外部分市区周边乡镇的灌溉能源消耗量也普遍较低，这主要是由于该区域部分耕地转变为建设用地，冬小麦种植面积较少，因此灌溉能源消耗量普遍低于 50.00 万 kW·h。

表 5-1　部分乡镇灌溉能源消耗量

序号	名称	灌溉能源消耗量/（万 kW·h）	序号	名称	灌溉能源消耗量/（万 kW·h）
1	善堂镇	592.36	21	西姜寨镇	360.97
2	新镇镇	473.94	22	桐寨铺镇	356.49
3	江村镇	449.01	23	吕潭乡	353.30
4	永兴镇	442.94	24	曹里乡	350.60
5	白道口镇	429.67	25	老店镇	349.39
6	牛屯镇	426.91	26	八里湾镇	345.55
7	考城镇	425.89	27	张店镇	343.97
8	马头镇	425.84	28	马厂镇	343.89
9	留固镇	414.55	29	包屯镇	342.79
10	常营镇	411.78	30	郎中乡	340.28
11	屯子镇	407.18	31	仪封乡	339.62
12	小河镇	400.38	32	水坡镇	337.30
13	奉母镇	400.23	33	板桥镇	335.36
14	庄头镇	399.61	34	西华营镇	333.93
15	白潭镇	389.04	35	大新镇	332.18
16	陶城镇	387.66	36	王庄镇	329.58
17	白寺镇	385.92	37	半坡店镇	325.45
18	朱口镇	385.47	38	黎阳街道	324.28
19	构林镇	376.48	39	芝麻洼乡	321.87
20	八里营镇	373.14	40	临汝镇	321.00

灌溉能源强度的空间分布格局与灌溉能源消耗量存在较大差异性，总体呈现出北部高于南部，东部低于西部的空间分布格局。洛阳市、三门峡市和济源市及郑州市西部地区乡镇的灌溉能源消耗量普遍低于 50.00 万 kW·h，但灌溉能源强度普遍较高，90.00%以上乡镇的灌溉能源强度高于全省平均水平。这主要是由于该地区处于山地区域，土壤较为贫瘠，冬小麦产量低下，因此灌溉能源强度偏高。

东部和北部的乡镇均位于平原地区，属于河南省冬小麦种植的主要区域，灌溉用水量和灌溉能源消耗量都高于其余地区，因此该地区乡镇虽然作物产量较高，但灌溉能源强度大多处于 56.11～80.32 kW·h/t，整体处于中等水平。而南部的驻马店市、周口市、漯河市和许昌市等地区是低灌溉能源强度乡镇的主要集聚区，75.81%的乡镇灌溉能源强度低于全省平均水平。这主要是由于该地区大多处于粮食主产区且靠近南部区域，降水量相对较高，灌溉水能消耗低于北部区域且作物产量较高，因此灌溉能源强度较低。

灌溉能源强度在乡镇单元上存在显著的地带性差异，呈现出由西向东、由北向南逐渐递减的空间分布格局。2018 年河南省冬小麦灌溉能源强度大于 107.44 kW·h/t 的乡镇共有 26 个，其中有 53.85%的乡镇位于西部三门峡市、洛阳市和北部安阳市和新乡市等地区，34.62%的乡镇位于中部地区，只有 11.53%的乡镇位于东部和南部地区。灌溉能源强度在 71.41～107.44（含临界值）kW·h/t 之间的乡镇共有 751 个，48.74%的乡镇位于河南省西部和北部区域，16.38%的乡镇位于河南省中部地区，15.05%的乡镇位于南部的信阳市、驻马店市和南阳市。而灌溉能源强度小于 71.41 kW·h/t 的乡镇共有 1225 个，位于东部和南部区域的乡镇达到了 806 个，中部区域只有 147 个，西部和北部区域合计 272 个。这表明河南省农业高灌溉能源强度乡镇大多分布于北部和西部区域，而低灌溉能源强度乡镇在东部和南部地区分布较为广泛，地带性差异明显。

（二）不同灌溉模式下农业灌溉能源消耗特征分析

能源消耗状况因灌溉模式的差异而表现出较大的差距。四种灌溉模式下的灌溉能源强度由大到小依次是：RI 模式>WDI 模式>GI 模式>SWI 模式（图 5-9）。

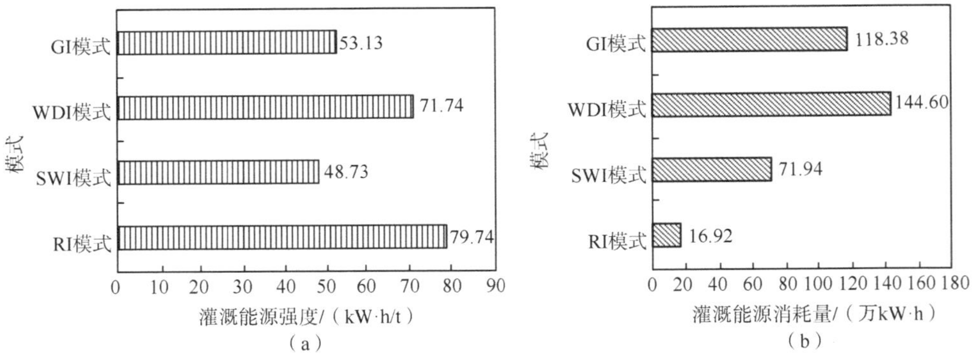

图 5-9　不同模式下灌溉能源消耗量及其灌溉能源强度

RI 模式下冬小麦灌溉能源强度最高，但灌溉能源消耗量最低。2018 年河南省 RI 模式下均值灌溉能源强度为 79.74 kW·h/t，整体空间分布呈现圈层结构。灌溉能源强度最高的乡镇是洛阳市栾川县叫河镇（12.46 kW·h/t），是 RI 模式灌溉能源强度圈层结构的核心区域，其周边乡镇灌溉能源强度逐层递减。这种空间分布格局主要与该灌溉模式的地理区位条件存在密切关联，作物产量和灌溉用水量受地形影响发生变化，灌溉能源强度也随地形地势变化而逐渐增加或减少。地势过高，土壤贫瘠，导致该区域乡镇可适宜耕作区域较少，只有 7.78 万 hm^2，因此该区域 2018 年冬小麦灌溉能源消耗量均值在四种灌溉模式中最低（16.92 万 kW·h）。但由于农业生产水平低，作物产量低于其灌溉模式，因此灌溉能源强度高于其他灌溉模式。

WDI 模式下冬小麦灌溉能源强度在空间上呈现出显著的梯度差异。2018 年 WDI 模式的灌溉能源强度均值为 71.74 kW·h/t，高于该值的乡镇共有 464 个。其中 29.09%的乡镇位于济源市、焦作市和三门峡市等西部地区。而低于均值的乡镇个数为 395 个，其中 48.61%位于开封市、周口市和商丘市等东部区域。这表明 WDI 模式下各乡镇灌溉能源强度由西部向东部地区减少。原因在于东部地区农业发展水平高，灌溉设施完善，作物产量相对较高。例如，鹤壁市浚县善堂镇和周口市太康县马头镇的能源消耗量分别为 592.36 万 kW·h 和 425.84 万 kW·h，但灌溉能源强度只有 70.91 kW·h/t 和 70.04 kW·h/t。与其他灌溉模式相比，WDI 模式区域农业耕地面积大，灌溉设备完善，灌溉次数多在两水以上，因此冬小麦单位面积的灌溉强度（2120.18 m^3/hm^2）高于其他灌溉模式，能源消耗量均值达到了 144.60 万 kW·h，在四种灌溉模式中排在第一位。但该灌溉模式下作物产量较高，2018 年冬小麦产量均值达到了 6674.00 kg/hm^2，因此灌溉能源强度均值低于 RI 模式。

GI 模式下冬小麦灌溉能源强度的空间分布格局与 WDI 模式存在相似性，即西部地区较高，东部地区较低。2018 年 GI 模式灌溉能源强度均值是 53.13 kW·h/t，其中 48.12%的乡镇灌溉能源强度高于均值。高灌溉能源强度（≥53.13 kW·h/t）乡镇主要分布在南阳市和平顶山市等地，占该类型乡镇个数的 60.06%。而低灌溉能源强度（<53.13 kW·h/t）乡镇的主要集聚区是周口市、驻马店市和商丘市。西高东低的空间分布格局与东部区域乡镇高度规模化种植水平和较高的农业产量有密切关系。2018 年周口市、驻马店市和漯河市的冬小麦产量均值分别是 6932.59 kg/hm^2、6730.20 kg/hm^2 和 7161.03 kg/hm^2，受此影响其冬小麦灌溉能源消耗量达到了 118.38 万 kW·h，但灌溉能源强度只有 53.13 kW·h/t（图 5-9）。此外，GI 模式与 WDI 模式都属于农业高产地区（>6000.00 kg/hm^2），但 GI 模式更接近南部区域，降水量相对丰富，生育期内灌溉次数相对较低，灌溉需水量较 WDI 模式低了 28.01%，灌溉用水强度较 WDI 模式低了 19.71%，因此 GI 模式灌溉能源强度低于 WDI 模式（图 5-10）。

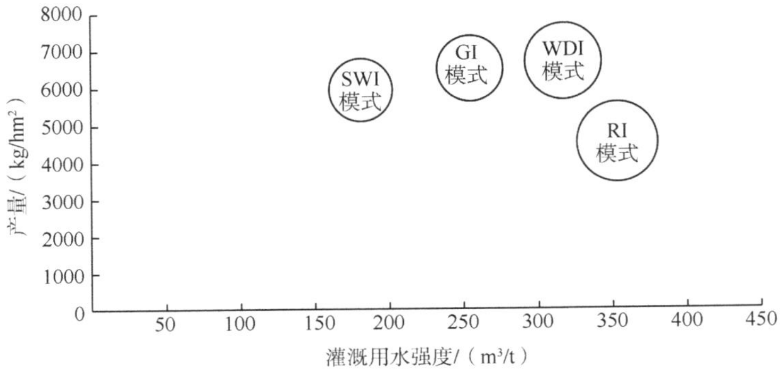

图 5-10 不同灌溉模式下冬小麦产量、灌溉用水强度与灌溉能源强度

圆的大小代表灌溉能源强度/（kW·h/t）

SWI 模式下冬小麦灌溉能源强度低于其他灌溉模式。2018 年 SWI 模式灌溉能源强度均值是 48.73 kW·h/t（图 5-9），并在空间上呈现出西南高、东北低的空间分布格局。原因在于西南部地区分布有大别山脉和桐柏山脉，地势过高，灌溉设施不完善，能源消耗过高。但与其他三种灌溉模式相比，SWI 模式区域降水量丰富，灌溉水需求量相对较低，冬小麦单位面积的灌溉能源消耗量只有 1076.07 m^3/hm^2，灌溉用水量只有 267.94 万 m^3，能源消耗量也只有 71.94 万 kW·h，因此该区域农业灌溉用水强度和能源强度均低于其他三种灌溉模式。

第三节　农业灌溉碳排放特征分析

在对河南省不同乡镇和灌溉模式下冬小麦灌溉水能消耗差异及空间分布特征研究的基础上，采用碳排放系数法对 2018 年河南省冬小麦灌溉碳排放量进行了核算，并利用空间自相关、地理探测器和回归模型对灌溉碳排放的空间特征和驱动因素进行了分析。

一、乡镇单元农业灌溉碳排放空间特征分析

（一）碳排放空间分布格局

乡镇单元冬小麦灌溉碳排放具有显著的空间差异性，呈现北高南低、东高西低的空间分布格局。2018 年河南省冬小麦灌溉碳排放为 49.61 万 t，碳排放最高的乡镇是鹤壁市浚县善堂镇（1294.04 t）。濮阳市—安阳市—新乡市—开封市—商丘市—周口市—驻马店市—南阳市沿线是高碳排放乡镇聚集区，该沿线区域内的大部分乡镇冬小麦灌溉碳排放都超过了 300.00 t。这是由于该沿线区域分布有河

南省主要的冬小麦种植基地，种植面积广阔，灌溉强度高，碳排放也相对较高。例如，鹤壁市浚县善堂镇（1294.04 t）和鹤壁市浚县新镇镇（1035.35 t）的冬小麦种植面积超过了 9800.00 hm^2，灌溉碳排放超过了 1000.00 t。类似的还有周口市扶沟县江村镇（980.88 t）、开封市尉氏县永兴镇（967.62 t）和安阳市滑县白道口镇（938.63 t）等（表 5-2）。

表 5-2　乡镇单元农业灌溉碳排放高值

序号	名称	灌溉碳排放/t	序号	名称	灌溉碳排放/t
1	善堂镇	1294.04	21	西姜寨镇	788.55
2	新镇镇	1035.35	22	桐寨铺镇	778.76
3	江村镇	980.88	23	吕潭乡	771.80
4	永兴镇	967.62	24	曹里乡	765.89
5	白道口镇	938.63	25	老店镇	763.26
6	牛屯镇	932.60	26	八里湾镇	754.87
7	考城镇	930.37	27	张店镇	751.42
8	马头镇	930.27	28	马厂镇	751.23
9	留固镇	905.60	29	包屯镇	748.84
10	常营镇	899.56	30	郎中乡	743.35
11	屯子镇	889.50	31	仪封乡	741.92
12	小河镇	874.65	32	水坡镇	736.84
13	奉母镇	874.31	33	板桥镇	732.60
14	庄头镇	872.96	34	西华营镇	729.49
15	白潭镇	849.88	35	大新镇	725.65
16	陶城镇	846.87	36	王庄镇	719.98
17	白寺镇	843.06	37	半坡店镇	710.96
18	朱口镇	842.09	38	黎阳街道	708.41
19	构林镇	822.44	39	芝麻洼乡	703.14
20	八里营镇	815.15	40	临汝镇	701.25

河南省冬小麦灌溉碳排放空间相关性显著，并在研究区域内呈现一定的空间集聚状态。空间自相关分析显示，冬小麦灌溉碳排放的全局空间莫兰指数为 0.506，存在显著的正空间相关性。其中，“高–高”集聚类型乡镇个数为 310 个，“低–低”集聚类型共有 418 个乡镇，两者占总乡镇个数的 36.36%，空间两极分化现象严重。“高–高”集聚类型乡镇主要分布在北部和东部及西南部分地区，基本与冬小麦大规模、高产种植区域重合，这也是该区域乡镇碳排放量普遍偏高的主要原因。“低–低”集聚类型乡镇主要分布于西部山区和南部信阳市，西部山区灌溉设施匮

乏，灌溉用水量较低，各乡镇单元冬小麦的灌溉碳排放也相对较低；而南部信阳市降水量丰富，灌溉需水量较低，灌溉碳排放量也相对较低。此外，“低–高”集聚和“高–低”集聚类型乡镇个数分别是 48 个和 11 个，占比相对较低，且空间分布位置主要与“高–高”集聚和“低–低”集聚两大类型乡镇临近。

（二）碳排放强度空间分布格局

河南省各乡镇冬小麦灌溉碳排放强度在空间分布上呈现出西北高、东南低的分布趋势。2018 年河南省冬小麦碳排放强度均值为 13.44 kg/t，其中共有 1318 个乡镇冬小麦碳排放强度高于全省均值，684 个乡镇冬小麦碳排放强度低于全省均值。洛阳市、三门峡市、济源市和南阳市北部地区是高碳排放强度集聚区，75.00%以上乡镇碳排放强度高于 20.00 kg/t，而许昌市、漯河市、驻马店市、周口市南部和平顶山东南部地区 67.80%的乡镇碳排放强度低于 12.00 kg/t。在各乡镇中，冬小麦碳排放强度最高的是洛阳市栾川县叫河镇，达到了 27.41 kg/t（附表 6）。这主要是由于该乡镇平均海拔达到了 1391.02 m，位于伏牛山脉，森林覆盖率在 87%以上，农业灌溉面积只有 5800 亩，农业生产水平落后，2018 年冬小麦产量只有 0.01 万 t，因此农业碳排放强度较高。其他类似乡镇还有洛阳市栾川县白土镇（25.07 kg/t）、三门峡市灵宝市寺河乡（23.55 kg/t）。

乡镇单元冬小麦灌溉碳排放强度空间相关性显著，并在研究区内呈现出空间集聚的分布趋势。2018 年河南省冬小麦灌溉碳排放强度的全局空间莫兰指数为 0.824，这表明冬小麦灌溉碳排放强度存在显著的正空间相关性。其中，“高–高”集聚类型乡镇的个数为 413 个，“低–低”集聚类型乡镇的个数为 495 个，“低–高”集聚和“高–低”集聚类型乡镇个数分别是 8 个和 2 个。“高–高”集聚和“低–低”集聚类型乡镇占河南省总乡镇个数的 45.35%，这说明河南省乡镇灌溉碳排放强度存在严重的空间两极分化现象。“高–高”集聚类型乡镇主要分布在西部地区，农业生产水平落后、作物产量低是导致其灌溉碳排放强度普遍较高的主要原因。“低–低”集聚类型乡镇主要分布于东南地区，降水相对丰富，灌溉需水量较低，且作物产量高。

二、不同灌溉模式下农业灌溉碳排放特征分析

灌溉模式差异是导致碳排放不同的重要因素，不同模式下灌溉碳排放强度具有较大差异。灌溉碳排放强度由大到小顺序依次是：RI 模式>WDI 模式>GI 模式>SWI 模式，数值大小分别为 17.42 kg/t、15.67 kg/t、11.61 kg/t 和 10.65 kg/t（图 5-11）。

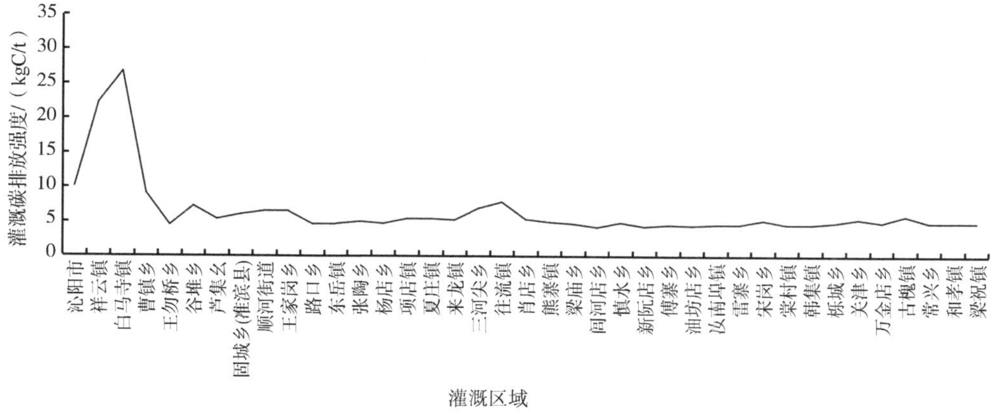

（1）RI模式灌溉区域1

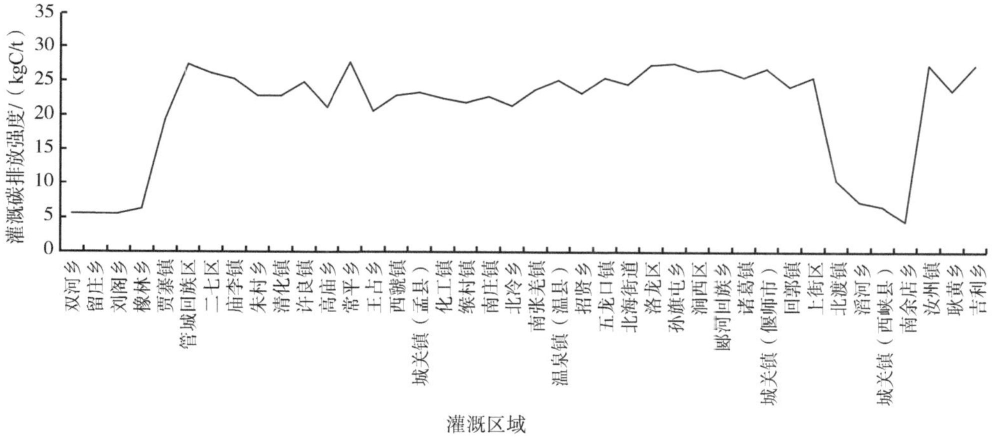

（2）RI模式灌溉区域2

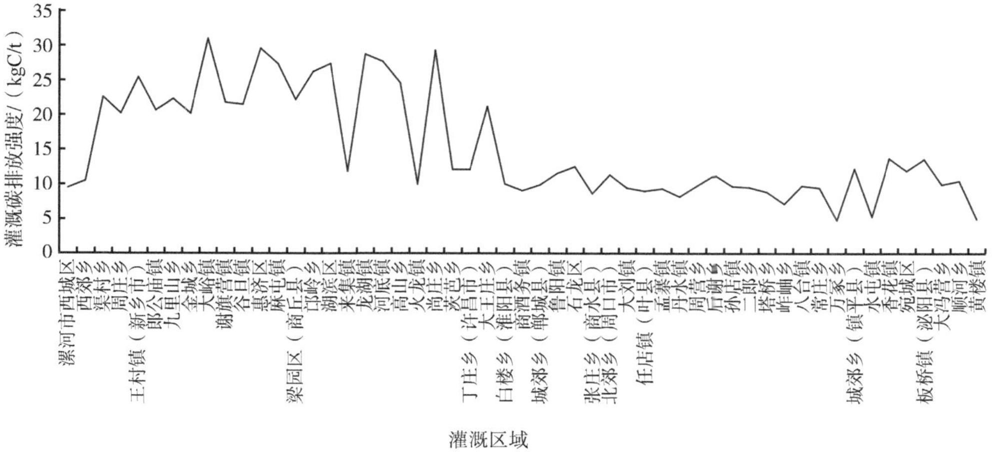

（3）GI模式灌溉区域1

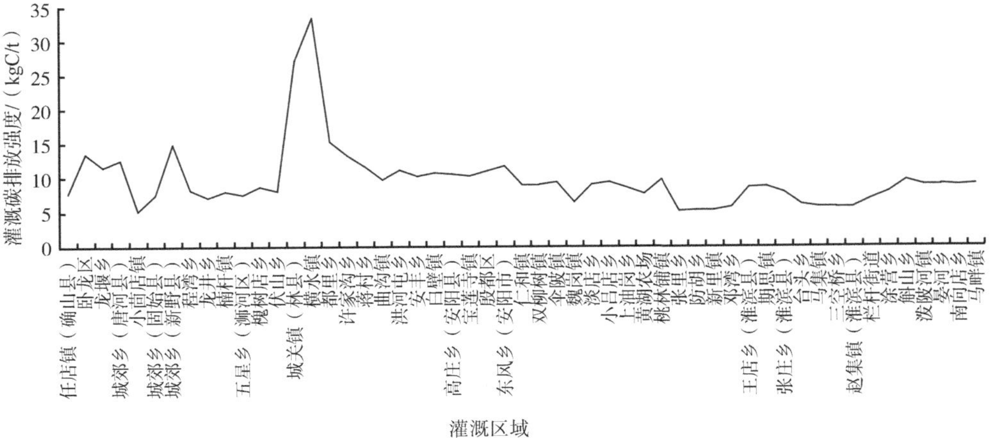

（4）GI模式灌溉区域2

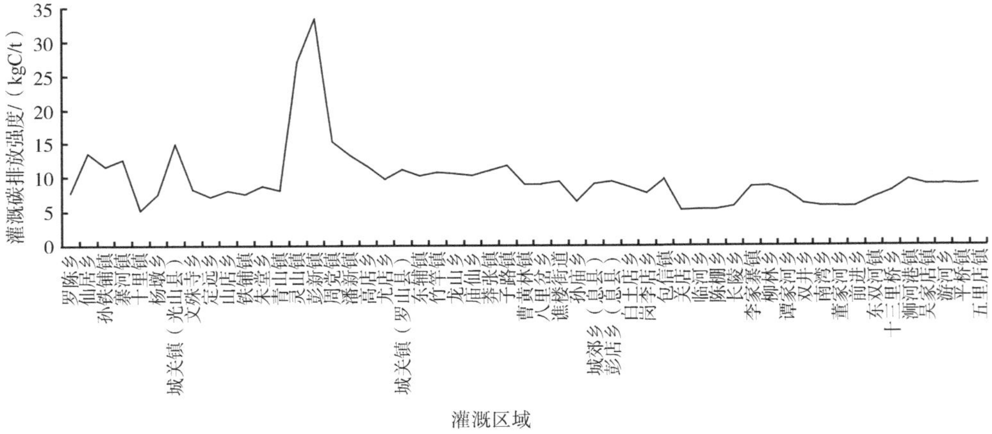

（5）GI模式灌溉区域3

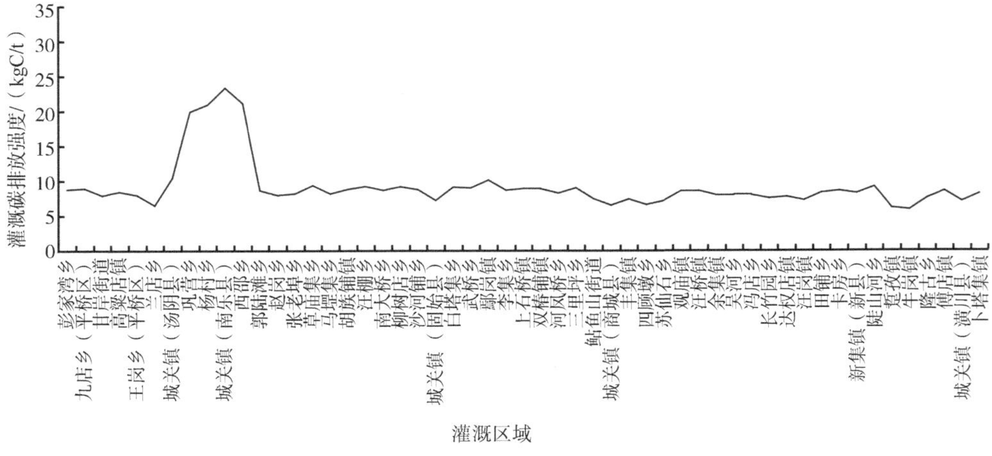

（6）GI模式灌溉区域4

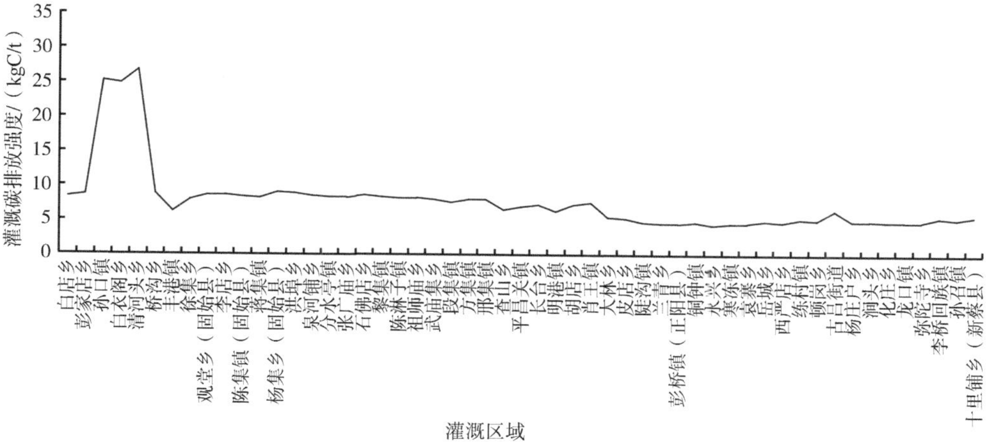

（7）GI模式灌溉区域5

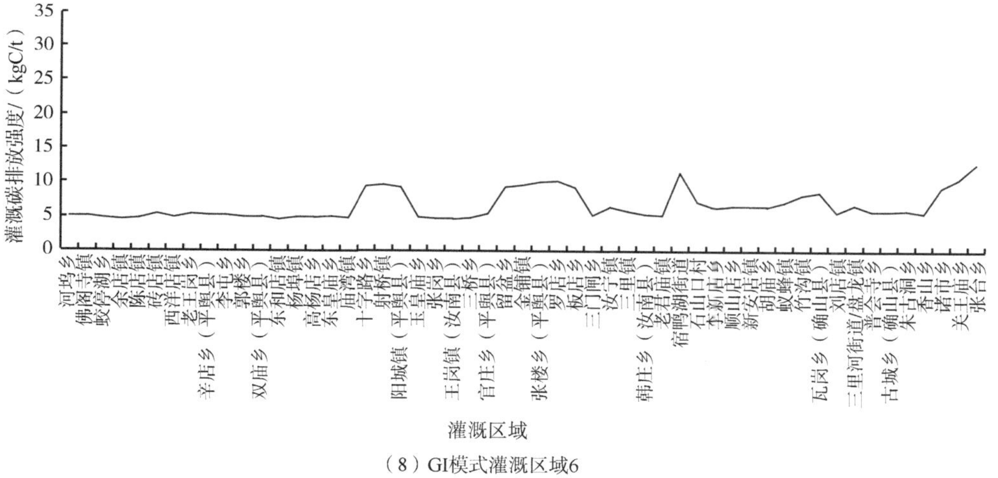

（8）GI模式灌溉区域6

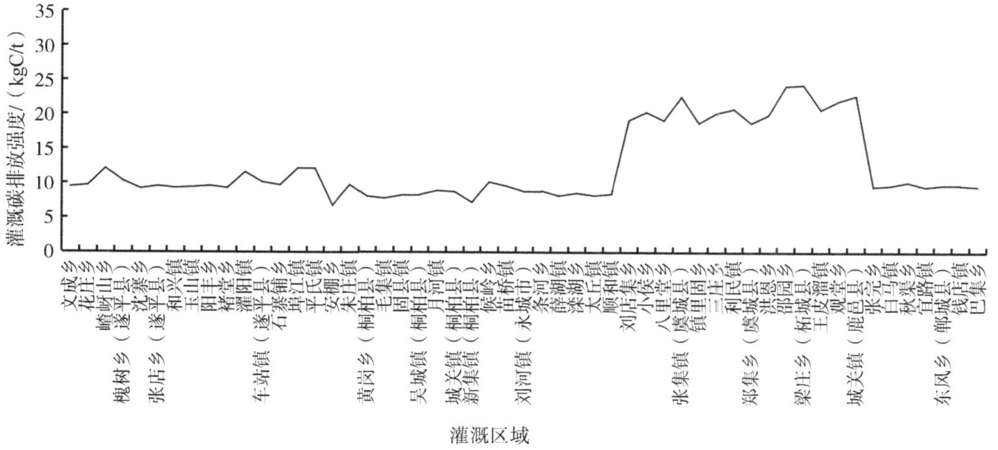

（9）GI模式灌溉区域7

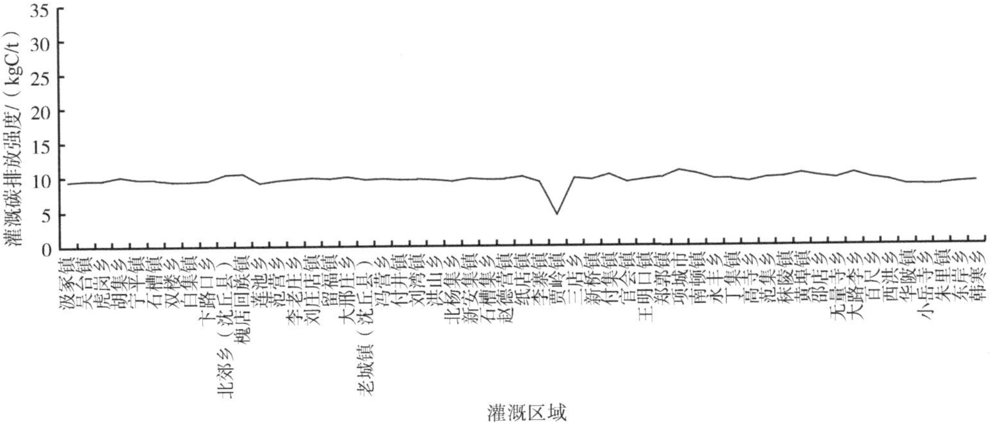

（10）GI模式灌溉区域8

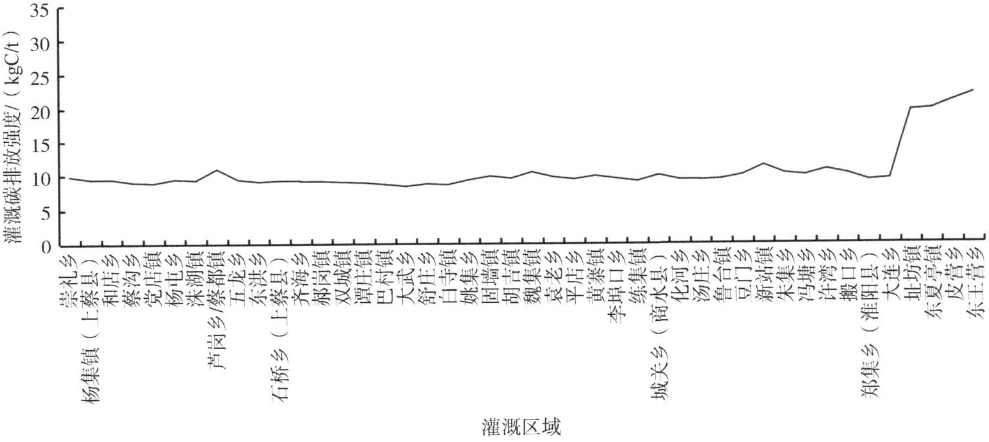

（11）GI模式灌溉区域9

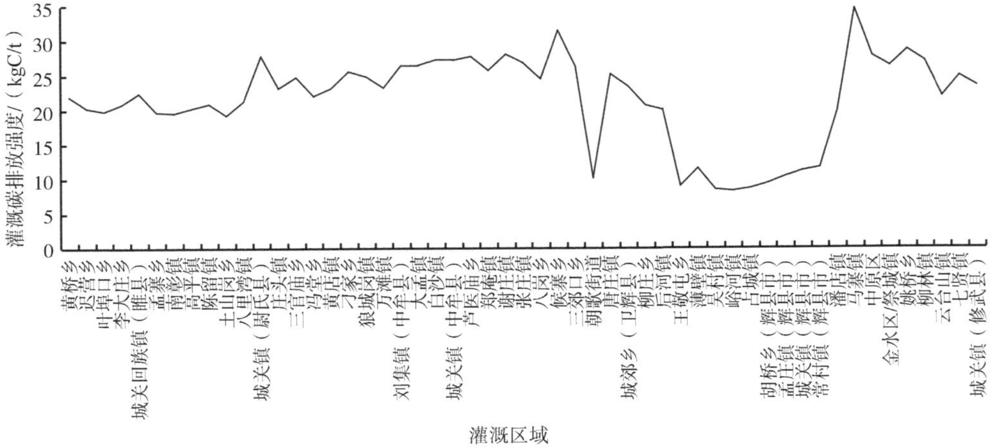

（12）GI模式灌溉区域10

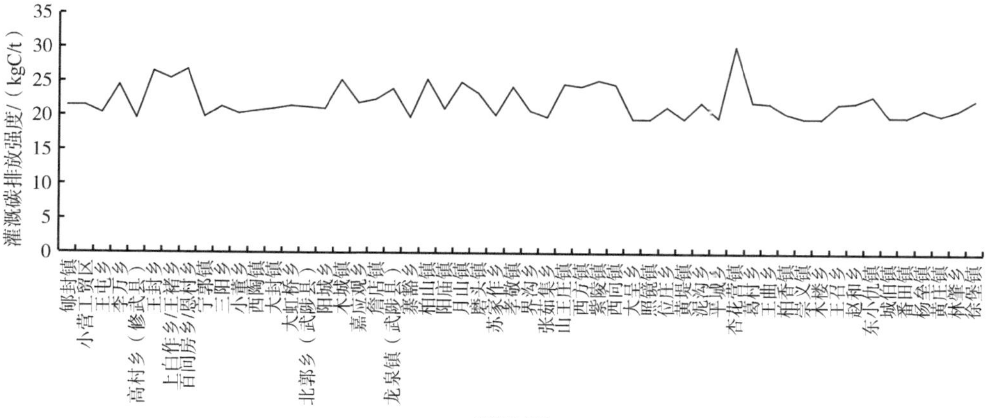

（13）GI模式灌溉区域11

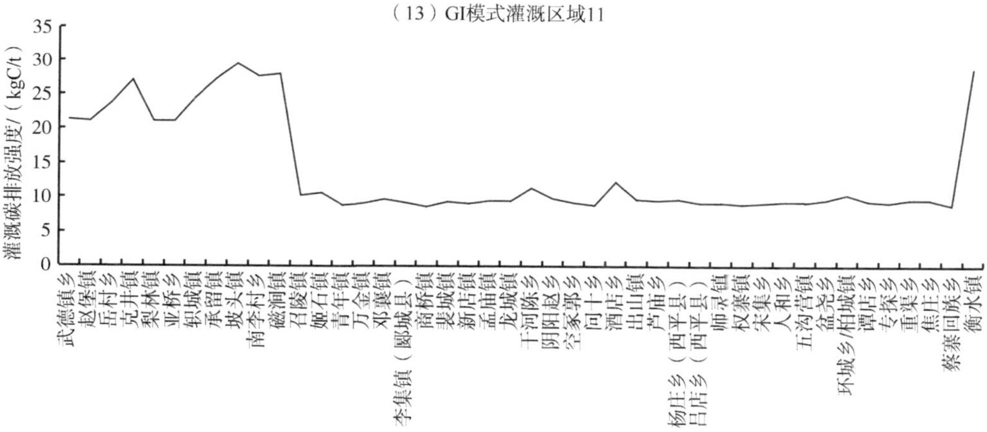

（14）GI模式灌溉区域12

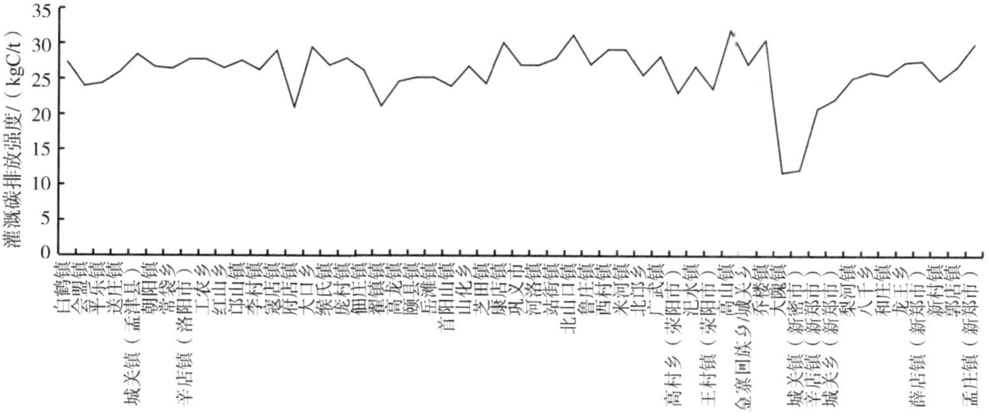

（15）GI模式灌溉区域13

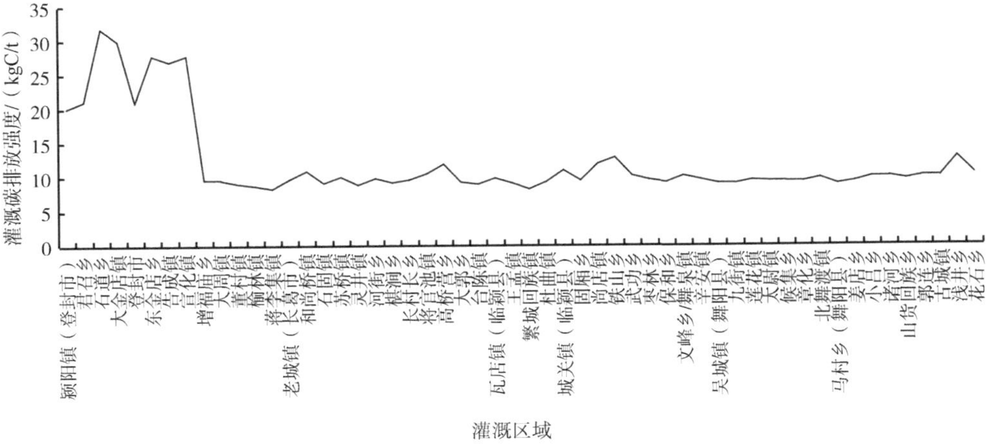

（16）GI模式灌溉区域14

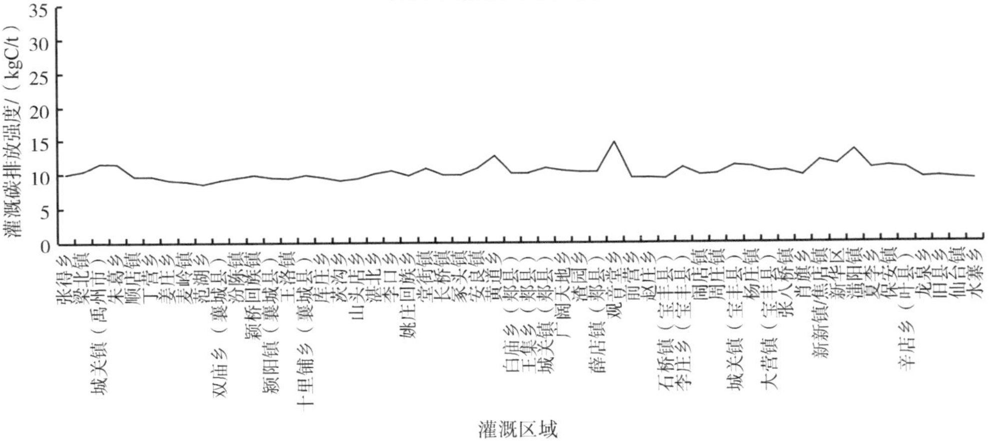

（17）GI模式灌溉区域15

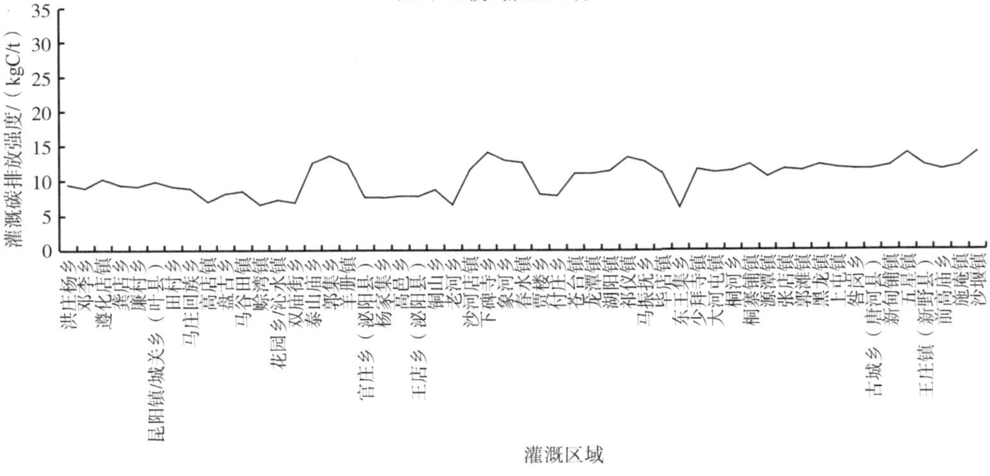

（18）GI模式灌溉区域16

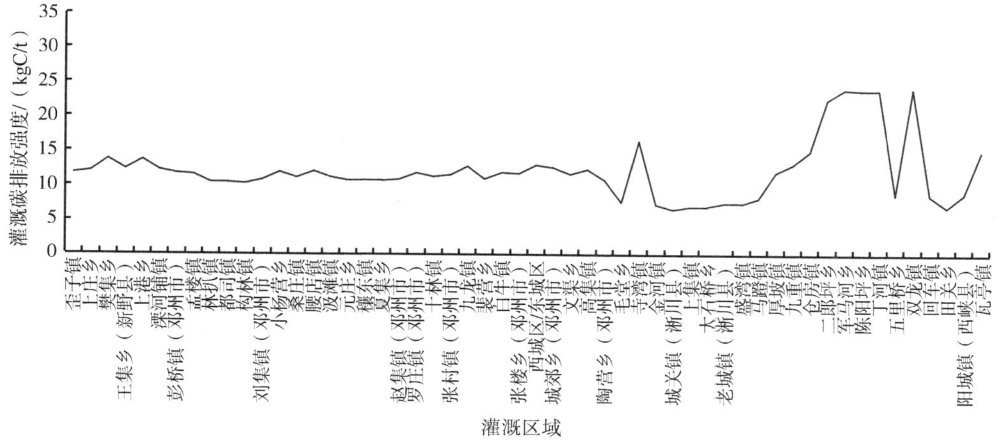

（19）GI模式灌溉区域17

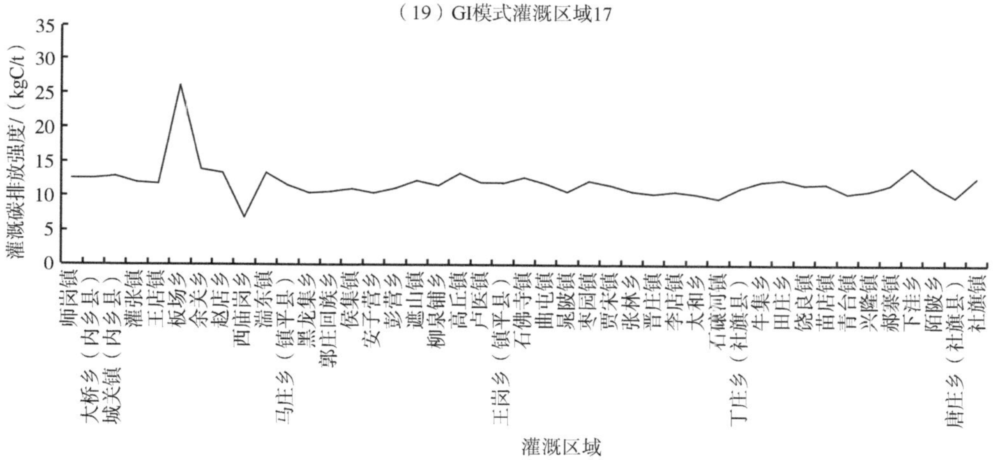

（20）GI模式灌溉区域18

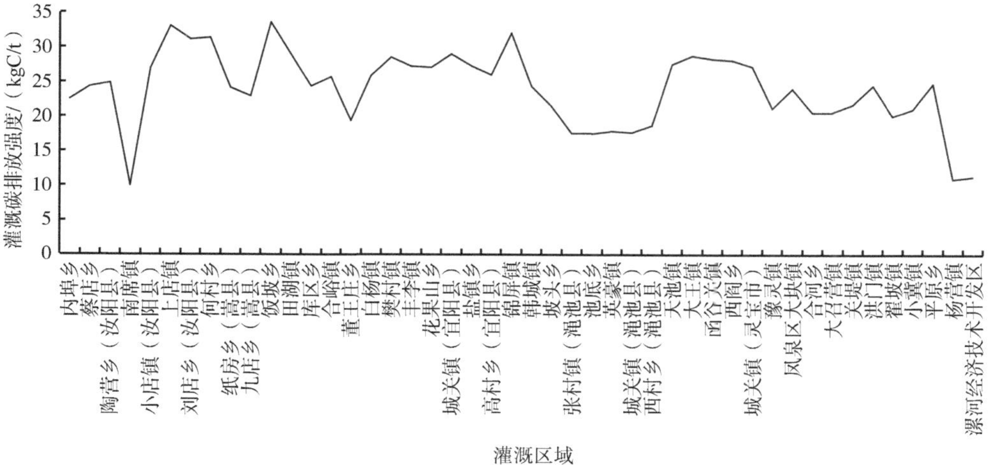

（21）GI模式灌溉区域19

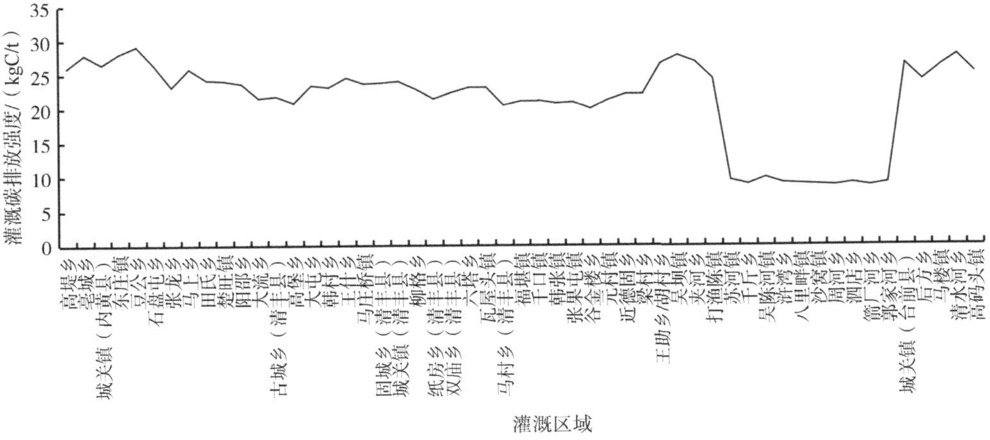

（22）WDI模式灌溉区域1

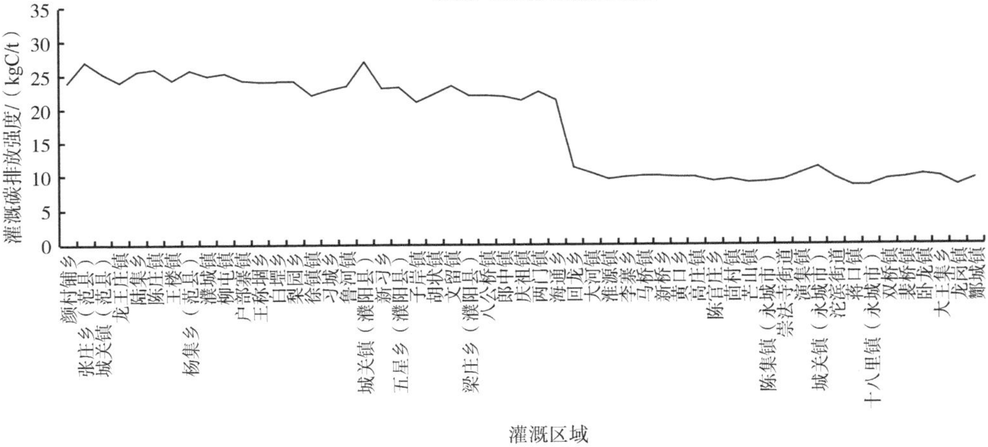

（23）WDI模式灌溉区域2

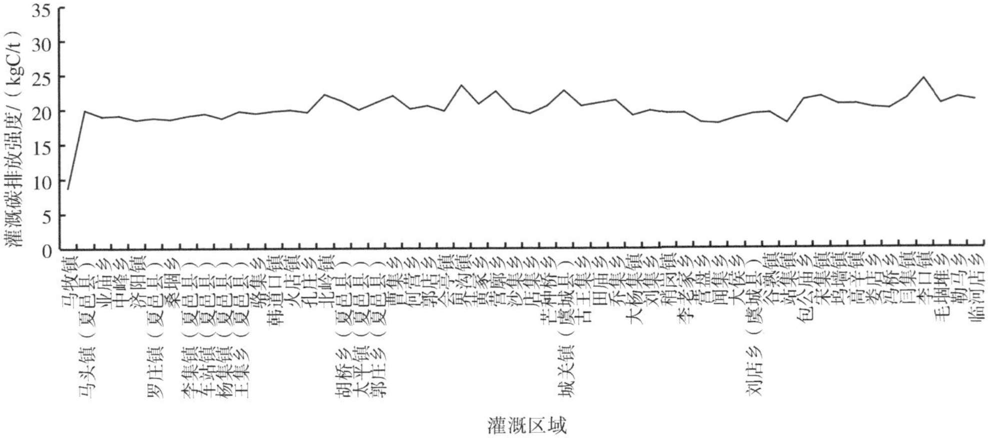

（24）WDI模式灌溉区域3

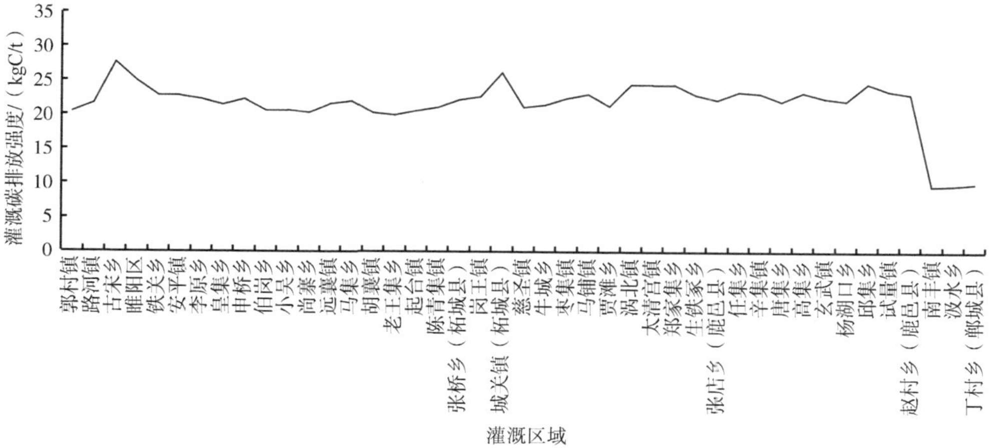

（25）WDI模式灌溉区域4

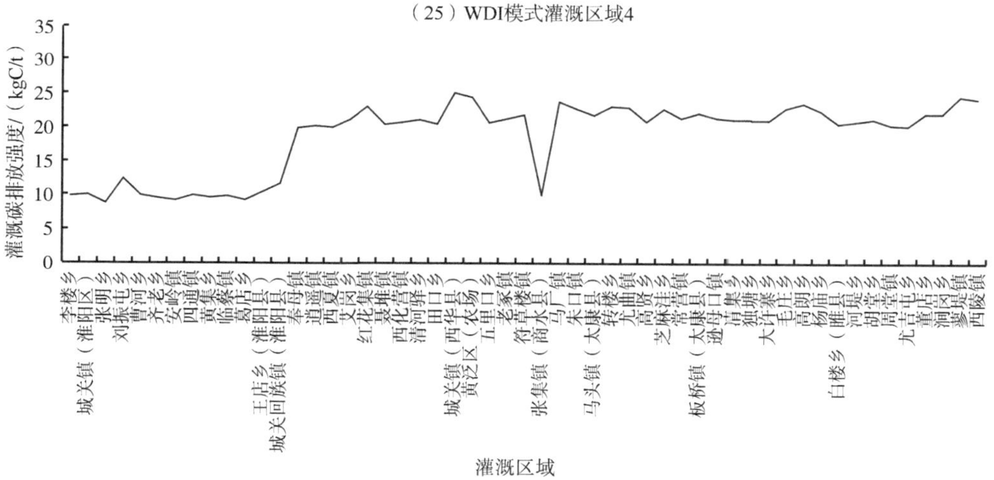

（26）WDI模式灌溉区域5

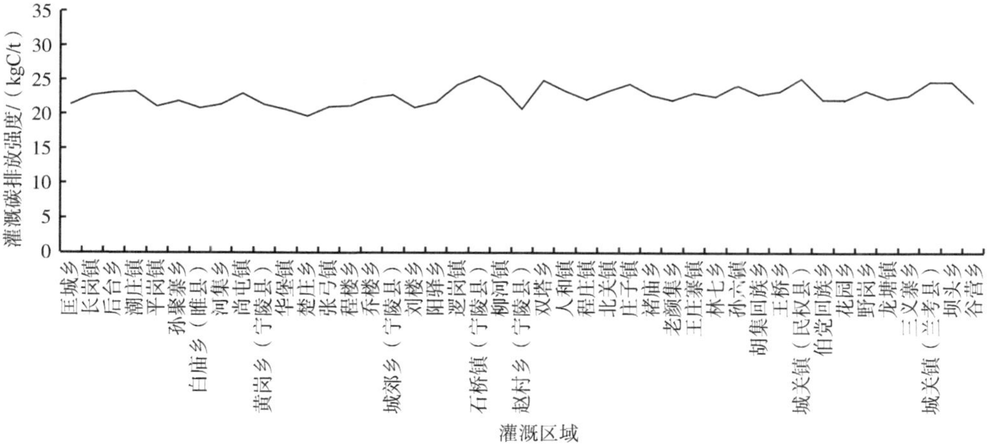

（27）WDI模式灌溉区域6

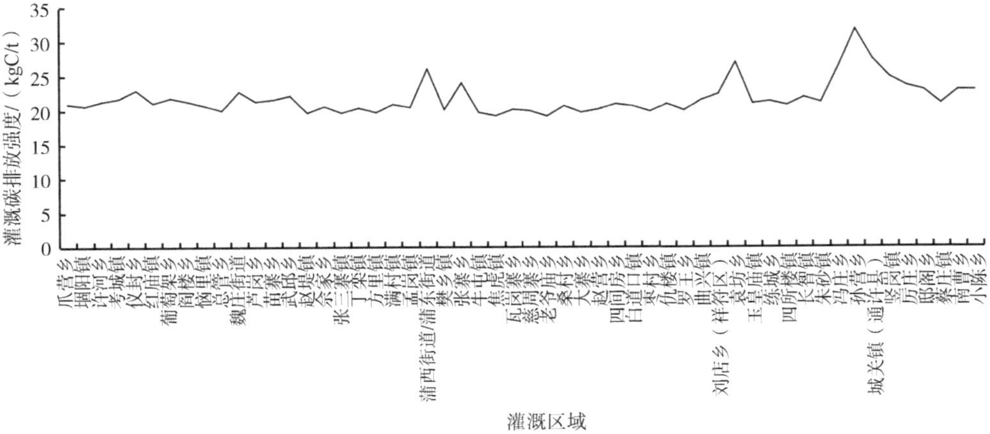

（28）WDI模式灌溉区域7

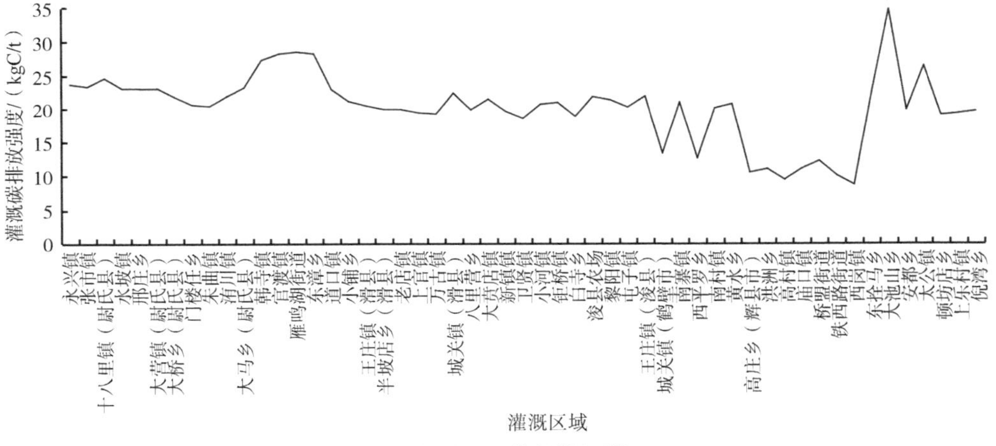

（29）WDI模式灌溉区域8

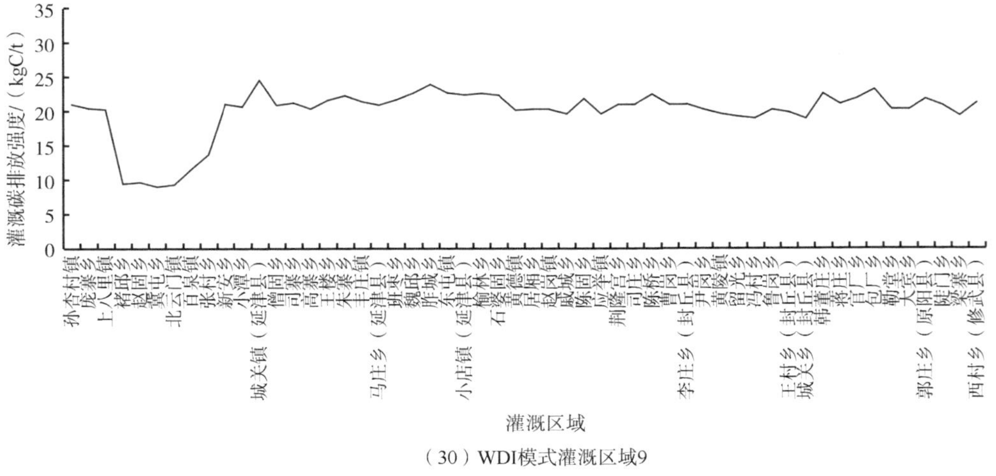

（30）WDI模式灌溉区域9

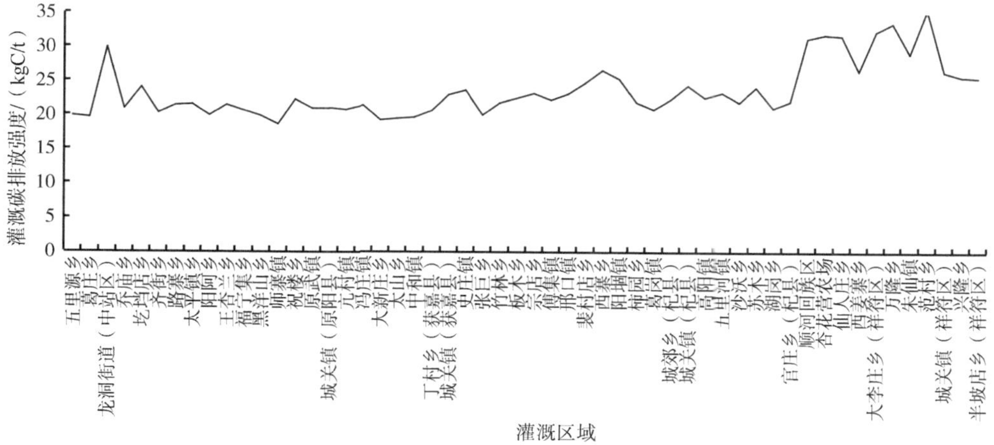

（31）WDI模式灌溉区域10

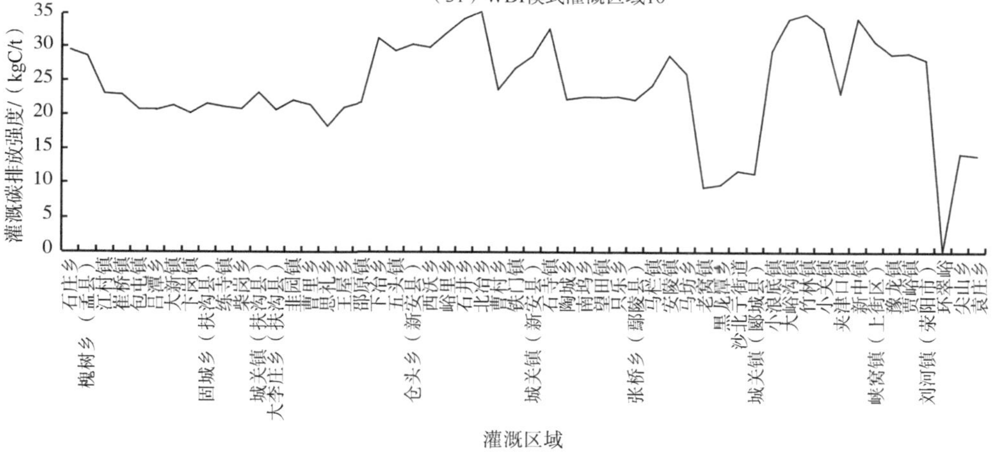

（32）WDI模式灌溉区域11

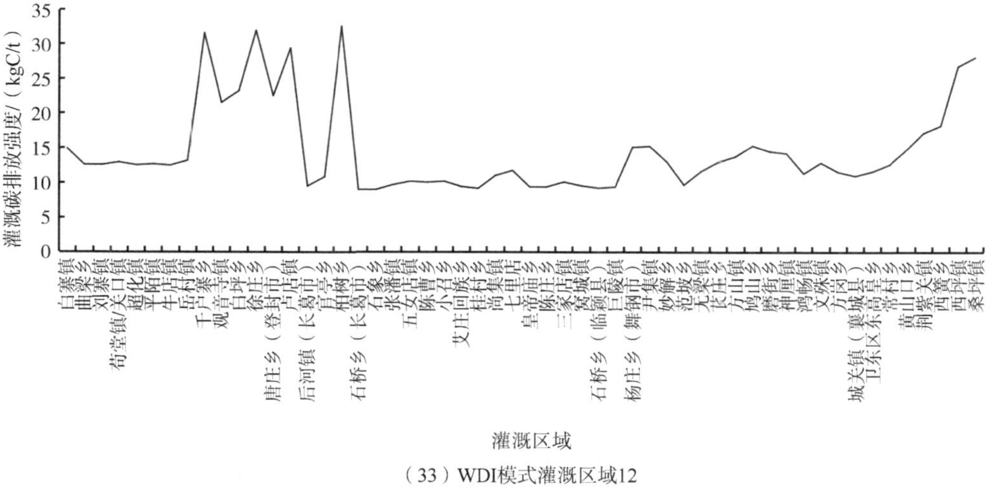

（33）WDI模式灌溉区域12

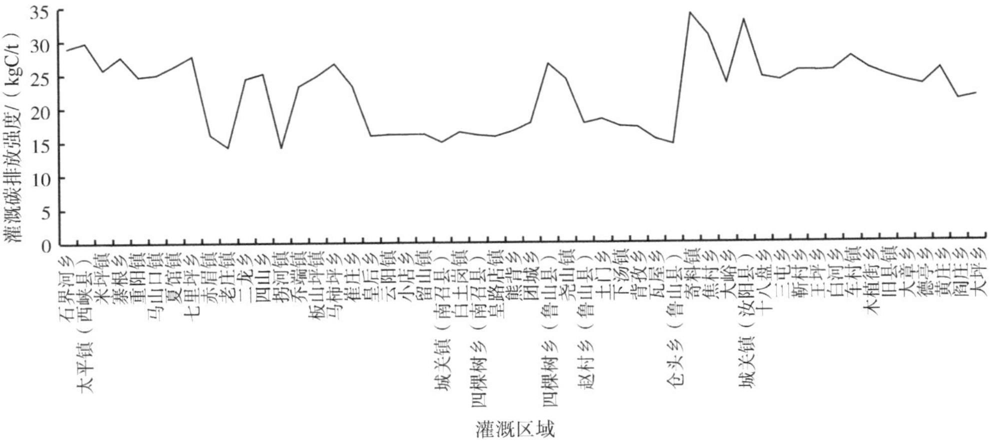

（34）WDI模式灌溉区域13

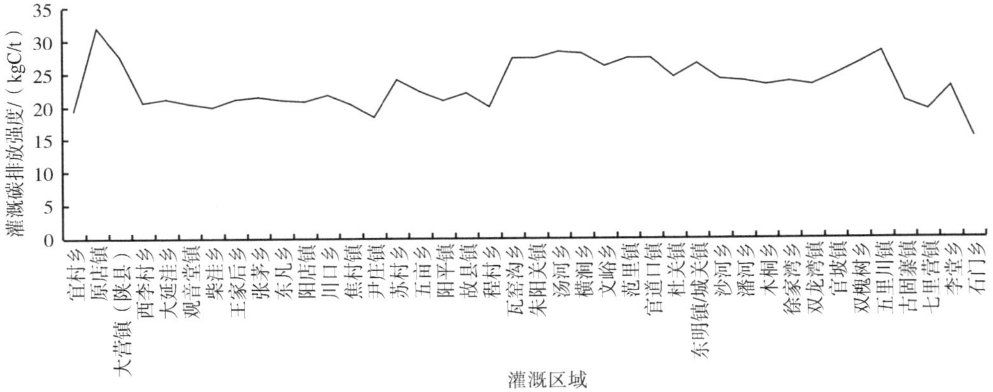

（35）WDI模式灌溉区域14

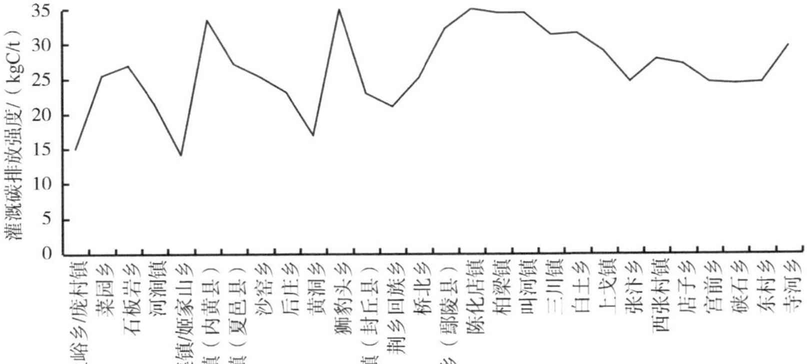

（36）SWI模式

图 5-11　不同模式下灌溉碳排放强度

（一）RI 模式

RI 模式下冬小麦灌溉碳排放强度高于其他三种模式，但碳排放总量低于其他三种模式。2018 年 RI 模式下冬小麦灌溉碳排放强度均值为 17.42 kg/t，其中碳排放强度最高的是洛阳市栾川县叫河镇（27.41 kg/t）。在各乡镇中，高于均值的乡镇共有 108 个，占总乡镇个数的 65.45%，这说明该模式下各乡镇的冬小麦灌溉碳排放强度普遍偏高。而乡镇单元灌溉碳排放均值只有 36.95 t，远远低于其他三种灌溉模式。灌溉碳排放较低主要与该区域的海拔高度、种植面积、灌溉强度等因素存在密切关系，地势过高导致该区域耕地呈零星块状分布，且难以全部进行灌溉，因此碳排放相对较低。但由于自然条件和生产技术限制，冬小麦产量普遍较低，最高值只有 5960.4 kg/hm^2，因此灌溉碳排放强度在四种模式中最高。

灌溉碳排放强度在空间上呈现出圈层分布趋势，各乡镇碳排放强度围绕洛阳市栾川县叫河镇（27.41 kg/t）逐层递减。这种分布格局与该区域海拔高度存在一定相似性，与产量、种植面积相反。海拔高度的不同导致各乡镇种植面积和作物产量出现梯度差异，即高海拔地区冬小麦种植面积相对较小、作物产量相对较低，而低海拔地区的种植面积相对较大，作物产量相对较高。例如，洛阳市栾川县，海拔最高的冷水镇与海拔最低的潭头镇，前者海拔较前者高出 63.78%，但潭头镇的冬小麦种植面积是冷水镇的 14.14 倍，产量是冷水镇的 16.36 倍，灌溉碳排放强度是冷水镇 0.86 倍。

（二）WDI 模式

WDI 模式下冬小麦灌溉碳排放强度均值低于 RI 模式，但其碳排放高于其他三种灌溉模式。2018 年 WDI 模式下冬小麦灌溉碳排放强度均值为 15.67 kg/t，与全省灌溉碳排放强度（13.44 kg/t）相比，该灌溉模式下的碳排放强度均值高了 16.59%，且有 97.09%的乡镇高于该值，这说明该模式下各乡镇的冬小麦灌溉碳排放强度普遍偏高。关于碳排放，该灌溉模式下 2018 年乡镇单元灌溉碳排放均值为 315.89 t，高于其他三种灌溉模式。原因在于该区域地处平原地区，平均海拔只有 121.19 m，适宜农业产业活动。2018 年该区域乡镇单元冬小麦种植面积均值为 3020.01 hm^2，灌溉需水量达到了 212.02 mm。但该区域农业种植业发达，是河南省冬小麦高产区，2018 年该区域冬小麦产量均值为 444.93 kg/亩，因此灌溉碳排放强度低于 RI 模式。

WDI 模式下冬小麦灌溉碳排放强度呈现西高东低的空间分布趋势。洛阳市是灌溉碳排放强度高值集聚区，而商丘市和新乡市的碳排放强度相对较低。这种空间分布格局与该模式区域的海拔高度和有效降水的空间分布格局相似，与产量、灌溉强度以及种植面积相反。受地形与降水因素影响，东部地区的冬小麦种植面积和灌溉强度要高于西部地区。以洛阳市汝阳县柏树乡和开封市兰考县考城镇为例，柏树乡的海拔高度和有效降水量是考城镇的 6.60 倍和 1.38 倍，但种植面积较后者低了 45.17%，灌溉强度较后者低了 42.53%。因此，柏树乡的灌溉用水量比考城镇低了 1934.99 万 m^3，碳排放量也比后者低了 858.77 t。但东部地区农业生产水平高于西部地区，冬小麦产量也高于西部地区。因此灌溉碳排放强度呈现出西高东低的空间分布格局，而柏树乡的灌溉碳排放强度比考城镇高出 49.84%。

（三）GI 模式

GI 模式下冬小麦灌溉碳排放强度相对较低，碳排放也低于 WDI 模式。2018 年 GI 模式下冬小麦灌溉碳排放强度均值为 11.61 kg/t，较全省均值（13.44 kg/t）低了 13.62%。在乡镇单元上，共有 308 个乡镇高于 11.61 kg/t，但只有 148 个乡镇碳排放强度高于全省均值，这说明该模式下各乡镇冬小麦灌溉碳排放强度普遍偏低。关于碳排放，该灌溉模式下 2018 年乡镇单元灌溉碳排放均值为 258.61 t，仅低于 WDI 模式。原因在于该灌溉模式区域冬小麦种植面积均值为 3431.47 hm^2，高于其余三种灌溉模式，但灌溉强度较 WDI 模式低了 21.88%，因此灌溉碳排放量（27.13 万 t）和用水量（55.00×10^8 m^3）都低于 WDI 模式。此外，该区域农业种植业发达，是河南省冬小麦高产区，2018 年该区域冬小麦产量均值为 6493.8 kg/hm^2，因此灌溉碳排放强度也相对较低。

GI 模式下冬小麦灌溉碳排放强度在空间上呈现西部高、东部低的空间分布格局。其中，西部南阳市和平顶山市的碳排放强度相对较高，而东部商丘市、周口市、驻马店市和漯河市等地的碳排放强度较低。西部地区的有效降水量高于东部地区，但东部地区的农业灌溉次数多，灌溉强度也高于西部地区，因此灌溉碳排放在西部地区要高于东部地区。例如，在许昌市长葛市南席镇与南阳市淅川县仓房镇，南席镇的有效降水量要低于仓房镇，但灌溉强度是仓房镇的 2.36 倍，灌溉碳排放是仓房镇的 1.99 倍。但受到冬小麦产量差异的影响，南席镇灌溉碳排放强度较仓房镇低了 33.55%。类似的乡镇还有周口市商水县郝岗镇与邓州市彭桥镇，永城市龙岗镇与新野县五星镇等。

（四）SWI 模式

SWI 模式下冬小麦灌溉碳排放强度均值低于其他三种灌溉模式，但其碳排放高于 RI 模式。2018 年 SWI 模式下冬小麦灌溉碳排放强度均值为 10.65 kg/t，低于其他三种模式。灌溉碳排放均值为 157.15 t，高于 RI 模式，低于 WDI 和 GI 模式。这是由于该灌溉模式区域冬小麦种植灌溉强度为 1076.07 m^3/hm^2，低于其他三种灌溉模式。同时种植总面积只有 84.16 万 hm^2，低于 WDI 和 GI 模式，因此灌溉碳排放（5.31 万 t）低于 WDI 和 GI 模式。此外，该区域 2018 年冬小麦产量均值为 5928.6 kg/hm^2，总产量达到了 498.97 万 t，均高于 RI 模式。因此 SWI 模式下冬小麦灌溉碳排放强度不仅低于 WDI 模式和 GI 模式，还低于 RI 模式。

SWI 模式下冬小麦灌溉碳排放强度呈现西南高、东北低的空间分布格局，与该区域有效降水量的空间分布格局相反。该灌溉模式东部区域的有效降水量高于西部区域，作物需水量对灌溉水的需求量相对较低。同时西南部地区分布有大别山脉和桐柏山脉，作物产量普遍偏低，因此冬小麦灌溉碳排放强度高于东部地区。而东北部的信阳市和驻马店市降水量丰富，农业机械水平和节水设施水平较高，碳排放强度相对较低。

三、农业灌溉碳排放强度影响因素分析

（一）主要驱动因素探测分析

为深入探讨河南省冬小麦碳排放强度的空间分布差异及其形成机理，本节选取了种植面积（S）、蒸散发量（ET）、有效降水量（ER）、海拔高度（DEM）、作物产量（Y）、灌溉强度（WI）等六个因素进行分析，并利用地理探测器探索影响碳排放强度空间分异形成的主要驱动因素。

河南省灌溉碳排放强度空间分异的驱动因素 q 值顺序为：作物产量>有效降水量>种植面积>灌溉强度>海拔高度>蒸散发量（图 5-12）。其中，作物产量是全省冬小麦灌溉碳排放强度空间分异的主要驱动因素，q 值达到了 0.3397。变异系数结果显示，河南省作物产量的变异系数为 0.53，大于其余五种因素，存在显著的区域差异。例如，2018 年冬小麦产量最高的乡镇商丘市虞城县闻集乡（8334.95 kg/hm^2）与作物产量最低乡镇三门峡市卢氏县汤河乡（3485.31 kg/hm^2）的作物产量差值达到了 4849.64 kg/hm^2，前者碳排放强度较后者低了 9.93 kg/t。同时受到纬度差异影响，有效降水量最高与最低的乡镇之间降水量差值为 199.54 mm，是有效降水量最低乡镇的 1.91 倍，因此有效降水量也是造成河南省灌溉碳排放强度空间分异的重要因素。

RI 模式下灌溉碳排放强度的驱动因素 q 值表现为：灌溉强度>作物产量>有效降水量>种植面积>蒸散发量>海拔高度，灌溉强度是碳排放强度空间分异的主要驱动因素（0.1263）。这是由于该灌溉模式下各乡镇受地形因素和农业生产水平影响，农业灌溉强度存在显著的地域性差异，从而对碳排放强度产生影响。但生态探测结果显示，灌溉强度对碳排放强度空间分异的影响与其他驱动因素之间并不存在显著性差异（表 5-3）。

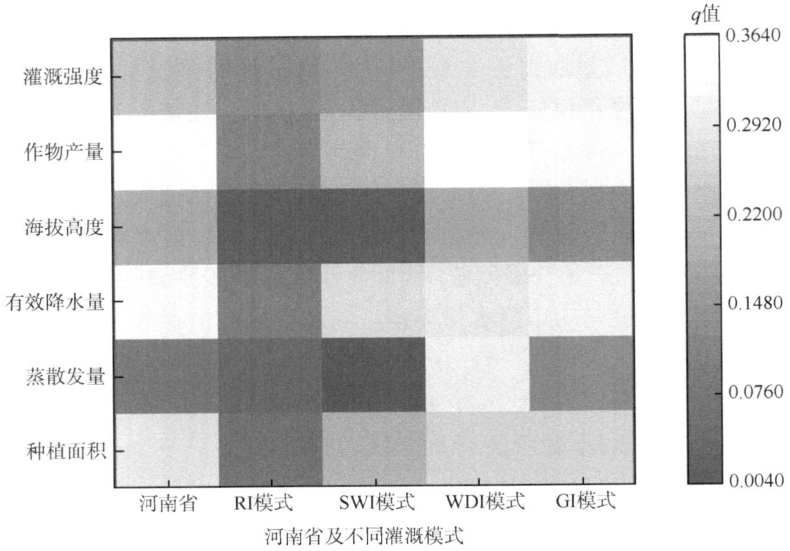

图 5-12　河南省及不同灌溉模式下风险因子探测结果

q 值表示自变量对因变量的解释程度，q 值越高，解释能力越强

表 5-3　RI 模式下生态探测结果

驱动因素	种植面积	蒸散发量	有效降水量	海拔高度	作物产量	灌溉强度
种植面积						
蒸散发量	N					
有效降水量	N	N				
海拔高度	N	N	N			
作物产量	N	N	N	N		
灌溉强度	N	N	N	N	N	

注：N 表示每两个自变量对因变量的空间分布的影响不存在显著性差异

SWI 模式下灌溉碳排放强度的驱动因素 q 值大小依次为：有效降水量>作物产量>种植面积>灌溉强度>海拔高度>蒸散发量，有效降水量是碳排放强度空间分异的主要驱动因素（0.2773）。在各驱动因素中，蒸散发量对碳排放强度的影响力最小（0.0047），这是由于该区域乡镇位于同一纬度，地形变化较小，气候状况类似，各乡镇冬小麦生育期内的蒸散发量无显著性差异，因此蒸散发量对灌溉碳排放强度空间分异的影响力最小。

作物产量是 WDI 模式和 GI 模式下灌溉碳排放强度空间分异的主要驱动因素。其中，WDI 模式下灌溉碳排放强度的驱动因素 q 值表现为：作物产量>蒸散发量>有效降水量>灌溉强度>种植面积>海拔高度。GI 模式下灌溉碳排放强度的

驱动因素 q 值大小依次为：作物产量>灌溉强度>有效降水量>种植面积>海拔高度>蒸散发量。两种模式下各驱动因素对灌溉碳排放强度空间分异的解释效应较为接近，其中主要驱动因素产量的 q 值分别为 0.3638（WDI 模式）和 0.3275（GI 模式）。

（二）驱动因素交互作用探测分析

全省冬小麦灌溉碳排放强度的任意两两驱动因素的交互作用均大于单一驱动因素作用（表 5-4）。交互探测作用结果显示，任意两两驱动因素交互作用后 q 值均大于单一驱动因素的 q 值，且驱动因素之间均存在双因子增强关系。其中，有效降水量∩作物产量的交互作用后 q 值最大，是单一驱动因素空间分异决定力的 1.28 倍和 1.21 倍。其次是有效降水量∩灌溉强度，q 值达到了 0.40。这说明有效降水量与作物产量、灌溉强度空间叠加后，会对河南省灌溉碳排放强度空间分异产生显著的决定性作用。另外，种植面积∩作物产量、海拔高度∩作物产量的交互作用值大小相等（0.39），其他驱动因素交互后对灌溉碳排放强度空间分异的决定作用则相对较小。因此河南省应合理提高农业生产技术和节水灌溉水平，增加作物产量，降低灌水消耗量，从而实现低碳发展。

表 5-4　不同灌溉模式下交互作用探测结果

全省及灌溉模式		种植面积	蒸散发量	有效降水量	海拔高度	作物产量	灌溉强度
全省模式	种植面积	0.28					
	蒸散发量	*0.31*	0.09				
	有效降水量	*0.36*	*0.38*	0.32			
	海拔高度	*0.34*	*0.22*	*0.38*	0.19		
	作物产量	*0.39*	*0.37*	*0.41*	*0.39*	0.34	
	灌溉强度	*0.38*	*0.26*	*0.40*	*0.29*	*0.37*	0.23
RI 模式	种植面积	0.07					
	蒸散发量	*0.09*	0.05				
	有效降水量	*0.13*	*0.13*	0.11			
	海拔高度	*0.09*	*0.06*	*0.13*	0.03		
	作物产量	*0.13*	*0.14*	*0.12*	*0.13*	0.12	
	灌溉强度	*0.15*	*0.14*	*0.14*	*0.14*	*0.14*	0.13
SWI 模式	种植面积	**0.21**					
	蒸散发量	0.22	0.00				
	有效降水量	*0.31*	*0.28*	0.28			
	海拔高度	**0.24**	**0.04**	*0.30*	0.02		
	作物产量	*0.22*	**0.23**	*0.33*	**0.25**	0.22	
	灌溉强度	*0.28*	*0.15*	0.31	0.17	*0.28*	0.15

续表

全省及灌溉模式		种植面积	蒸散发量	有效降水量	海拔高度	作物产量	灌溉强度
WDI 模式	种植面积	0.27					
	蒸散发量	*0.41*	0.31				
	有效降水量	*0.32*	*0.42*	0.30			
	海拔高度	*0.29*	*0.35*	*0.33*	0.19		
	作物产量	*0.40*	*0.43*	*0.40*	*0.43*	0.36	
	灌溉强度	*0.34*	*0.37*	*0.38*	*0.31*	*0.43*	0.29
GI 模式	种植面积	0.27					
	蒸散发量	*0.29*	0.13				
	有效降水量	*0.33*	*0.35*	0.31			
	海拔高度	*0.28*	*0.15*	*0.35*	*0.13*		
	作物产量	*0.34*	*0.35*	*0.34*	*0.34*	0.33	
	灌溉强度	*0.38*	*0.33*	*0.40*	*0.33*	*0.39*	0.31

注：下划线“_”代表 q 值排在前三位，斜体代表双因子增强，粗体代表非线性增强

RI 模式下灌溉碳排放强度的任意两两驱动因素交互作用效应和单一驱动因素的决定力之间相差较小（表 5-4）。两两驱动因素交互作用后 q 值与单一驱动因素 q 值之间相差最大的是海拔高度∩灌溉强度，是海拔高度的 q 值的 4.67 倍。在各交互探测结果中，部分两两驱动因素交互作用后决定力存在等值现象。蒸散发量∩作物产量、蒸散发量∩灌溉强度、有效降水量∩灌溉强度、海拔高度∩灌溉强度和作物产量∩灌溉强度的交互作用后 q 值均为 0.14，种植面积∩有效降水量、种植面积∩作物产量、蒸散发量∩有效降水量、有效降水量∩海拔高度和海拔高度∩作物产量的交互作用后 q 值均为 0.13。未来该灌溉模式农业碳减排的有效措施是不断降低灌溉强度，提高水资源利用效率。

SWI 模式下灌溉碳排放强度两两驱动因素交互作用效应存在非线性增强关系。种植面积∩蒸散发量、种植面积∩海拔高度、蒸散发量∩海拔高度、蒸散发量∩作物产量以及海拔高度∩作物产量交互作用后 q 值之和高于单一驱动因素 q 值之和（0.88），属于非线性增强的关系。因此该模式区域乡镇实现农业绿色低碳发展的一个合理有效的措施是合理控制种植面积，提高农业生产水平，从而降低碳排放强度。此外，种植面积∩有效降水量和有效降水量∩灌溉强度的 q 值均为 0.31，这说明有效降水量与作物产量、种植面积以及灌溉强度空间叠加后，会对河南省冬小麦灌溉碳排放强度空间分异产生显著的决定性作用。

WDI 模式下灌溉碳排放强度的任意两两驱动因素交互作用后 q 值普遍升高。其中，q 值排在前几位的交互驱动因素是蒸散发量∩作物产量（0.43）、海拔高度∩作物产量（0.43）、作物产量∩灌溉强度（0.43）、蒸散发量∩有效降水量（0.42）以及种植面积∩蒸散发量(0.41)。任意两两驱动因素交互作用后 q 值均值为 0.374，

高于 86.9%的单一模式 q 值。这表明该模式下各驱动因素之间存在较强的正相关性，任意两两驱动因素交互后均会对灌溉碳排放强度空间分异产生更大的驱动力。因此有效降低灌溉碳排放强度的重要措施是多渠道同时入手，提高冬小麦单位面积产量，实现农业绿色低碳发展。

GI 模式下灌溉强度与其他驱动要素的交互作用效应最为显著，任意两两驱动因素间交互作用后的 q 值均大于单一驱动要素 q 值（表 5-4），说明任意两两驱动因素对灌溉碳排放强度的交互作用要大于单一驱动因素的独自作用效果。其中 q 值最大的前三项均与灌溉强度有关，分别是有效降水量∩灌溉强度、作物产量∩灌溉强度和种植面积∩灌溉强度，q 值分别为 0.40、0.39 和 0.38。这表明灌溉强度是影响 GI 模式灌溉碳排放强度的主要驱动因素之一，未来应大力推进农业节水，推广高效绿色灌溉技术，降低农业灌溉强度，实现农业绿色生产。

（三）驱动因素回归分析

1. 乡镇单元驱动因素回归分析

为进一步探讨各驱动因素对灌溉碳排放强度的影响机理，利用 EViews 10.0 对影响河南省冬小麦灌溉碳排放强度的驱动因素进行了定量分析（表 5-5）。

表 5-5 驱动因素回归分析结果

变量	系数	标准误差	t 统计量	P 值
常数项	35.149	0.57	61.23	0.00
种植面积	–0.004**	0.00	–1.74	0.08
蒸散发量	0.003	0.00	0.59	0.56
有效降水量	–0.357***	0.01	–23.99	0.00
海拔高度	0.001***	0.00	4.80	0.00
作物产量	–0.230***	0.01	–39.65	0.00
灌溉强度	0.013	0.01	0.94	0.35

***、**分别代表在 1%、5%的水平下显著

在河南省全省层面，各驱动因素对灌溉碳排放强度的影响顺序是：灌溉强度>蒸散发量>海拔高度>种植面积>作物产量>有效降水量。其中，蒸散发量、海拔高度和灌溉强度具有正向驱动作用，种植面积、有效降水量和作物产量是负向驱动因素。

海拔高度回归系数为 0.001，说明海拔高度每上升 1%，灌溉碳排放强度增加 0.001%。原因在于海拔高度上升会导致耕地种植难度上升，增加灌溉设施建设难度，冬小麦产量偏低且水能资源利用效率低下，碳排放强度普遍偏高。

蒸散发量回归系数为 0.003，说明蒸散发量增加 1%，灌溉碳排放强度上升 0.003%。例如，洛阳市新安县峪里乡、石井镇的蒸散发量均到达了 500 mm 以上，其灌溉碳排放强度也都超过了 22.50 kg/t，是全省平均水平的 1.67 倍，说明蒸散发量对灌溉碳排放强度存在正面促进作用。

灌溉强度与冬小麦灌溉碳排放强度之间的回归系数为 0.013。受到农业发展水平影响，各乡镇农业灌溉节水技术千差万别，因此不同乡镇的冬小麦灌溉强度也存在较大的空间差异。过高的灌溉强度会导致大量的水能资源消耗，从而导致碳排放强度过高。例如，许昌市鄢陵县陈化店镇灌溉强度（2498.19 kg/hm^2）是全省均值的 1.40 倍，其灌溉碳排放强度也较全省均值高了 11.81 kg/t。

有效降水量和作物产量的回归系数均为负数，且通过了 1%的显著性检验。有效降水量增加可以更充分地弥补冬小麦生育期内生长发育所需的水分，降低灌溉水补充量，从而降低灌溉碳排放强度。作物产量的回归系数是–0.230，对碳排放强度的贡献排倒数第二。这说明作物产量增加可以有效降低区域冬小麦灌溉碳排放强度。例如，三门峡市冬小麦产量为 4741.59 kg/hm^2，其灌溉碳排放强度达到了 18.00 kg/t；而周口市作物产量（6932.59 kg/hm^2）是全省均值的 1.07 倍，其灌溉碳排放强度较全省均值低了 0.64 kg/t。

种植面积的回归系数是–0.004，通过了 5%的显著性检验。这说明种植面积增加 1%，灌溉碳排放强度下降 0.004%。种植面积扩大可以实现冬小麦的规模化种植，实现资源集约节约利用，并提高作物产量。周口市、商丘市种植面积达到了 75.00 万 hm^2 以上，其作物产量高出了全省均值 7%以上，因此冬小麦灌溉碳排放强度也相对较低。

2. 不同灌溉模式下驱动因素回归分析

不同灌溉模式下各驱动因素的影响作用存在较大差异性。因此对四种不同灌溉模式下影响灌溉碳排放强度的驱动因素进行了回归分析，探索各驱动因素对灌溉碳排放强度的影响作用（表 5-6）。四种灌溉模式下拟合方程的调整后 R^2 分别为 0.97、0.96、0.98、0.97，方程整体拟合效果理想。

表 5-6　不同灌溉模式下驱动因素回归分析结果

灌溉模式	种植面积	蒸散发量	有效降水量	海拔高度	作物产量	灌溉强度
RI 模式	–0.009	0.006	–0.019	0.001***	–0.405***	0.024
SWI 模式	–0.003	0.006**	–0.096***	0.001**	–0.236***	0.117***
WDI 模式	–0.003***	0.002	–0.005	0.001***	–0.279***	0.030***
GI 模式	–0.002***	0.001	–0.036***	0.001***	–0.219***	0.052***

***、**分别代表在 1%、5%的水平下显著

各灌溉模式下种植面积的回归系数大小依次为：–0.002（GI 模式）>–0.003（WDI 模式）=–0.003（SWI 模式）>–0.009（RI 模式）。和植面积在 RI 模式下驱动作用最大，种植面积每增加 1%，灌溉碳排放强度减少 0.009%。原因在于 RI 模式区域耕地面积少，且分布零散，难以进行规模化种植，水能资源利用效率低下，碳排放相对较高，对灌溉碳排放强度影响最大。而 WDI 模式和 SWI 模式下种植面积驱动作用较弱，RI 模式下回归系数最小。

蒸散发量驱动作用最强的是 RI 模式和 SWI 模式，两种模式下回归系数均为 0.006。这说明蒸散发量增加 1%，灌溉碳排放强度增加 0.006%。RI 模式和 SWI 模式大多位于河南省高纬度区域，空气较为干燥，冬小麦蒸散发量相对较高，对灌溉碳排放强度的影响更加显著。而 WDI 模式和 GI 模式下回归系数分别为 0.002 和 0.001，驱动作用相对较小。

有效降水量在 SWI 模式下对灌溉碳排放强度的驱动作用最为显著。四种灌溉模式中，有效降水量的回归系数分别为–0.019（RI 模式）、–0.096（SWI 模式）、–0.005（WDI 模式）和–0.036（GI 模式），且只有 SWI 模式和 GI 模式下通过了1%的显著性检验。SWI 模式区域降水量丰富，可以更有效地补充冬小麦灌溉生育期的需水量，从而对灌溉水能消耗以及碳排放产生影响，改变区域灌溉碳排放强度。

海拔高度在四种灌溉模式下的影响力一致，回归系数均为 0.001。其中，RI 模式、WDI 模式和 GI 模式下海拔高度均通过了 1%的显著性检验，而 SWI 模式下海拔高度通过了 5%的显著性检验。海拔高度回归系数在全省和四种灌溉模式下均为 0.001，说明海拔高度的驱动作用受灌溉模式影响相对较小。较高的海拔高度会导致耕地种植难度上升，作物产量偏低，同时还会增加灌溉设施建设难度，导致冬小麦灌溉的能源消耗和碳排放量上升，灌溉碳排放强度也不断增加。

RI 模式下对灌溉碳排放强度的驱动作用最显著。四种灌溉模式下，作物产量的回归系数大小分别为–0.219（GI 模式）>–0.236（SWI 模式）>–0.279（WDI 模式）>–0.405（RI 模式）。这表明作物产量在 RI 模式下的影响作用最强，作物产量每增加 1%，灌溉碳排放强度减少 0.405%。原因在于 RI 模式区域海拔较高，各地区农业发展水平落后，冬小麦产量差异较大，对灌溉碳排放强度的影响最大。GI 模式、SWI 模式和 WDI 模式下作物产量回归系数全都高于–0.300，对灌溉碳排放强度的驱动作用相对较弱。

SWI 模式下灌溉强度回归系数最大，具有最强的影响力。灌溉强度在四种灌溉模式下的回归系数大小分别为 0.117（SWI 模式）>0.052（GI 模式）>0.030（WDI 模式）>0.024（RI 模式），且在 SWI 模式、WDI 模式和 GI 模式下均通过了 1%的显著性检验。其中，灌溉强度在 SWI 模式下对灌溉碳排放强度影响程度最大，每上升 1%的灌溉强度，灌溉碳排放强度就会增加 0.117%。

第四节　农业灌溉“水–能–碳”关联分析

一、农业灌溉“水–能”关联分析

2018 年河南省冬小麦灌溉能源利用效率均值为 0.22 kW·h/m^3，与 Chen 等(2019)对华北平原的研究结果相比差距较大(1.00 kW·h/m^3)，但与 Wang 等(2017)关于河南省研究结果较为接近(0.30 kW·h/m^3)，总体处于正常值范围内（表 5-7）。与相关文献的对比结果如下(Chen et al.，2019；Wang et al.，2017；王帅等，2020)：

表 5-7　灌溉能源利用效率研究结果对比

地区	灌溉能源利用效率/（kW·h/m^3）	地区	灌溉能源利用效率/（kW·h/m^3）
河南省	0.30	宁夏回族自治区	0.27
河北省	0.53	甘肃省	0.50
陕西省	0.64	湖北省	0.22
山西省	0.62	湖南省	0.40
内蒙古自治区	0.30	山东省	0.47
辽宁省	0.21	华北地区	1.00
		河南省	**0.22**

注：加粗内容为本节研究结果

河南省乡镇单元农业灌溉能源利用效率普遍较高，且高灌溉能源利用效率的乡镇大多是 WDI 模式。在乡镇单元上，农业灌溉能源利用效率高于全省均值的乡镇共有 1206 个，低于全省均值的乡镇共有 796 个。这反映出河南省大部分乡镇冬小麦灌溉过程中的能源利用效率相对较高。在四种灌溉模式中，灌溉能源利用效率高于全省均值的乡镇中共有 38.47%的乡镇是 WDI 模式，其次是 SWI 模式（27.36%）和 GI 模式（25.04%）；灌溉能源利用效率小于全省均值的乡镇在各种灌溉模式下的占比分别为 49.62%（WDI 模式）、42.46%（GI 模式）、6.91%（RI 模式）和 1.01%（SWI 模式）。由此可见，WDI 模式在高灌溉效率乡镇中占比较高，在低灌溉效率乡镇中占比也较高，表明其能源利用效率可能存在不稳定性。

河南省冬小麦灌溉过程的水能资源利用效率相对较低，灌溉用水强度和灌溉能源强度都相对偏高。2018 年河南省冬小麦灌溉能源强度为 61.52 kW·h/t，灌溉用水强度为 275.42 m^3/t。其中，灌溉能源强度和灌溉用水强度全都大于全省均值的乡镇共有 894 个，占总乡镇个数的 44.66%；灌溉能源强度大于 61.52 kW·h/t、灌溉用水强度小于 275.42 m^3/t 的乡镇共有 199 个，占总乡镇个数的 9.94%；灌溉能源强度小于 61.52 kW·h/t、灌溉用水强度大于 275.42 m^3/t 的乡镇共有 426 个，占总乡镇个数的21.28%；灌溉能源强度和灌溉用水强度都小于全省均值的乡镇共有483个，占总乡镇个数的24.13%①（图5-13）。总体而言，灌溉能源强度大于等于61.52 kW·h/t的共有1093个，灌溉用水强度大于等于275.42 m^3/t的共有1320个，低效水能资源利用效率乡镇的占比相对较高。未来河南省应大力推广绿色农业生产，减少水能资源浪费，不断提高水能资源利用效率。

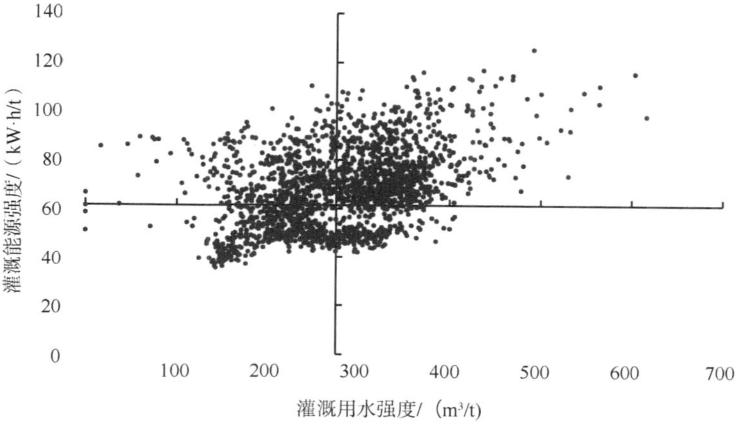

图5-13　河南省乡镇灌溉用水强度和能源强度散点图

RI模式和WDI模式下各乡镇的农业灌溉水能失衡现象显著，而SWI模式和RI模式下各乡镇的农业灌溉水能资源开发较为协调。2018年RI模式和WDI模式下水能失衡型乡镇个数占比分别为93.94%和70.55%，灌溉用水强度均值较全省平均水平高了28.45%和15.34%，灌溉能源强度均值较全省平均水平高了29.61%和16.62%。而SWI模式和GI模式下水能均衡型乡镇个数占比分别为48.22%和50.00%，灌溉用水强度均值较全省平均水平低了34.10%和7.39%，灌溉能源强度均值较全省平均水平低了20.79%和13.64%。未来RI模式应提高农业生产技术，WDI模式应降低灌溉强度，从而提高水能资源利用效率；未来SWI模式和GI模式应在原有基础上不断优化水能资源开发利用模式，从而提高水能资源开发协调水平。

二、农业灌溉“碳–水”关联分析

结合前文中关于河南省农业灌溉碳水消耗特征分析的结果，以农业灌溉用水强度和灌溉碳排放强度均值为坐标原点建立坐标系，可以将河南省各乡镇单元划分为四种类型：水失衡、碳失衡、碳水失衡、碳水均衡（图5-14）。

① 因占比数据存在修约，故存在合计不为100%的情况。

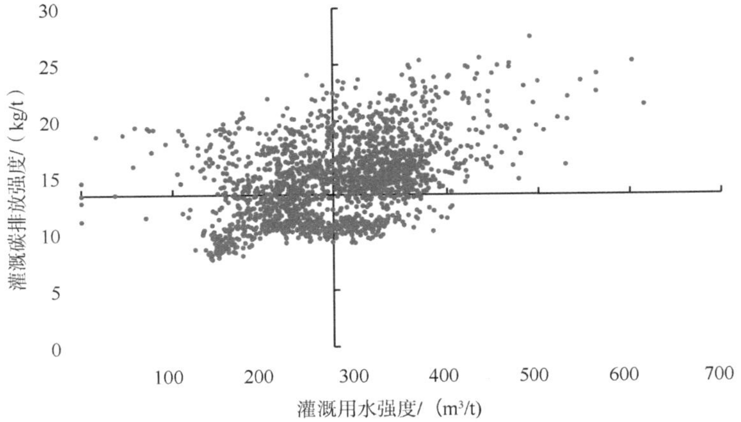

图 5-14　河南省乡镇单元灌溉用水强度和碳排放强度散点图

（一）水失衡

水失衡类型乡镇的主要特征是灌溉能源强度高于全省平均水平，但灌溉碳排放强度相对较低。2018 年共有 199 个乡镇属于水失衡类型，占总乡镇个数的 9.94%。该类型的灌溉用水强度是 316.20 m^3/t，较全省平均水平高出 14.81%。原因在于该类型乡镇的单位面积的灌溉用水量（2234.25 m^3/hm^2）比其他三种类型高了 2.02%（碳水失衡）、84.85%（碳失衡）和 62.32%（碳水均衡），乡镇单元灌溉用水量（790.39 万 m^3）也高于其他三种类型。因此该区域乡镇灌溉用水强度相对较高，属于水失衡类型。

GI 模式是水失衡类型乡镇的主要灌溉模式，其次是 WDI 模式。其中，属于 GI 模式的乡镇共有 173 个，占 GI 模式乡镇总个数的 27.03%；属于 WDI 模式的乡镇共有 25 个，占 WDI 模式乡镇总个数的 2.91%（表 5-8）。这表明 GI 模式和 WDI 模式下部分乡镇存在严重的水资源开发利用失衡问题，灌溉用水强度相对较高。未来该区域乡镇农业发展的首要目标是高效节水技术的推广，实施滴灌、喷灌、微喷灌等高效节水灌溉方式，提高水资源利用效率，从而进一步降低农业碳排放。

表 5-8　不同灌溉模式下各类型乡镇个数（单位：个）

灌溉模式	碳水失衡	碳失衡	水失衡	碳水均衡
RI 模式	155	9	1	0
SWI 模式	62	113	0	163
WDI 模式	606	228	25	0
GI 模式	71	76	173	320

（二）碳失衡

灌溉碳排放强度过高是碳失衡型乡镇冬小麦生产的主要特征，而灌溉用水强度并未出现高值现象。2018 年碳失衡型乡镇的灌溉碳排放只有 189.99 t，但碳排放强度达到了 15.71 kg/t。与其他三种类型相比，碳失衡型乡镇单元碳排放较另外三者低了 26.69%（碳水失衡）、32.42%（水失衡）和 28.02%（碳水均衡），但碳排放强度较另外三者高了 0.36%（碳水失衡）、39.65%（水失衡）和 47.64%（碳水均衡）。原因在于该类型的冬小麦产量相对较低，2018 年碳失衡型乡镇单元的冬小麦产量只有 1.21 万 t，亩均产量只有 370.56 kg，全都低于其他三种类型。因此该类型乡镇冬小麦生产表现出严重的碳失衡问题，碳排放强度普遍偏高。

WDI 模式是碳失衡类型乡镇的主要灌溉模式，占总乡镇个数的 53.52%。在四种灌溉模式中，碳失衡型乡镇分别为 9 个（RI 模式）、113 个（SWI 模式）、228 个（WDI 模式）和 76 个（GI 模式）。WDI 模式乡镇占比最高，说明碳失衡类型乡镇的灌溉模式以 WDI 模式为主，其次是 SWI 模式与 GI 模式。此外，与 WDI 模式下乡镇总个数相比，碳失衡乡镇占比为 26.54%。这反映出 WDI 模式下部分乡镇存在严重的碳排放问题，碳排放强度过高。未来该区域乡镇应针对碳排放过高的问题，采用绿色灌溉技术，推动光伏与农业灌溉融合发展模式，减少碳排放，降低碳排放强度。

（三）碳水失衡

碳水失衡是河南省农业灌溉存在的主要问题，严重阻碍了农业的可持续发展水平。2018 年河南省农业灌溉碳水失衡型乡镇共有 894 个，占总乡镇个数的 44.66%。灌溉碳排放强度和用水强度过高是该类乡镇农业灌溉的主要特征。2018 年该类型乡镇农业灌溉碳排放强度和灌溉用水强度分别为 15.65 kg/t 和 338.15 m^3/t，较全省均值高出 16.44%和 22.78%。该类型乡镇的灌溉需水量（218.99 mm）偏高，仅次于碳失衡类型，但冬小麦产量偏低，只有 6476.19 kg/hm^2，因此灌溉碳排放强度和灌溉用水强度相对较高。

在四种灌溉模式中，碳水失衡类型乡镇主要位于 WDI 模式区域。2018 年碳水失衡型乡镇中共有 606 个乡镇的灌溉模式是 WDI 模式，占碳水失衡类型乡镇个数的 67.79%，占 WDI 模式下乡镇个数的 70.55%。其次是 RI 模式，碳水失衡型乡镇中共有 155 个乡镇属于该灌溉模式，占碳水失衡类型乡镇个数的 17.34%，占 RI 模式下乡镇总个数的 93.94%。这说明 RI 模式和 WDI 模式下农业生产的水资源开发利用过程中存在严重的碳水失衡问题，灌溉碳排放强度和用水强度均高于全省平均水平。未来该区域乡镇应继续加大农业节水节能技术研发投入，不断推广高效绿色节水技术，实现农业节水低碳发展。

（四）碳水均衡

碳水均衡型乡镇的灌溉碳排放强度和灌溉用水强度都表现出低于全省平均水平的趋势。2018 年该类型乡镇冬小麦的灌溉碳排放强度和灌溉用水强度均值分别是 10.64 kg/t 和 205.93 m^3/t，低于碳失衡、水失衡和碳水失衡三种类型的均值。与全省平均水平相比，碳水均衡型的碳排放强度和用水强度低了 20.84%和 25.23%。原因在于：①该类型下乡镇单元种植面积均值达到了 3712.12 hm^2，高于其他三种类型，便于实现规模化、机械化种植，资源利用效率较高；②单位面积的灌溉用水量仅有 1376.45 m^3/hm^2，在四种类型中最低，乡镇单元灌溉用水量为 510.95 万 m^3，低于水失衡和碳水失衡型；③灌溉碳排放强度在四种类型中最低，只有 71.11 kg/hm^2，且乡镇单元灌溉碳排放低于水失衡和碳失衡型；④冬小麦产量高于碳失衡型和碳水失衡型，达到了 6689.93 kg/hm^2，农业生产水平高。因此，该类型下各乡镇冬小麦的灌溉碳排放强度和灌溉用水强度相对较低。

GI 模式和 SWI 模式是碳水均衡类型乡镇的主要水资源利用模式。碳水均衡型乡镇中 GI 模式的乡镇个数为 320 个，占碳水均衡型总乡镇个数的 66.25%；SWI 模式的乡镇个数为 163 个，占碳水均衡型总乡镇个数的 33.75%。这反映出碳水均衡型乡镇的水资源利用模式以 GI 模式为主。此外，碳水均衡型乡镇个数占 GI 模式下乡镇总数量的 75.47%，说明 GI 模式下各乡镇农业灌溉碳水之间关系较为协调，水资源利用效率较高，灌溉碳排放强度也相对较低。SWI 模式下碳水均衡型乡镇占比为 48.22%，说明 SWI 模式下的碳水关系也相对协调，水资源开发利用模式较为合理。

三、农业灌溉“水–能–碳”耦合协调水平分析

（一）“水–能–碳”系统评价指标体系构建

基于已有研究（Zou et al.，2015；胡婉玲等，2020）和前文对农业灌溉水、能、碳特征的分析，构建了“水–能–碳”系统评价指标体系，共包含 11 个评价指标。农业灌溉的水子系统共包含 5 个指标，分别是灌溉用水强度、有效降水量、单位面积灌溉强度、灌溉用水量、蒸散发量。能子系统的指标分别为能源利用效率、灌溉能源强度和能源消耗量。碳子系统包含灌溉碳排放强度、单位用水碳排放强度和灌溉碳排放强度 3 个指标（表 5-9）。利用熵权法核算农业灌溉“水–能–碳”系统评价指标体系中各指标的权重，并计算出耦合度和耦合协调度，对水、能、碳之间的耦合关系进行分析。并参照相关学者的研究基础（李健和滕欣，2014），将耦合度进行了类型划分（表 5-10）。

表 5-9　"水–能–碳"系统评价指标体系

一级指标	二级指标	单位	权重
水	灌溉用水强度	m^3/kg	0.08
	有效降水量	mm	0.23
	单位面积灌溉强度	mm	0.06
	灌溉用水量	m^3	0.57
	蒸散发量	mm	0.06
能	能源利用效率	$kW·h/m^3$	0.20
	灌溉能源强度	kW·h/t	0.07
	能源消耗量	kW·h	0.73
碳	灌溉碳排放强度	kg/t	0.07
	单位用水碳排放强度	t/m^3	0.20
	灌溉碳排放强度	t	0.73

表 5-10　"水–能–碳"系统耦合度类型划分

耦合度区间	耦合类型
C=0	耦合度极低
0<C≤0.3	低水平耦合
0.3<C≤0.5	拮抗
0.5<C≤0.8	磨合
0.8<C<1	高水平耦合
C=1	耦合度极高

注：C 表示耦合度

（二）"水–能–碳"系统耦合度分析

河南省农业灌溉"水–能–碳"系统之间属于高水平耦合关系。耦合度计算结果显示，河南省冬小麦灌溉"水–能–碳"系统的耦合度为 0.90（图 5-15）。这表明河南省冬小麦灌溉的水、能和碳三个子系统之间存在十分强烈的相互影响作用。农业灌溉"水–能–碳"系统之间的耦合关系主要表现在水系统对能系统和碳系统的影响以及能系统对碳系统的影响。

（1）水资源消耗引起能源的大量消耗并产生碳排放。水资源的提取、运输、灌溉过程都需要大量的能源消耗，并产生二氧化碳。而高水平的节水技术和完善的灌溉设施可以有效提高水资源灌溉效率，使能源消耗量及碳排放量下降。

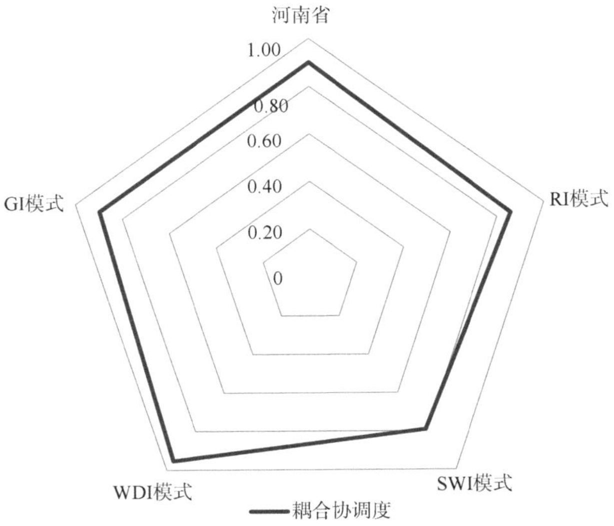

图 5-15　河南省农业灌溉“水–能–碳”系统耦合度

（2）灌溉可以提高作物产量，降低灌溉用水和碳排放强度。作物生育期内有效降水一般难以满足其生长需求，灌溉水可以有效补充其需水量，从而提高作物产量，降低灌溉碳排放强度。

（3）清洁能源的使用可以有效减少碳排放。农业灌溉过程中的能源以柴油和电力为主。其中，柴油属于化石能源，难以完全利用，碳排放量相对较高。而电力属于二次能源，特别是风电、水电和太阳能电力等属于清洁能源，可以有效减少碳排放量。

四种灌溉模式中，WDI 模式下农业灌溉“水–能–碳”系统的耦合度最高（图 5-15）。四种灌溉模式的农业灌溉“水–能–碳”系统的耦合度分别为 0.86（RI 模式）、0.79（SWI 模式）、0.95（WDI 模式）和 0.90（GI 模式）。其中，RI 模式、WDI 模式和 GI 模式下农业灌溉“水–能–碳”系统的耦合度均超过 0.80，属于高水平耦合关系。而 SWI 模式下农业灌溉“水–能–碳”系统的耦合度在四种灌溉模式中最低，属于磨合状态。这说明 SWI 模式下农业灌溉“水–能–碳”系统之间的相互影响作用要低于其余三种模式。

（三）“水–能–碳”系统耦合协调关系分析

1. 乡镇单元“水–能–碳”系统耦合协调关系分析

2018 年河南省冬小麦灌溉“水–能–碳”系统的耦合协调度为 0.37，属于轻度失调状态。各乡镇中，占比最高的是轻度失调水平类型乡镇[0.3, 0.4)，共包含 1157 个乡镇，占总乡镇个数的 57.79%（表 5-11）。这说明河南省大部分乡镇农业灌溉

“水-能-碳”系统都存在轻度失衡的问题。

表 5-11 不同耦合协调度乡镇个数

耦合协调度	耦合协调水平	乡镇个数/个	耦合协调度	耦合协调水平	乡镇个数/个
[0.9, 1)	极度协调	0	[0.4, 0.5)	濒临失调	570
[0.8, 0.9)	良好协调	3	[0.3, 0.4)	轻度失调	1157
[0.7, 0.8)	中级协调	0	[0.2, 0.3)	中度失调	211
[0.6, 0.7)	初级协调	2	[0.1, 0.2)	严重失调	0
[0.5, 0.6)	勉强协调	55	[0, 0.1)	极度失调	4

耦合协调度处于[0.4,0.5)的乡镇，共包含 570 个乡镇，属于濒临失调状态。原因在于该类型乡镇冬小麦的灌溉强度和能源强度分别较全省均值高出 4.05%和 1.82%，因此乡镇单元冬小麦的灌溉用水量、能源消耗和碳排放较全省均值高出 70.00%以上。但冬小麦的产量较高（6674.95 kg/hm^2），因此该类型乡镇只有灌溉用水强度较全省平均水平高了 0.78%，能源强度和碳排放强度比全省平均水平低了 1.00%左右。在乡镇单元上，共有 93.00%的乡镇冬小麦的灌溉用水量、能源消耗量和碳排放高于全省平均水平，而灌溉用水能源消耗和碳排放强度高于全省平均水平的占比超过了 56.00%。

耦合协调度处于[0.2,0.3)的乡镇数量为 211 个，属于中度失调状态。该类型乡镇冬小麦的灌溉用水量、能源消耗量和碳排放量都相对较低，但由于产量较全省平均水平低了 11.89%，因此灌溉用水能源消耗和碳排放强度较全省平均水平高了 4.80%，单位用水碳排放也高于全省平均水平。而在乡镇单元上，共有 66.35%的乡镇灌溉碳排放强度高于全省平均水平，56.87%的乡镇灌溉用水强度高于全省平均水平。

其他类型的乡镇数量相对较少，其中耦合协调度超过 0.5 的乡镇共有 64 个（附表 7），耦合协调度低于 0.2 的乡镇共有 4 个。耦合协调度超过 0.5 的乡镇在农业灌溉过程中水、能、碳之间的关系相对协调，灌溉用水能源消耗和碳排放强度相对较低。耦合协调度低于 0.2 的乡镇在农业灌溉过程中水、能、碳失衡严重，水能资源消耗和碳排放普遍偏高，灌溉用水能源消耗、碳排放强度也高出全省平均水平。

农业灌溉“水-能-碳”的耦合协调水平整体呈现北高南低、西低东高的空间分布状态。北部（鹤壁市、新乡市和安阳市东部）、东部（开封市、周口市和商丘市）乡镇的耦合协调水平普遍偏高，而在西部（三门峡市、洛阳市和济源市）和南部（信阳市）乡镇的耦合协调水平普遍偏低。全局空间自相关分析结果显示，2018 年河南省农业灌溉“水-能-碳”系统耦合协调度的莫兰指数为 0.543，存在显著的正空间相关性。其中，“高-高”集聚类型乡镇个数为331个，主要分布在鹤壁市、开封市、周口市、商丘市以及南阳市部分地区；而“低-低”集聚类型乡镇的个数为346个，主要分布在三门峡市、洛阳市、济源市、信阳市和安阳市西部地区。“低-高”集聚和“高-低”集聚类型乡镇数量较少，其中“低-高”集聚类型的乡镇只有56个，主要围绕“高-高”集聚类型乡镇分布在开封市、周口市和商丘市地区；“高-低”集聚类型乡镇仅有9个，主要分布在西部和北部地区。

2. 不同灌溉模式下“水-能-碳”系统耦合协调关系分析

四种灌溉模式下农业灌溉“水-能-碳”系统的耦合协调均处于轻度失调状态（图5-16）。四种灌溉模式中，耦合协调度最高的是WDI模式下，达到了0.39。该灌溉模式下，农业灌溉“水-能-碳”系统的耦合度也处于最高状态，这说明WDI模式的三个子系统之间虽然存在的联系最为紧密，但彼此之间相互制约、掣肘，阻碍了系统整体的协调发展水平。而其余三种模式的耦合协调度分别为0.31（RI模式）、0.35（SWI模式）和0.37（GI模式）。各个子系统之间也均未能实现相互配合、互惠互利，系统整体的耦合协调发展水平较低。

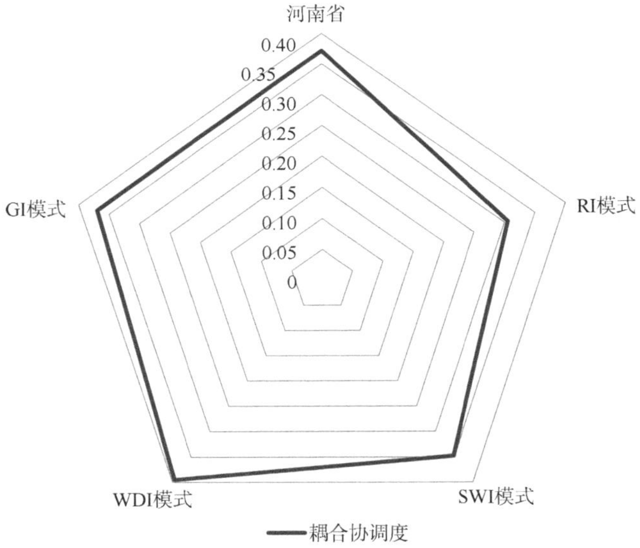

图5-16　河南省不同灌溉模式下“水-能-碳”耦合协调度

RI模式下各乡镇冬小麦灌溉“水-能-碳”系统的耦合协调水平较低，主要包括轻度失调和中度失调两种类型（表5-12）。其中，轻度失调水平乡镇占比最高，达到了66.67%；其次是中度失调水平乡镇，包含55个乡镇。该灌溉模式下冬小麦灌溉需水量较全省平均水平低了 10.65%，但各乡镇单元的种植面积均值只有 471.70 hm^2，因此农业灌溉用水量、能源消耗和碳排放相对较低，分别为 75.04 m^3、16.92 万 kW·h、36.95 t，低于全省平均水平。但该灌溉模式下冬小麦的产量低于其他三种灌溉模式（4497.23 kg/hm^2），因此灌溉用水能源消耗和灌溉碳排放强度相对较高，超出全省平均水平 28.00%。

表 5-12 不同灌溉模式下各协调水平类型乡镇个数（单位：个）

类型	RI 模式	SWI 模式	WDI 模式	GI 模式
极度协调	0	0	0	0
良好协调	0	0	1	2
中级协调	0	0	0	0
初级协调	0	0	2	0
勉强协调	0	2	49	4
濒临失调	0	57	330	183
轻度失调	110	248	425	374
中度失调	55	27	52	77
严重失调	0	0	0	0
极度失调	0	4	0	0

SWI 模式下各乡镇冬小麦灌溉“水-能-碳”系统的耦合协调水平以轻度失调为主（表 5-12）。在各乡镇中，耦合协调度在[0.3,0.4)的乡镇共有 248 个，属于轻度失调水平；耦合协调度在[0.4,0.5)的乡镇共有 57 个，属于濒临失调水平；耦合协调度在[0.2,0.3)的乡镇共有 27 个，属于中度失调水平；其他水平乡镇相对较少。该灌溉模式下乡镇有效降水量较全省平均水平高出 69.91 mm，因此单位面积的灌溉用水量和能源消耗量在四种灌溉模式中最低（1076.07 m^3/hm^2 和 288.90 kW·h/hm^2）。同时冬小麦产量较 RI 模式高出 1431.37 kg/hm^2，因此 SWI 模式下冬小麦灌溉的用水量、能源消耗和碳排放都高于 RI 模式。但灌溉用水能源消耗和灌溉碳排放强度都相对较低，冬小麦灌溉“水-能-碳”系统的耦合协调度也较 RI 模式高出 12.90%。

GI 模式下各乡镇冬小麦灌溉“水-能-碳”系统的耦合协调水平占比最高的是轻度失调，其次是濒临失调。其中，轻度失调乡镇的占比为 58.44%，濒临失调乡镇的占比为 28.59%，此外中度失调水平的乡镇占比也超过了 10.00%。该灌溉模式下各乡镇冬小麦单位面积的灌溉用水量和能源消耗量较全省平均水平低了 6.98%和 13.25%，但种植面积在四种模式中最高（3431.47 hm^2），因此各乡镇的灌溉用水量、能源消耗量和碳排放量全都比全省平均水平超出 4.30%。另外，GI

模式下冬小麦产量比全省平均水平高出 0.44%，灌溉能源强度、灌溉用水强度和灌溉碳排放强度全都低于全省平均水平。整体而言，该灌溉模式下冬小麦灌溉“水–能–碳”系统的耦合协调度仅次于 WDI 模式，高于 RI 和 SWI 模式。

WDI 模式下各乡镇冬小麦灌溉“水–能–碳”系统的耦合协调水平以濒临失调和轻度失调为主（表 5-12）。濒临失调水平的乡镇共有 330 个，而轻度失调乡镇共有 425 个，耦合协调度高于其他三种灌溉模式，这反映出该灌溉模式下冬小麦灌溉“水–能–碳”系统的耦合协调水平优于其他三种灌溉模式。该模式下单位面积的灌溉用水量和能源消耗量在四种灌溉模式中最高，较全省平均水平高出 19.07%和 20.39%，因此乡镇单元冬小麦的灌溉用水量、能源消耗量和碳排放量较全省平均水平高出 19.00%。但该灌溉模式下冬小麦产量达到了 6674.00 kg/hm^2，因此灌溉用水强度比全省平均水平高出 15.34%，碳排放强度比全省平均水平高出 16.62%。

第六章　县域单元农业水土资源耦合开发的碳排放特征及其时空格局

不同县域单元[①]水土资源禀赋、农业生产结构、灌溉模式等存在较大的差异，开展县域单元水土资源开发的碳排放研究对于差别化的农业碳减排策略的制定具有重要意义。本章在样点村庄农业碳排放核算的基础上，探讨了河南省县域单元水土资源匹配度及其空间格局，对县域单元农业水土资源开发不同阶段的碳排放进行了模拟分析，分析了河南省主要作物水土资源开发碳排放的构成差异，并探讨了其空间分布特征。

第一节　农业水土资源及其空间匹配格局

一、农业水土资源空间分布特征

河南省农业用水量呈现出明显的空间差异，具体表现为“南多北少，西多东少”。其中农业用水量最多的是在鄂豫皖大别山山地丘陵区以及豫西黄土丘陵区西部，造成这种差异的主要原因是地形条件与气候条件的不同。河南省南部地区降水量较多，且河流径流较多，为农业用水提供了有力的保障。河南省南部地区以水稻种植为主，作物需水量较多，灌溉次数较多，因此造成了南部地区农业用水量较多。而位于豫西黄土丘陵区西部的地区，由于地形和土质条件较差，土地蓄水保水能力较差，因此在农作物的种植过程中，为了保证产量，需要多次进行浇灌，所以作物需水量较多。而河南省中东部地区主要是平原和低山丘陵区，地形相对平坦，大部分地区位于黄淮海平原，农作物主要为小麦、玉米以及花生，土壤蓄水能力较好，农业作物需水量相对较少。

河南省耕地资源的空间分布也具有较大的差异，具体表现为“南多北少，东多西少，沿黄流域多”，造成这种差异的原因主要是地形条件与气候条件的不同。豫东地区主要是平原地区且属于黄淮海平原的一部分，土壤肥沃，且位于黄河下

① 本章所研究的地级市是指该地级市的市区，所以也称为县域单元。

游的上段部分，水源条件较好，利于农业的发展，因此，此地区的农业耕地面积较多。豫南地区一部分是平原地区，另一部分为长江中下游北部山区的一部分，气候为高温多雨，且此地区的降水条件较好，因此，此地区以水稻种植为主，是河南省的“鱼米之乡”。而豫西与豫北地区多为山地丘陵区，地形条件较差，不利于农业的发展，且此地区的土壤条件较差，蓄水保水能力较差，因此这些地区的耕地面积较少。并且豫北地区的水热条件较差，农业基础水利设施不完善，更加不利于农业的发展。

二、农业水土资源匹配度空间分布特征

河南省地貌类型多样，境内平原和盆地、山地、丘陵分别占总面积的 55.7%、26.6%、17.7%，区域差异明显，豫西、豫北、豫南以山地为主，只有豫东是平原地形，但是豫西、豫北和豫南的水资源丰富，因此总的来说河南省水土资源空间分布不均衡，由此造成了水土资源匹配程度的空间分异性。本书以河南省县域单元小尺度的水土资源匹配度为研究对象，从微观尺度上对河南省的水土资源空间分布规律以及水土资源匹配度空间特征进行研究。通过计算得到河南省县域单元的水土资源匹配度系数，将河南省分为 4 类地区：匹配度较高区（$R \geqslant 0.57$ 万 m^3/hm^2）[①]、匹配度中等区（0.19 万 $m^3/hm^2 \leqslant R < 0.57$ 万 m^3/hm^2）、匹配度较低区（0.06 万 $m^3/hm^2 \leqslant R < 0.19$ 万 m^3/hm^2）、匹配度极低区（$R < 0.06$ 万 m^3/hm^2）。

匹配度较高区（$n=15$）[②]：主要分布在信阳市和驻马店市的部分地区以及南阳市、安阳市、杞县和淇县等地区。这些地区的农业用水量和耕地面积都较少，主要是因为这些地区多位于山地丘陵区，农业种植面积较少，因此农业用水量较低，导致水土资源匹配度较高（安阳市水土资源匹配度为 1.45 万 m^3/hm^2）。而位于信阳市和驻马店市的部分地区土质以及地形条件较好，并且水热条件有利于农业的发展，因此这些地区的耕地面积和农业用水量都较多，所以水土资源匹配度较高（新县水土资源匹配度为 0.9 万 m^3/hm^2）。

匹配度中等区（$n=50$）：主要分布在豫中南部地区、豫南以及豫西地区。豫西地区由于地形条件较差且水热条件一般，因此，为了农业更好地发展，需要的农业水资源量较多，但是此地区多为山地丘陵区，因此这些地区的耕地面积较少，所以水土资源匹配度较高（卢氏县水土资源匹配度为 0.41 万 m^3/hm^2）。而豫中南部地区以及豫南地区大多位于地形条件较好的平原地区，农业发展较好。由于此地区的土壤条件肥沃且水热条件良好，因此这些地区的耕地面积较高，并且由于农业基础设施建设较为完备，这些地区的农业用水量较高，因此，这些地区的水

① R 为水土资源匹配度系数。

② n 为区域数量。

土资源匹配程度一般（遂平县水土资源匹配度为 0.39 万 m^3/hm^2）。

匹配度较低区（n=48）：主要分布在南阳盆地、豫中北部地区以及豫北部分地区。南阳盆地的地形条件良好，有利于农业的发展，因此南阳盆地的耕地面积较多，而这些地区的水热条件良好并且水利设施较好，因此农业用水程度一般，造成了这些地区的水土资源匹配程度较差。豫中北部地区主要位于黄河流域附近，土壤肥沃，地形条件较好，因此这些地区的耕地面积较多。但是这些地区多位于河南省的经济带，对农业的重视程度较差，因此农作物的灌溉次数较少，造成了农业灌溉用水较少，所以匹配程度较差。豫北地区多位于太行山脉的山地丘陵区，此地区的地形条件较差，不利于农业的发展，同时此地区的经济条件较差，农业耕地面积较多，但是由于地形条件较差，并且农业基础水利设施完备程度较差，所以农业用水比重较低，因此，这些地区的水土资源匹配程度较差。

匹配度极低区（n=13）：主要分布在商丘市以及郑州市的部分地区以及安阳县、渑池县和新安县。郑州市以及商丘市位于平原地区，而安阳县、渑池县和新安县多位于山地丘陵区，这些地区的耕地面积较多，但是郑州市对于农业发展的重视程度较低，而安阳县、渑池县和新安县这些地区由于地形条件较差，农业基础水利设施不完备，农业用水量也较少，因此这些地区的水土资源匹配程度较差（新郑市水土资源匹配度为 0.03 万 m^3/hm^2、渑池县水土资源匹配度为 0.01 万 m^3/hm^2）。

河南省水土资源匹配空间差异的主要原因有：①河南省各县（市、区）农业用水比重具有较大差异。豫西南和豫东南地区平均农业用水比重为 48.4%，而豫北、豫东、豫中和豫南平均用水比重达到 51.6%，豫北、豫东、豫中和豫南的农业生产条件较好，灌溉面积较大，灌溉用水较多，但是这些地区的水资源短缺，豫西南和豫东南的水资源充沛，所以造成豫北、豫东、豫中和豫南的农业水土资源匹配程度较差，而豫西南和豫东南农业水土资源匹配程度较好，因此农业灌溉用水区域分配的矛盾使得河南省水土资源匹配呈现差异化。②水利设施及灌溉技术落后。由于豫西南和豫东南是山地地形，地下水位深，机井分布较少，而平原地区地下水位浅，土质较为疏松，具有良好的打井条件，机井分布较多，因此平原地区的灌溉用水量多于山地地区，但是依靠掘井灌溉，不仅增加了农业生产成本，而且造成了地下水严重浪费，还会产生大量的灌溉和打井碳排放，对环境构成威胁。同时据调研所知，目前河南省大多灌溉工程设施老化、灌溉技术相对落后、农户浇地困难、浇地过程中一般采用传统地面灌水技术，致使水资源开发效率低下，这也是河南省水土资源匹配程度较差的原因。③耕地面积和灌溉面积增长过快，水利设施建设滞后。1978 年河南省耕地面积为 7157.3 khm^2、灌溉面积为 3722.67 khm^2，2016 年耕地面积为 8111 khm^2，灌溉面积达到 5360.3 khm^2。1978 年灌溉面积占耕地总面积的 52%，而 2016 年占总耕地面积的 66%。耕地面积和灌溉面积的增长致使农业用水增多，但是水利设施建设不完善，使得用水效率不高，因此农业水土资源匹配程度较差。

第二节　水资源开发的碳排放效应分析

河南省水资源分布时空不均，不同县域地表水、地下水总量差异较大，导致不同地区水资源开发碳排放强度具有较大差异。2017 年河南省水资源总量为 423.06 亿 m^3，其中地表水资源量 311.24 亿 m^3，地下水资源量 206.54 亿 m^3，重复计算量 94.72 亿 m^3，河南省人均水资源拥有量较少，总体来说属于严重缺水（≤1000 m^3/人）。2017 年全省用水量 233.80 亿 m^3，其中农田灌溉用水量 108.50 亿 m^3，占总用水量的 46.41%，农业用水占了很大比重，由此带来的一系列能源消耗和环境问题也越发重要。

一、打井碳排放特征分析

由于难以获得河南省县域打井数据，因此根据调研计算出平均打井深度（图 6-1），结合机井数量求得整个县域的打井碳排放量。结果表明，打井碳排放量主要呈南高北低的分布格局。2016 年河南省打井碳排放总量是 18.03 万 t，占碳排放总量的 1.56%，在各县（市、区）打井碳排放量中，许昌市、新乡市、延津县、清丰县的碳排放量较低，分别是 0.002 万 t、0.003 万 t、0.005 万 t、0.0061 万 t，而打井碳排放量高值主要分布在孟州市、汝州市、博爱县、临颍县等，分别是 1.36 万 t、0.85 万 t、0.73 万 t、0.65 万 t（图 6-2）。豫西南地区由于是山地地形，存在浅层地下水降落漏斗，豫西南以黄褐土和黄棕壤为主，黄棕壤黏性作用比较明显，黄褐土也呈现土质黏重，结构紧实的特征，所以综上所述，由于地下水埋藏深度、打井深度和土质的原因，豫西南地区打井较为困难，且打井碳排放量较高。

二、灌溉碳排放特征分析

（一）灌溉碳排放空间分布

由于水资源分布不均，使得不同县域灌溉碳排放具有较大差异。2016 年河南省全省水资源总量为 337.3 亿 m^3，人均水资源拥有量为 312.66 m^3，总体来说属于严重缺水（≤1000 m^3/人）。2016 年全省用水量为 227.6 亿 m^3，其中农业用水 125.6 亿 m^3，占总用水量的 55.18%，农业用水占了很大比重，水资源成为河南省农业发展的限制因子。一方面，由于灌溉条件较差，会影响粮食产量，威胁粮食安全；

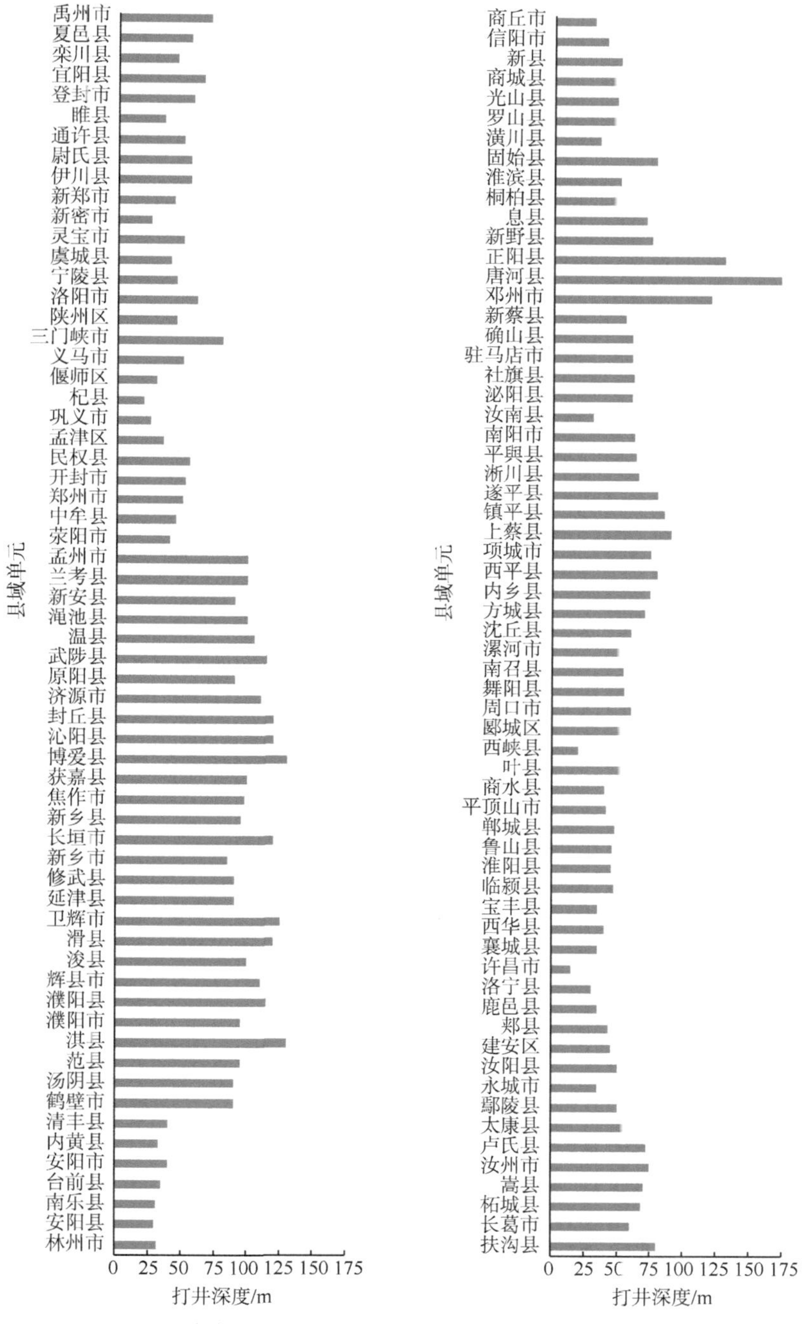

图 6-1　县域单元打井深度

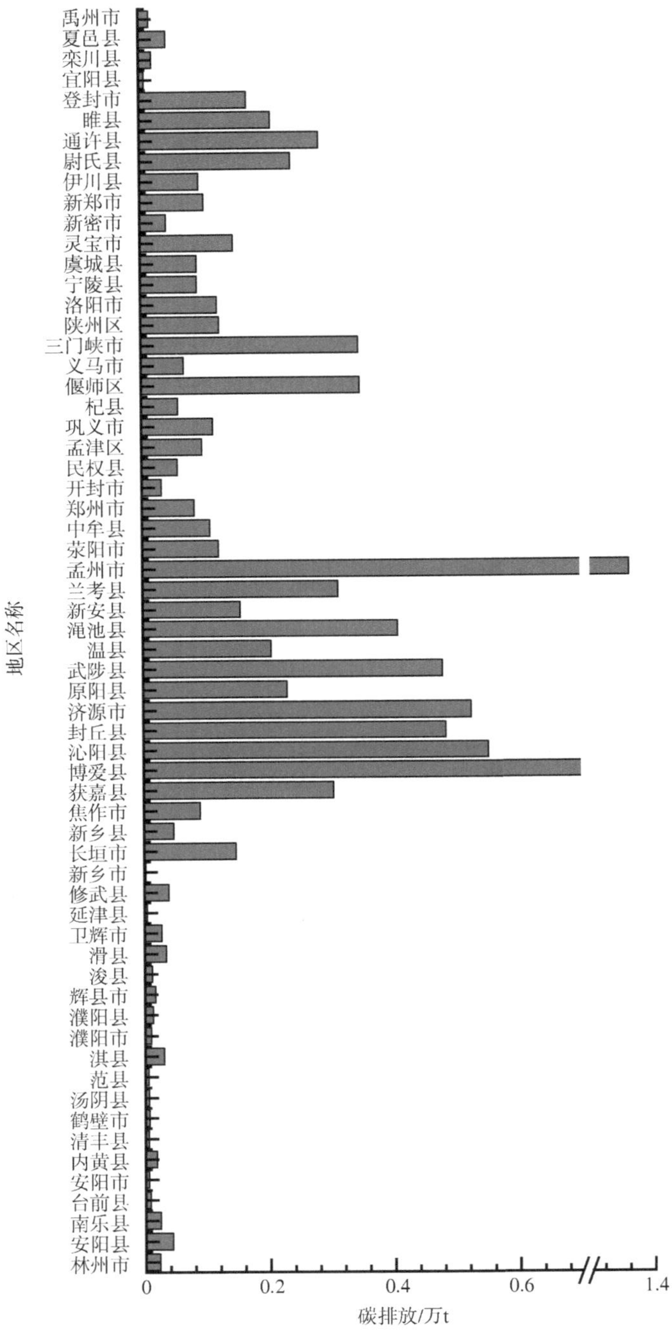
禹州市
夏邑县
栾川县
宜阳县
登封市
睢县
通许县
尉氏县
伊川县
新郑市
新密市
灵宝市
虞城县
宁陵县
洛阳市
陕州区
三门峡市
义马市
偃师区
杞县
巩义市
孟津区
民权县
开封市
郑州市
中牟县
荥阳市
孟州市
兰考县
新安县
渑池县
温县
武陟县
原阳县
济源市
封丘县
沁阳县
博爱县
获嘉县
焦作市
新乡县
长垣市
新乡市
修武县
延津县
卫辉市
滑县
浚县
辉县市
濮阳县
濮阳市
淇县
范县
汤阴县
鹤壁市
清丰县
内黄县
安阳市
台前县
南乐县
安阳县
林州市
地区名称
0
0.2
0.4
0.6
1.4
碳排放/万t
（a）

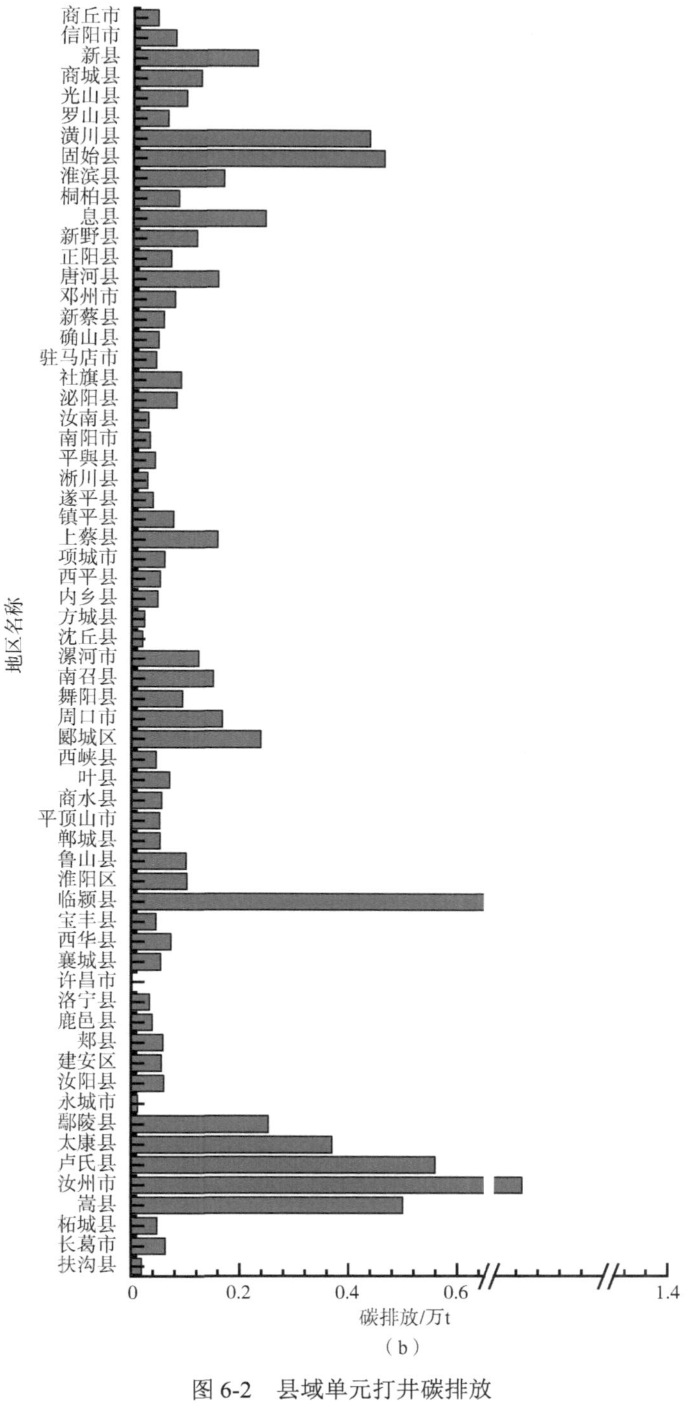

(b)

图 6-2 县域单元打井碳排放

另一方面，灌溉条件较好的地区，灌溉碳排放较高，所以单位面积碳排放粮食产量低。未来应该积极推广和应用先进灌溉技术，逐步取代漫灌方式。

河南省县域单元灌溉碳排放量总体呈东高西低、北高南低的分布格局，而灌溉碳排放强度主要呈北高南低的态势。2016 年河南省灌溉碳排放总量为 61.2 万 t，占碳排放总量的 5.3%，平均灌溉碳排放强度为 49.59 kg/hm^2。在各县（市、区）灌溉碳排放量中，浚县、商丘市、内黄县、滑县、泌阳县等的灌溉碳排放量较高，分别是 6.53 万 t、6.25 万 t、1.64 万 t、1.54 万 t、1.35 万 t，高值主要分布豫东南平原地区，此地区由于农业发达，水利设施完善、机井数量较多，便于灌溉，因此有着较高的灌溉碳排放量。栾川县、义马市、三门峡市、嵩县、淅川县等的灌溉碳排放量较低，分别是 0.000 013 万 t、0.0031 万 t、0.006 万 t、0.0087 万 t、0.028 万 t（图 6-3），因为地处山区、地势较高、地下水位深，机井数量少，灌溉不便，所以碳排放量较低。

（二）灌溉碳排放强度分析

在各县（市、区）灌溉碳排放强度中，栾川县、嵩县、淅川县、确山县、洛宁县等的碳排放强度较低，分别是 0.0076 kg/hm^2、1.59 kg/hm^2、1.86 kg/hm^2、1.92 kg/hm^2、5.24 kg/hm^2，主要分布在豫西、豫西南、豫东南、豫东等地，从调研可知，豫西、豫西南地区由于打井不便，灌溉成本较高，所以作物生长过程中几乎不灌溉或者灌溉次数较少，因此灌溉碳排放强度较低。而豫东南和豫东地区虽然灌溉碳排放量较高，但是规模化程度较高，基础水利设施较为完备，此区域的灌溉难度较小，耗能较少，碳排放强度较低，因此单位面积灌溉碳排放量较低。浚县、淇县、修武县、辉县市等的灌溉碳排放强度较高，分别达到了 651.96 kg/hm^2、186.89 kg/hm^2、153.799 kg/hm^2、119.8 kg/hm^2（图 6-4），灌溉碳排放强度的高值主要分布在豫北地区，虽然地处山区，但是豫北地区属于黄河中下游冲积平原，所以有着较好的农业发展基础，农业的发展需要投入更多的生产资料，例如浚县的灌溉碳排放强度最高，是因为浚县平均打井深度为 150 m，灌溉一亩地大概需要耗费 100 kW·h。

总体而言，灌溉碳排放强度的差异与地形条件、水资源量、自然气候、地下水位深度密切相关。地形较好的如平原地区地势平坦，耕地集中且规模化程度较高，同时由于较高的机械化程度，耕地基础水利设施的建设更容易完成，有利于节约水资源开发过程中的能源消耗和物资投入，农户在进行农作物的灌溉时更加方便快捷。而山地和丘陵地区由于耕地资源较少，地块分散且规模化程度不高，基础水利设施建设困难，因此农户在农作物种植时一般灌溉次数较少或者选择种植易管理、耐旱的作物。不同地区的水资源丰富量也影响水资源开发的碳排放强

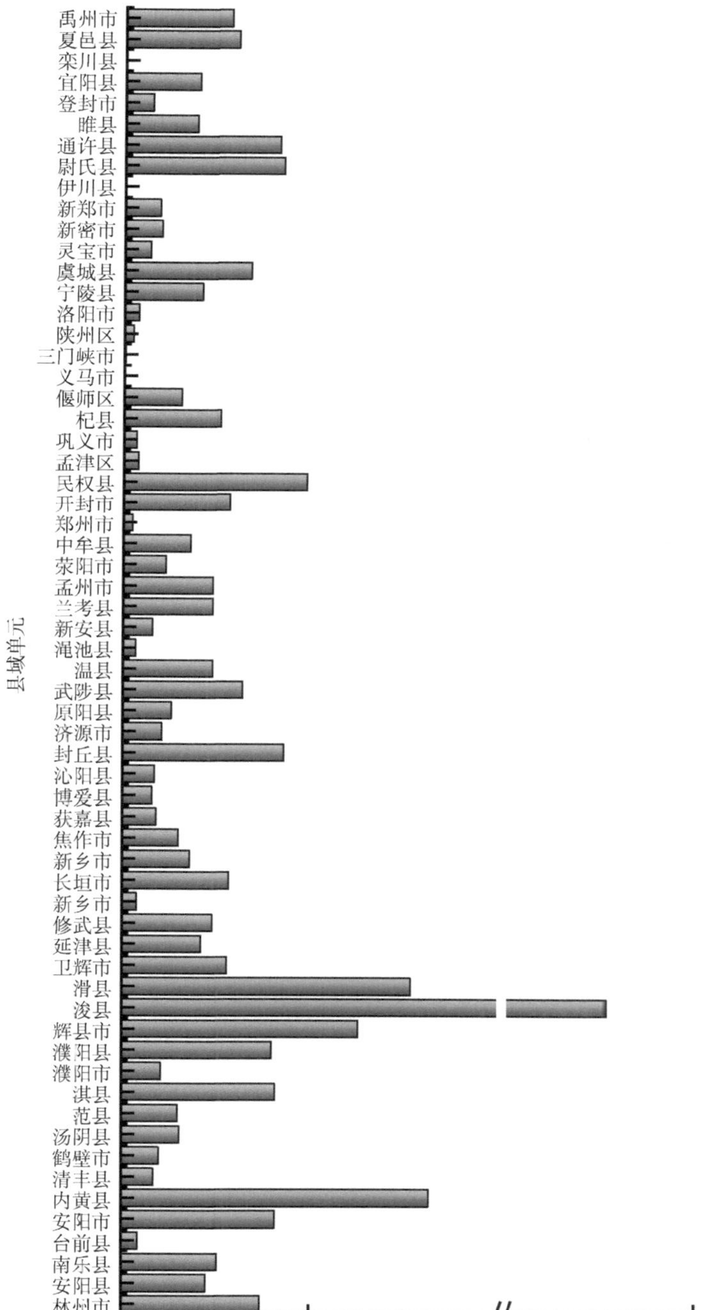
禹州市
夏邑县
栾川县
宜阳县
登封市
睢县
通许县
尉氏县
伊川县
新郑市
新密市
灵宝市
虞城县
宁陵县
洛阳市
陕州区
三门峡市
义马市
偃师区
杞县
巩义市
孟津区
民权县
开封市
郑州市
中牟县
荥阳市
孟州市
兰考县
新安县
渑池县
温县
武陟县
原阳县
济源市
封丘县
沁阳县
博爱县
获嘉县
焦作市
新乡市
长垣市
新乡市
修武县
延津县
卫辉市
滑县
浚县
辉县市
濮阳县
濮阳市
淇县
范县
汤阴县
鹤壁市
清丰县
内黄县
安阳市
台前县
南乐县
安阳县
林州市
县域单元
0
1
7
灌溉碳排放量/万t

(a)

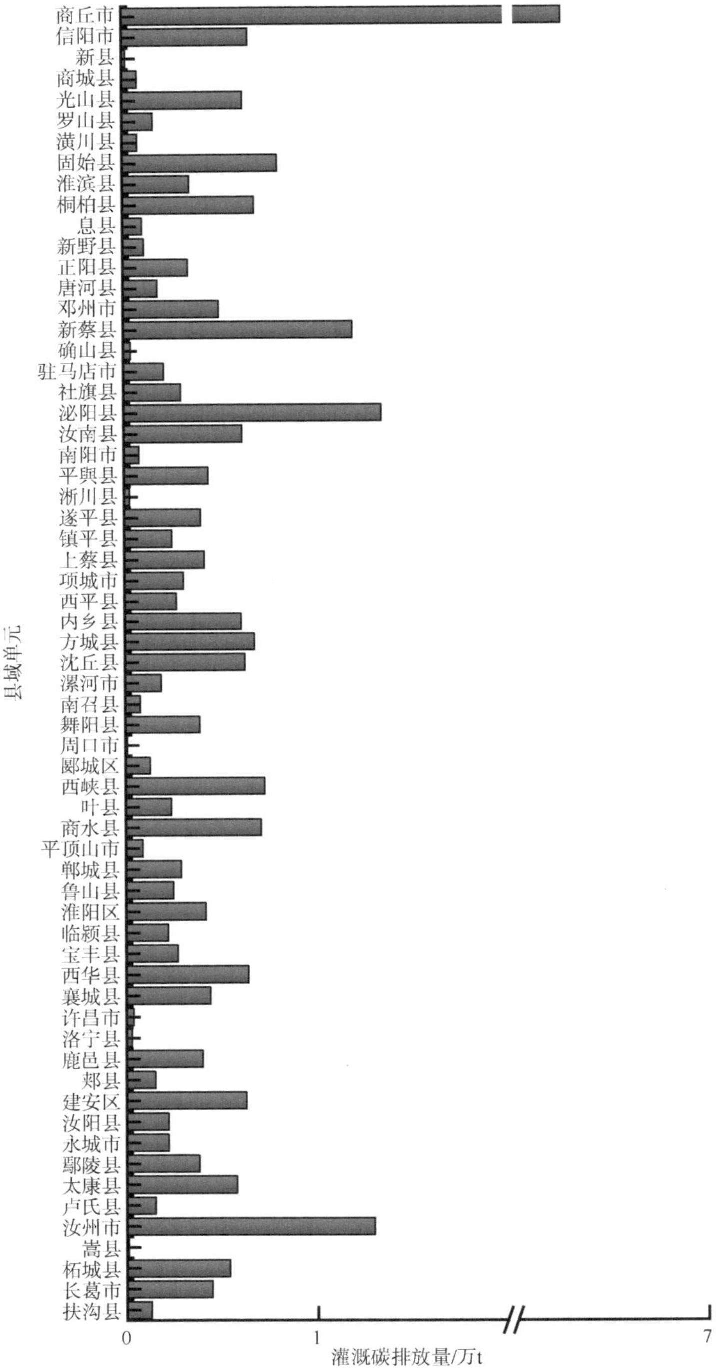

（b）

图 6-3　县域单元灌溉碳排放量

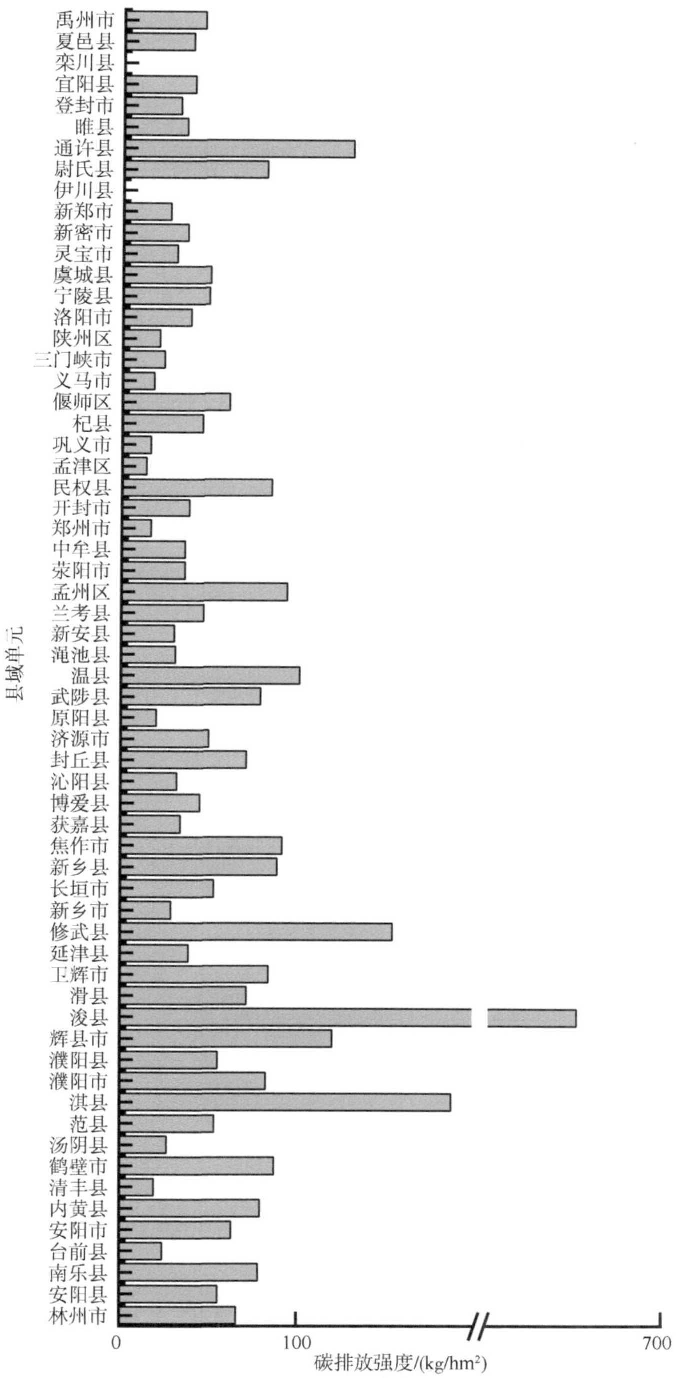
禹州市
夏邑县
栾川县
宜阳县
登封市
睢县
通许县
尉氏县
伊川县
新郑市
新密市
灵宝市
虞城县
宁陵县
洛阳市
陕州区
三门峡市
义马市
偃师区
杞县
巩义市
孟津区
民权县
开封市
郑州市
中牟县
荥阳市
孟州区
兰考县
新安县
渑池县
温县
武陟县
原阳县
济源市
封丘县
沁阳县
博爱县
获嘉县
焦作市
新乡县
长垣市
新乡市
修武县
延津县
卫辉市
滑县
浚县
辉县市
濮阳县
濮阳市
淇县
范县
汤阴县
鹤壁市
清丰县
内黄县
安阳市
台前县
南乐县
安阳县
林州市
县域单元
0
100
700
碳排放强度/(kg/hm²)

（a）

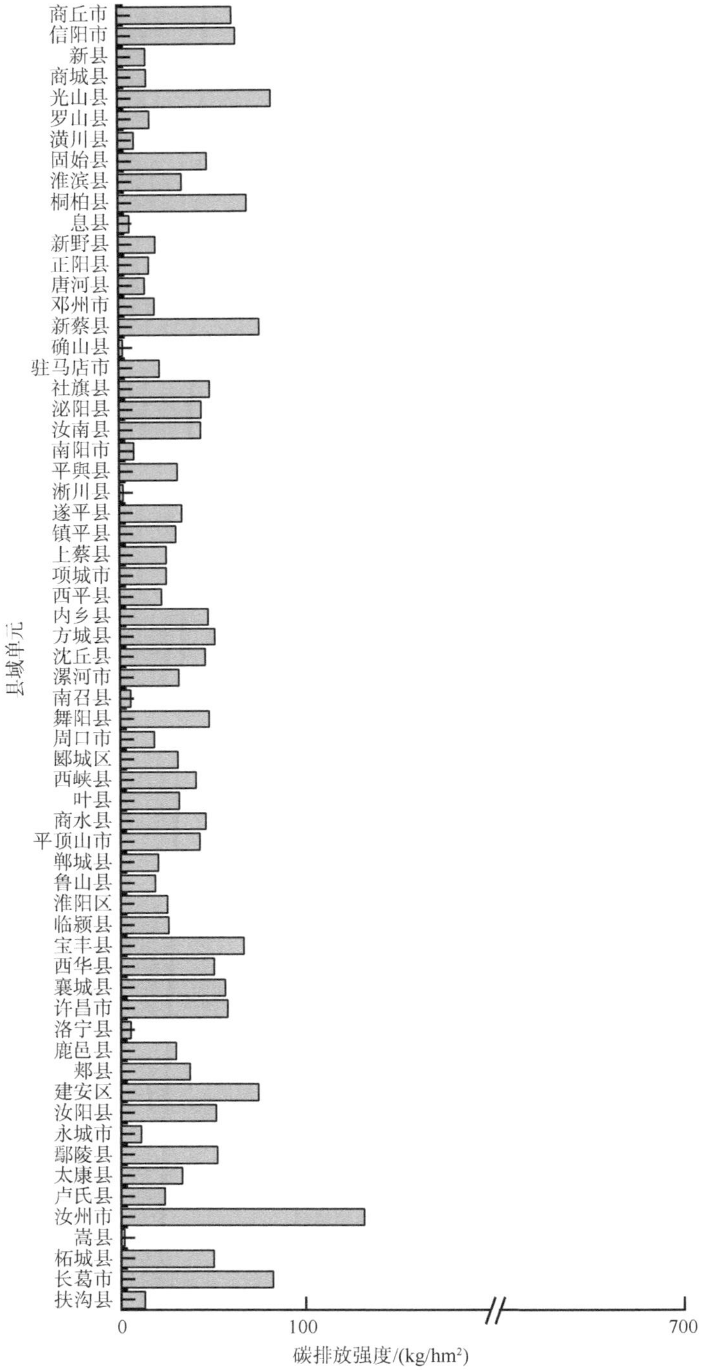

（b）

图 6-4　县域单元灌溉碳排放强度

度，地下水、地表水丰富的地区农业灌溉次数较多，而水资源匮乏的地区由于生活用水紧张，农业用水的供应量受到了一定的限制，因此农业水资源开发利用的物资和能源投入较少。自然气候（主要指降水量）和地下水位的深浅会影响农业水利设施的完善度和建设情况。地下水位较深的地区农业灌溉所用机井的数量要比地下水位较浅的地区少，降水量丰富的地区机井数量要比降水量较少的地区机井数量少。

第三节 土地资源开发的碳排放效应分析

河南省县域单元土地资源开发的碳排放强度空间分布具有南北高、豫中和豫东南低的特点，高值主要集中在濮阳县、安阳市、新乡市等地。河南省县域单元土地资源开发的碳排放强度空间差异明显，土地资源开发碳排放强度最大的县域为濮阳县，为 1375.91 kg/hm^2，最小的为新县，为 315.22 kg/hm^2，濮阳县是新县的 4.36 倍。县域空间土地资源开发碳排放强度的平均值为 853.15 kg/hm^2，大于平均值的县域为 60 个，小于平均值的县域为 65 个，两者所占比例相近。

土地资源开发利用过程中涉及农业投入的诸多环节，其中主要投入的物资为化肥、农药、柴油、农膜和耗费的电力，根据投入物资的不同，土地资源开发利用过程可以分为三个不同的阶段，分别为土地翻耕、土地投入、土地收获。

一、土地翻耕碳排放特征分析

由于地形的差异，不同地区所使用的翻耕机械明显不同。平原地区一般用大型机械进行翻耕，而山区和丘陵地区一般用小型机械进行翻耕，平原地区地势平坦、耕地资源较多、土质疏松、种植规模化程度较高，因此有着较高的土地翻耕碳排放量，而山区和丘陵地区，由于地形复杂，耕地较少，规模化程度较低，虽然土地翻耕碳排放量少于平原地区，但是其单位面积投入量高于平原地区。土地翻耕过程中一般是使用柴油，因此根据柴油用量与柴油碳排放系数，最后求得灌溉、翻耕和收获碳排放及其强度。2016 年全国农用柴油为 1492.88 万 t，河南省农用柴油为 112.44 万 t，河南省占全国用量的 7.53%，所占比重较大。

土地翻耕碳排放量主要呈东高西低的分布格局，而土地翻耕碳排放强度的分布相对较为离散（图 6-5）。2016 年河南省土地翻耕碳排放量为 55.52 万 t，占碳排放总量的 4.81%，平均土地翻耕碳排放强度为 45.13 kg/hm^2。在各县（市、区）翻耕碳排放量中，驻马店市、沁阳市、杞县、鹤壁市、武陟县等的碳排放量较低，分别是 0.0036 万 t、0.0093 万 t、0.02 万 t、0.067 万 t、0.077 万 t，土地翻耕碳排放量低值主要分布在豫西北等地，由于此地属于山区，地势起伏不平、地形复杂，

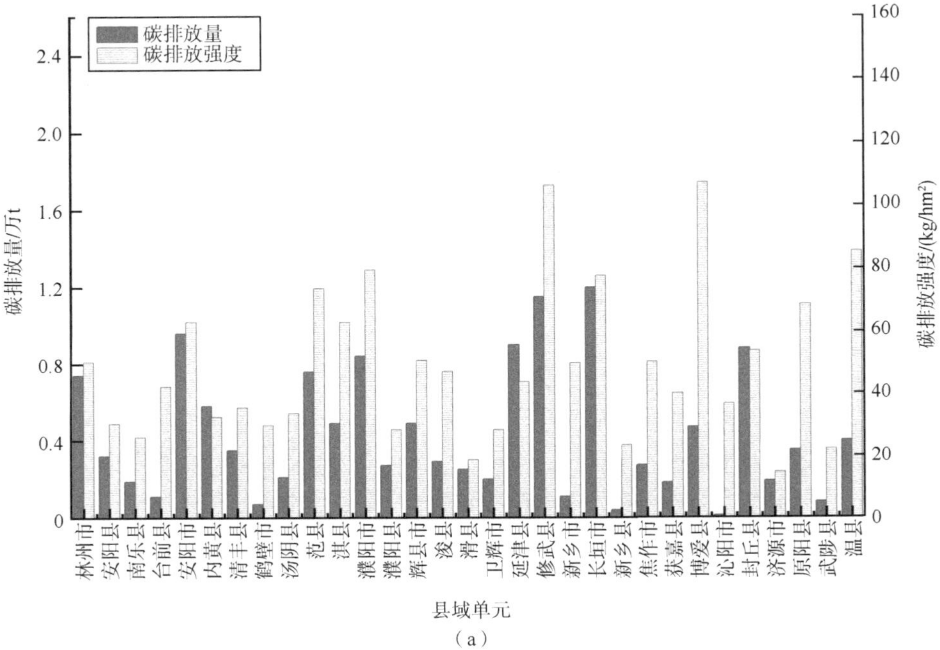
碳排放量
碳排放强度
碳排放量/万t
碳排放强度/(kg/hm²)
林州市
安阳县
南乐县
台前县
安阳市
内黄县
清丰县
鹤壁市
汤阴县
范县
淇县
濮阳市
濮阳县
辉县市
浚县
滑县
卫辉市
延津县
修武县
新乡市
长垣市
新乡县
焦作市
获嘉县
博爱县
沁阳市
封丘县
济源市
原阳县
武陟县
温县
县域单元

（a）

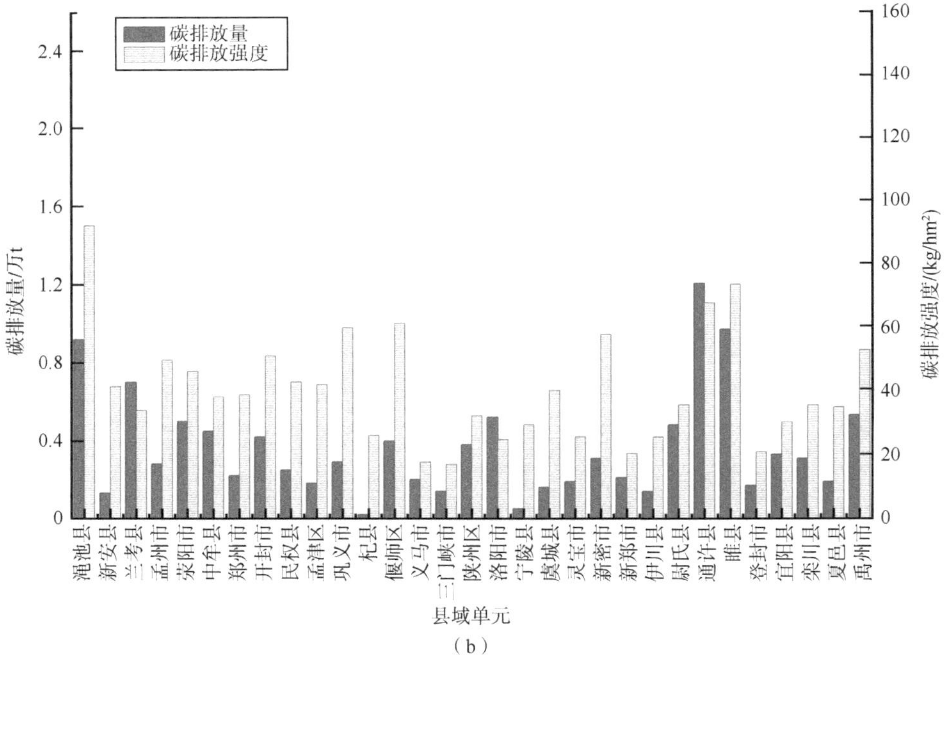
碳排放量
碳排放强度
碳排放量/万t
碳排放强度/(kg/hm²)
渑池县
新安县
兰考县
孟州市
荥阳市
中牟县
郑州市
开封市
民权县
孟津区
巩义市
杞县
偃师区
义马市
三门峡市
陕州区
洛阳市
宁陵县
虞城县
灵宝市
新密市
新郑市
伊川县
尉氏县
通许县
睢县
登封市
宜阳县
栾川县
夏邑县
禹州市
县域单元

（b）

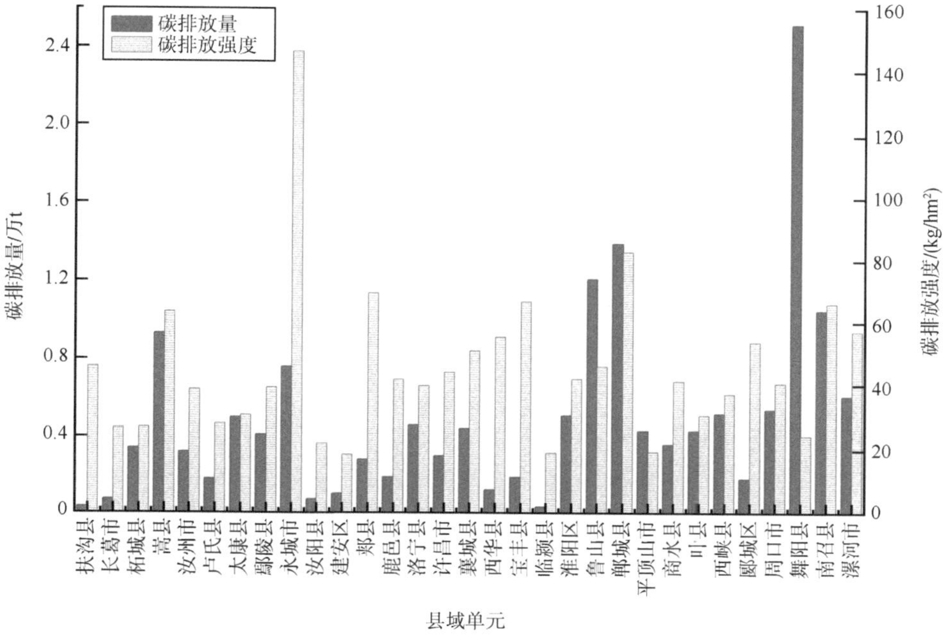

（c）

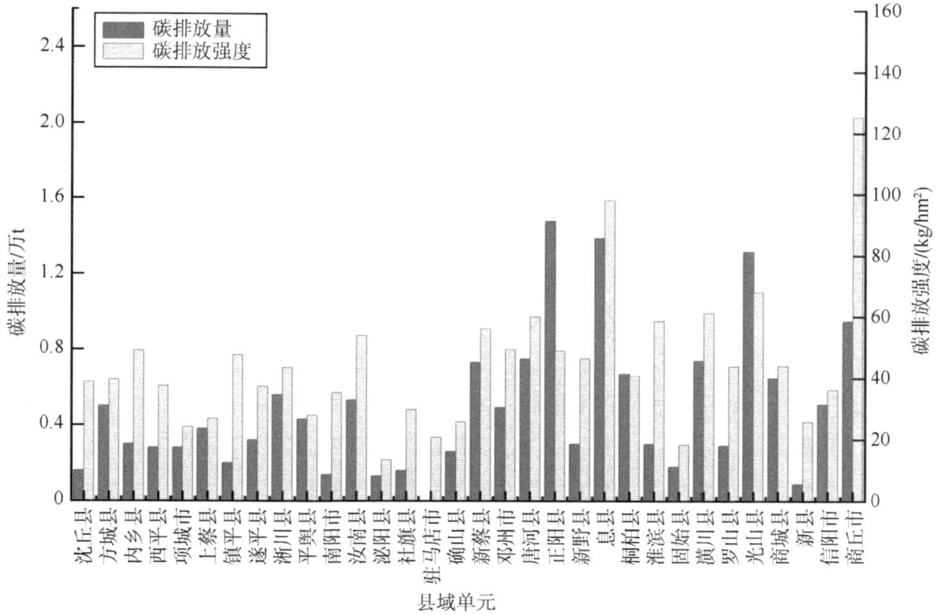

（d）

图 6-5　土地翻耕碳排放量与碳排放强度

种植规模化程度低，不便于大型农用机械进行土地翻耕，因此碳排放量较低。舞阳县、正阳县、郸城县、息县、光山县的翻耕碳排放量较高，分别是 2.52 万 t、1.48 万 t、1.39 万 t、1.39 万 t、1.32 万 t，土地翻耕碳排放量高值主要分布在豫东地区，此地地势平坦，种植规模化程度较高，便于大型机械进行翻耕，因此碳排放量较高。在各县（市、区）土地翻耕碳排放强度中，泌阳县、济源市、三门峡市、义马市等的碳排放强度较低，分别是 13.25 kg/hm^2、14.38 kg/hm^2、17.13 kg/hm^2、17.90 kg/hm^2，土地翻耕碳排放强度较高的地区主要有永城市、商丘市、博爱县、修武县等，分别是 146.23 kg/hm^2、125.33 kg/hm^2、107.12 kg/hm^2、106.31 kg/hm^2。

二、土地投入碳排放特征分析

土地投入是农业生产活动中至关重要的一环，本书的土地投入是指化肥施用、喷洒农药和使用农用塑料薄膜等，在目前农业生产技术条件下，土地投入强度与粮食产量有重要的联系，因此未来需要推广和应用先进的农业生产技术，实现提高单位土地投入的粮食产量和降低单位粮食产量的碳排放强度两个目标，以更少的资源消耗和更低的碳排放，实现粮食稳产增产。根据前文的化肥和农药碳排放系数计算出不同样点的碳排放强度，然后由点到面计算出整个县域的化肥和农药碳排放量，农药塑料薄膜数据根据 2017 年各市统计年鉴得到，同样根据公式（3-2）计算得到不同县域的农膜碳排放。最后将三种碳源（化肥、农药、农膜）碳排放汇总，得到土地投入碳排放量。

河南省县域土地投入碳排放量总体呈东南高、西北低的分布格局，其碳排放强度的分布具有南北高、豫中和豫东南低的特点，土地投入碳排放量集聚程度高于碳排放强度（图 6-6）。2016 年土地投入碳排放总量为 938.03 万 t，占碳排放总量的 81.3%，其平均碳排放强度为 743.76 kg/hm^2。在各县（市、区）土地投入碳排放量中，商丘市、泌阳县、邓州市、内黄县、正阳县等的碳排放量较高，分别是 58.88 万 t、31.07 万 t、21.65 万 t、20.94 万 t、19.59 万 t，其分别占土地投入碳排放总量的 6.28%、3.31%、2.31%、2.23%和 2.1%，土地投入碳排放量高值主要分布在豫东南；土地投入碳排放量较小的地区主要是义马市、三门峡市、新县、周口市、许昌市等，其值是 0.14 万 t、0.22 万 t、0.45 万 t、0.49 万 t、0.55 万 t，土地投入碳排放量低值主要分布在豫西北地区。在各县（市、区）土地投入碳排放强度中，濮阳市、武陟县、淅川县、新乡县、长垣市等的碳排放强度较高，其土地投入碳排放强度分别是 1257.23 kg/hm^2、1178.44 kg/hm^2、1151.7 kg/hm^2、1082.52 kg/hm^2、1056.3 kg/hm^2。由于豫东南是重要的商品粮基地，因此在农业生产过程中化肥、农药、农膜等投入量较高，有着较高的碳排放量，但是豫东南地区耕地面积广阔、地势平坦，单位面积碳排放量较低。土地投入碳排放强度较高的县（市、区）主要分布在豫北和豫南山区（图 6-6）。由于耕地较少、种植规模化程度较低等原因，为了片面追求高产，一般单位面积土地投入的量较大，所以有较高的土地投入碳排放强度。

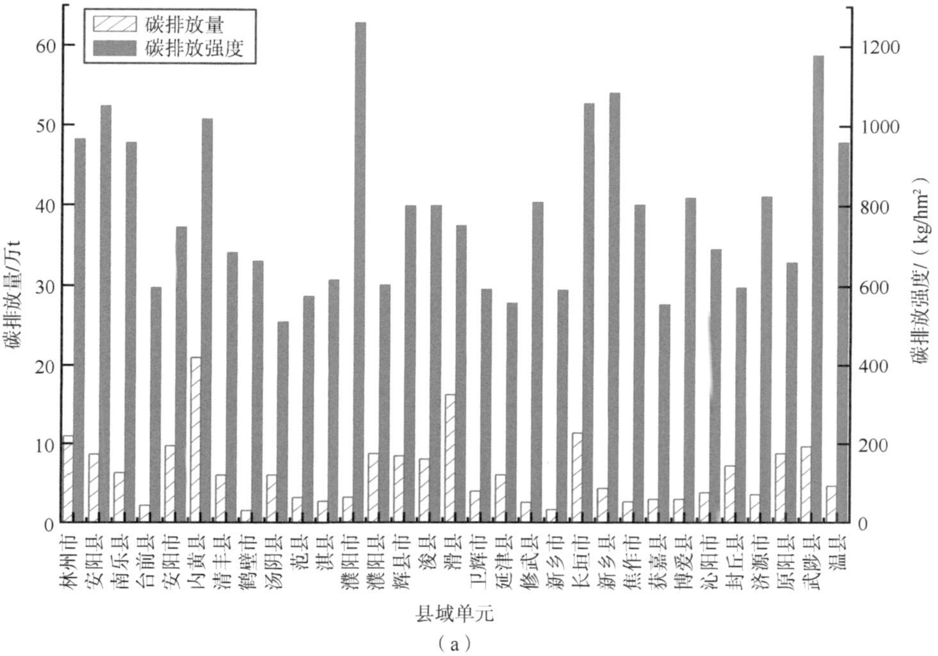

（a）

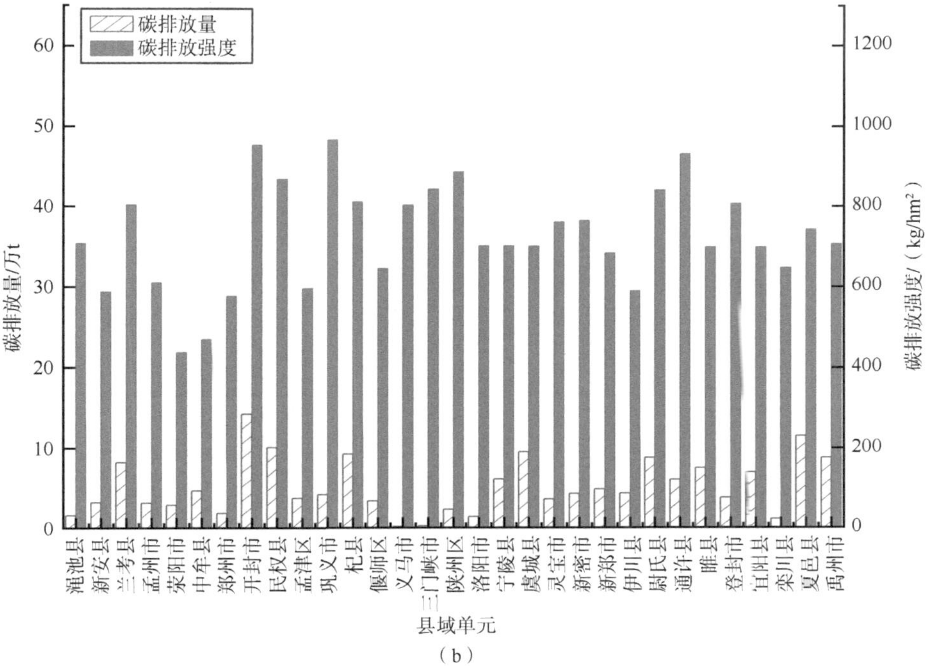

（b）

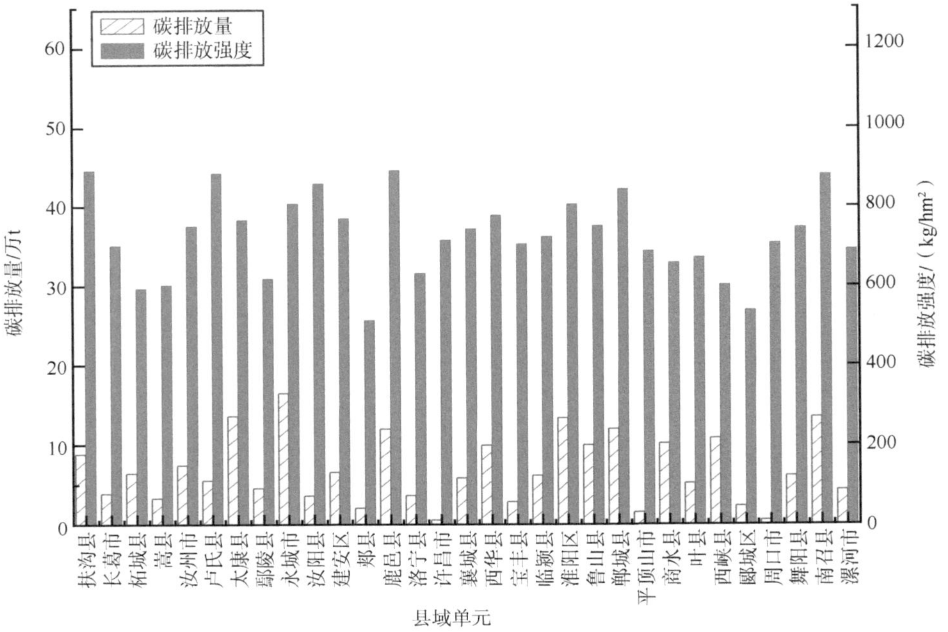

（c）

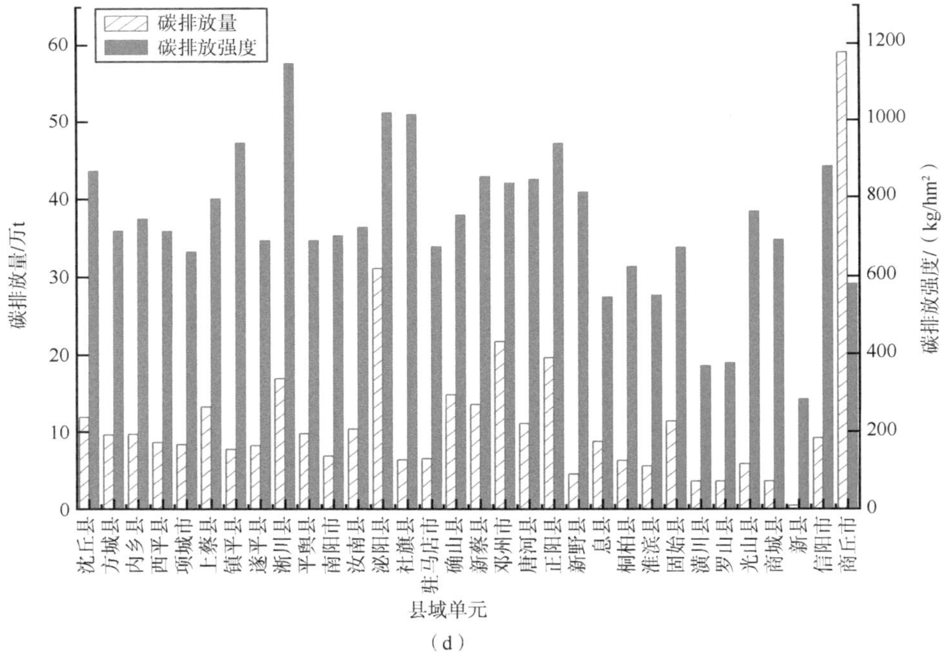

（d）

图 6-6　土地投入碳排放量与碳排放强度

由于土地投入包括了化肥施用、喷洒农药和使用农用塑料薄膜等，各种碳源所产生的碳排放量不同，因此本章在土地投入的基础上，对土地投入过程中不同碳源进行具体分析，以便提出差别化的低碳土地资源开发政策建议。

（一）化肥碳排放特征分析

化肥施用后，被吸收的只有 30%～40%，而绝大部分损失于大气中（朱兆良，2000；Bouwman et al.，2002）。化肥碳排放量是指所有不同作物类型（小麦、玉米、花生、水稻、大豆）的碳排放量之和，运用 ArcGIS 自然断点法，将化肥碳排放量和化肥碳排放强度分为 5 类，结果如图 6-7 所示。2016 年，河南省约施用化肥 806.66 万 t，化肥碳排放总量达到 857.09 万 t，相当于 3142.66 万 t 二氧化碳当量，其占碳排放总量的 74.28%。发达国家认为单位面积化肥施用量不能超过 225 kg/hm^2（张鹏岩等，2017），但是河南省平均化肥施用强度达到了 642.44 kg/hm^2，远远超过该预警值。从不同作物类型化肥施用强度来看，小麦平均单位面积施用量为 619.05 kg/hm^2，玉米平均单位面积施用量为 615.03 kg/hm^2，花生平均单位面积施用量为 619.05 kg/hm^2，由此可见，河南省主要类型作物化肥施用强度很高，因此化肥碳排放总量也有较高水平。

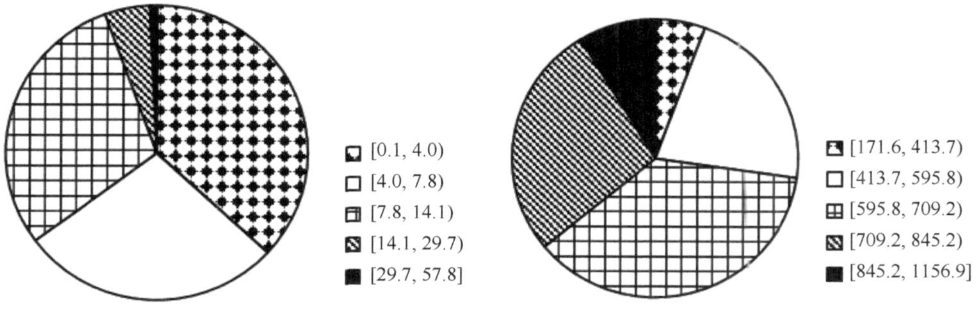

（a）化肥碳排放量/t　　（b）化肥碳排放强度/(kg/hm^2)

图 6-7　化肥碳排放量和化肥碳排放强度分类构成

河南省县域化肥碳排放量总体呈东南高、西北低的分布格局，碳排放强度呈两端高中间低的状态，化肥碳排放量集聚程度高于碳排放强度。在各县（市、区）化肥碳排放量中，商丘市、泌阳县、邓州市、内黄县、正阳县等的碳排放量较高，分别是 57.81 万 t、29.70 万 t、19.78 万 t、18.65 万 t、15.08 万 t，其分别占化肥碳排放总量的 6.7%、3.5%、2.3%、2.2%和 1.8%，化肥碳排放量高值主要分布在豫东南；化肥碳排放量较小的地区主要是义马市、三门峡市、新县、周口市、许昌市等，其值是 0.12 万 t、0.18 万 t、0.27 万 t、0.48 万 t、0.52 万 t，分别占化肥碳排放总量的 0.014%、0.021%、0.032%、0.056%、0.061%。化肥碳排放量低值主要分布在豫西北地区。在各县（市、区）化肥碳排放强度中，武陟县、新乡县、长垣市、淅川县、泌阳县等的碳排放强度较高，其化肥碳排放强度分别是 1156.99 kg/hm²、1072.79 kg/hm²、1023.20 kg/hm²、1017.42 kg/hm²、977.15 kg/hm²（图 6-8）。由于豫东南是重要的商品粮基地，主要种植小麦和玉米，且种植规模化程度较高，在农业生产过程中氮肥投入量较高，因此有着较高的化肥碳排放量。而豫西总体属于山地地区，地形复杂，种植规模化程度较低，相对而言，化肥碳排放量也较低。化肥的施用量与粮食产量有重要关系，豫北和豫南山区由于土地贫瘠，单位面积化肥施用强度较高，因此有着较高的化肥碳排放强度。

借用张志高等（2017）的方法，对全省各县（市、区）农业水土资源开发碳排放总量及强度进行分区，按照小于平均值的 0.8 倍、[0.8, 1)倍、[1, 1.2)倍、大于等于 1.2 倍将各县（市、区）农业碳排放量划分为低碳排放区、中度排放区、较高排放区和高碳排放区四种类型，同样将农业碳排放强度划分为 1 级强度、2 级强度、3 级强度和 4 级强度，以便于不同地区进行横向比较。2016 年化肥低碳排放区有 59 个，包括义马市、三门峡市、新县、周口市、洛阳市等，与前面的农业低碳排放区个数相似，说明化肥对于农业碳排放有很高的贡献；中度排放区有 14 个，有襄城县、舞阳县、宁陵县、临颍县、南阳市等；较高排放区有 14 个，包括睢县、林州市、汝州市、封丘县、尉氏县、兰考县等；化肥高碳排放区有 38 个，主要有禹州市、信阳市、濮阳县、固始县、商丘市、永城市等，其分别占总数的 47.2%、11.2%、11.2%、30.4%，化肥碳排放分布一般比较集中（图 6-8）。1 级强度化肥碳排放区有 14 个，包括新县、潢川县、罗山县、息县、郑州市等，主要分布在豫东南地区，豫中地区也有少许分布；2 级强度碳排放区有 54 个，主要有固始县、商丘市、南阳市、驻马店市、濮阳市等；3 级强度碳排放区有 24 个，主要有许昌市、周口市、汝州市、济源市、三门峡市、永城市等；4 级强度碳排放区有 33 个，主要有开封市、信阳市、焦作市、邓州市等，其分别占总数的 11.2%、43.2%、19.2%和 26.4%，在分布上，各级化肥碳排放强度分布呈离散状态。

（二）农药碳排放特征分析

本次调研的农药种类主要有两种，分别是除草剂和杀虫剂，因此在引用农药碳排放系数的时候只用了除草剂和杀虫剂的平均值。农药也是重要的农业碳排放源，现代杀虫剂几乎完全是由原油或天然气产品生成的，因此，农药碳排放不仅包括了直接的碳排放输出，还包括了农药生产所需要的原料、包装、制作、运输等间接过程。李贵宝（1997）研究表明，农药施用过程中，只有 10%～20%的药剂作用于作物，30%左右扩散到大气中，因此农药是否高效利用对农业生产效率有着重要的影响。通过调研发现，河南省目前存在农药利用效率不高，农药施用过量等问题。2016 年河南省农药施用总量达 13 万 t，单位面积用量 10.59 kg/hm²，

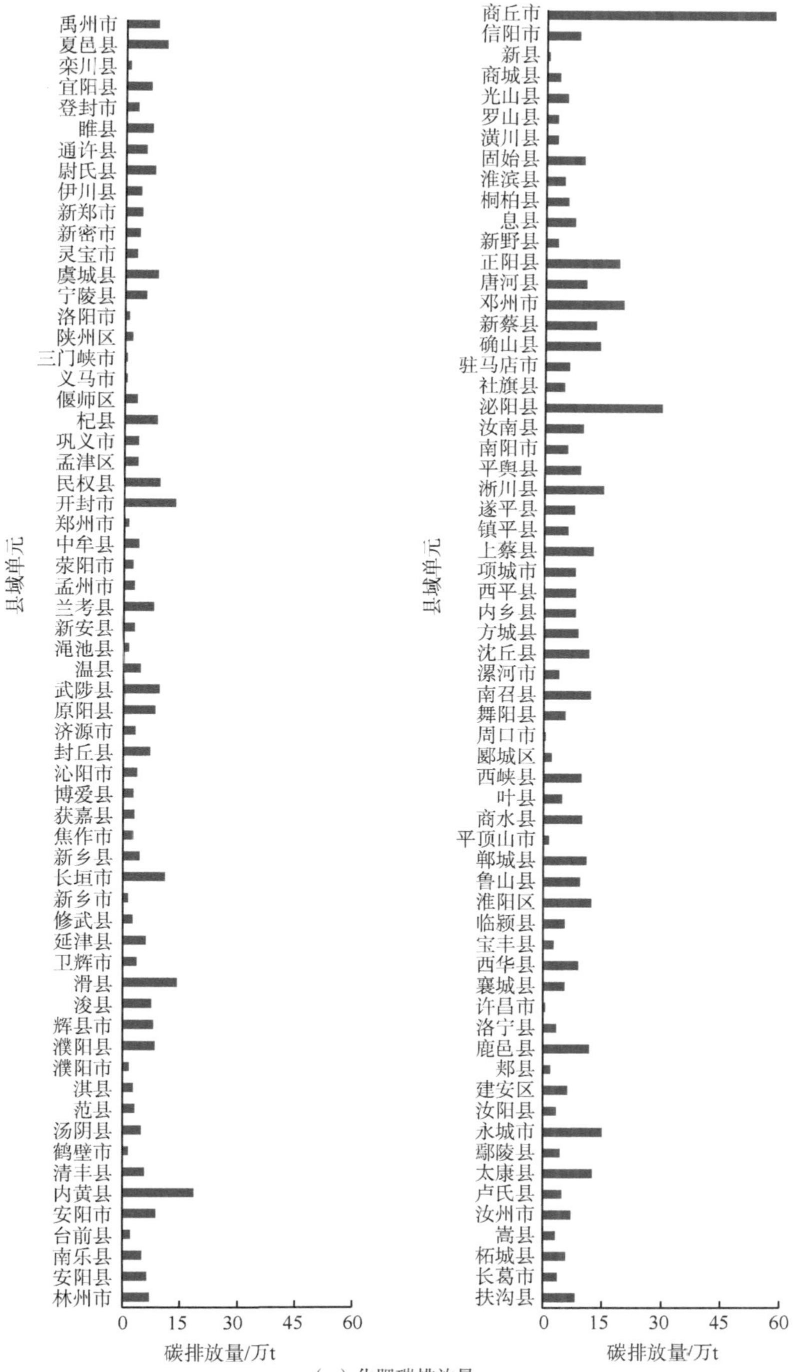
县域单元
禹州市
夏邑县
栾川县
宜阳县
登封市
睢县
通许县
尉氏县
伊川县
新郑市
新密市
灵宝市
虞城县
宁陵县
洛阳市
陕州区
三门峡市
义马市
偃师区
杞县
巩义市
孟津区
民权县
开封市
郑州市
中牟县
荥阳市
孟州市
兰考县
新安县
渑池县
温县
武陟县
原阳县
济源市
封丘县
沁阳市
博爱县
获嘉县
焦作市
新乡县
长垣市
新乡市
修武县
延津县
卫辉市
滑县
浚县
辉县市
濮阳县
濮阳市
淇县
范县
汤阴县
鹤壁市
清丰县
内黄县
安阳市
台前县
南乐县
安阳县
林州市
0
15
30
45
60
碳排放量/万t
县域单元
商丘市
信阳市
新县
商城县
光山县
罗山县
潢川县
固始县
淮滨县
桐柏县
息县
新野县
正阳县
唐河县
邓州市
新蔡县
确山县
驻马店市
社旗县
泌阳县
汝南县
南阳市
平舆县
淅川县
遂平县
镇平县
上蔡县
项城市
西平县
内乡县
方城县
沈丘县
漯河市
南召县
舞阳县
周口市
郾城区
西峡县
叶县
商水县
平顶山市
郸城县
鲁山县
淮阳区
临颍县
宝丰县
西华县
襄城县
许昌市
洛宁县
鹿邑县
郏县
建安区
汝阳县
永城市
鄢陵县
太康县
卢氏县
汝州市
嵩县
柘城县
长葛市
扶沟县
0
15
30
45
60
碳排放量/万t

（a）化肥碳排放量

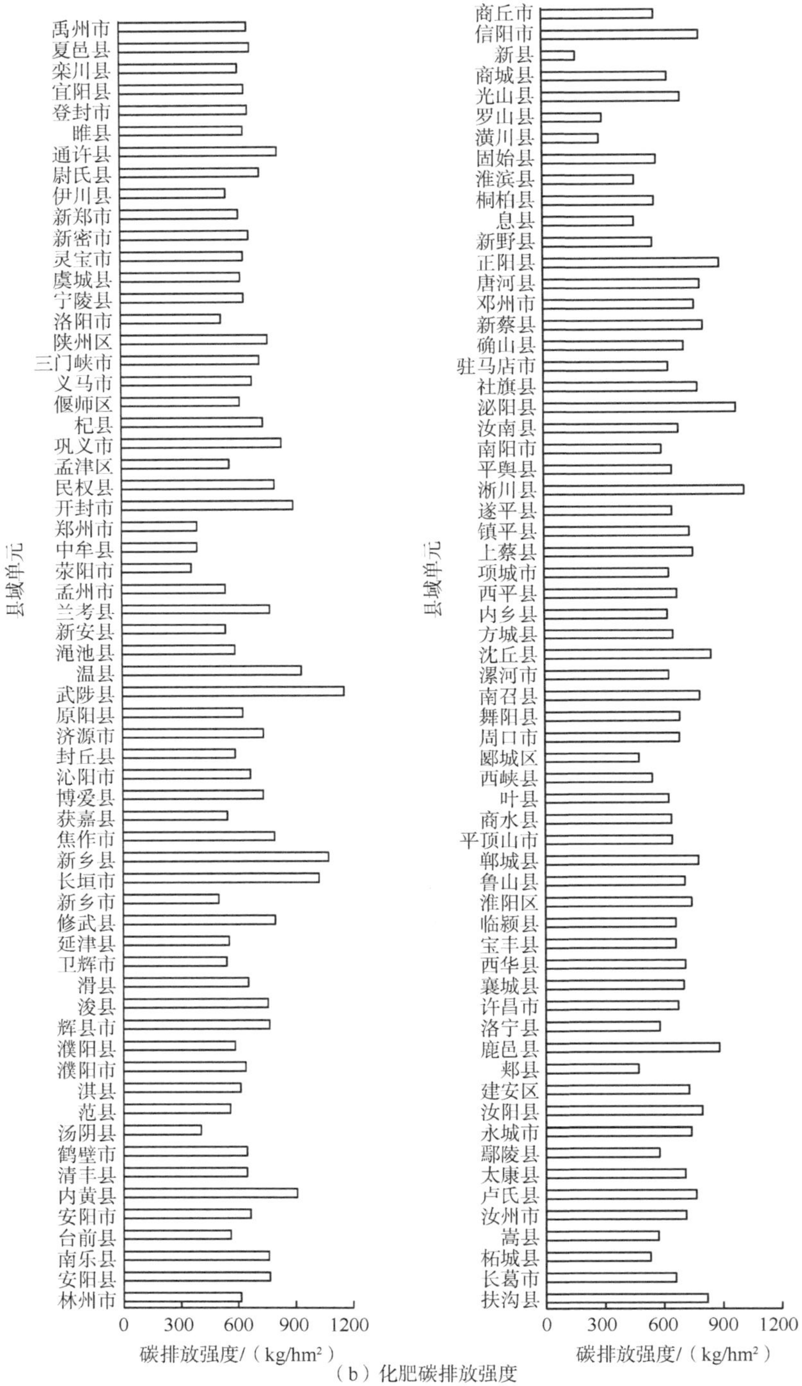

（b）化肥碳排放强度

图 6-8　县域单元化肥碳排放量和碳排放强度

2011 年全国化肥用量约是 33.43 万 t，国际上同期单位面积农药用量分别是：印度是 0.5 kg/hm^2、美国是 1.5 kg/hm^2、欧洲是 1.9 kg/hm^2（蔡良彤，2014），河南省单位面积施用量分别是全国、印度、美国、欧洲的 36 倍、21.18 倍、7.06 倍、5.57 倍。

河南省县域单元农药碳排放量总体呈东南高、西北低的分布格局，而碳排放强度高值区主要分布在豫东、豫南和豫北等地。在各县（市、区）农药碳排放量中，商丘市、永城市、邓州市、新蔡县、开封市等的碳排放较高，分别是 0.986 万 t、0.6 万 t、0.35 万 t、0.39 万 t、0.31 万 t，分别占碳排放总量的 5.14%、3.13%、1.83%、2.03%和 1.6%，农药碳排放高值区主要分布在豫东和豫南等地，该地农业发展程度较高，是重要的产粮基地，因此需要投入大量的农药。农药碳排放量较小的地区主要是栾川县、三门峡市、洛阳市、洛宁县等，农药碳排放量分别是 0.0008 万 t、0.002 万 t、0.03 万 t、0.03 万 t（图 6-9），主要分布在豫西北、信阳市等山区，由于地势、耕地面积等原因，农业发展较为滞后，因此有较少的碳排放量。在各县（市、区）农药碳排放强度中，栾川县、新县、罗山县、南召县的强度较低，分别是 0.45 kg/hm^2、1.26 kg/hm^2、4.77 kg/hm^2、5.02 kg/hm^2（图 6-10），主要分布在豫西、豫东南等山区，由于碳排放总量较少，且耕地面积也少，所以有较低的农药碳排放强度。而碳排放强度高值主要分布在豫东等平原地区，主要有通许县、永城市、新蔡县、开封市、周口市等，据实地调研所知，此地一般存在农药施用浓度过高、施用过量等问题，因此有着较高的碳排放强度。

采用前文的方法，将农药碳排放量和强度分为 4 个等级，2016 年农药低碳排放区有 65 个，包括栾川县、三门峡市、新县、义马市等，与前面的农业低碳排放区个数也相似，说明农药对于农业碳排放同样有较高的贡献；中度排放区有 10 个，有长垣市、淅川县、驻马店市、卫辉市、中牟县等；较高排放区有 8 个，包括上蔡县、林州市、杞县、汝州市等；高碳排放区有 42 个，主要有固始县、滑县、邓州市、新蔡县、永城市、商丘市等，其分别占总数的 52%、8%、6.4%、33.6%。1 级强度化肥碳排放区有 42 个，包括栾川县、新县、罗山县、鹿邑县、嵩县等，主要分布在豫西地区，豫中地区也有少许分布；2 级强度碳排放区有 30 个，主要有濮阳市、建安区、邓州市、驻马店市、郑州市等；3 级强度碳排放区有 18 个，主要有清丰县、义马市、新乡市、焦作市、鹤壁市等；4 级强度碳排放区有 35 个，主要有开封市、周口市、汝州市、安阳市、新蔡县、永城市等，其分别占总数的 33.6%、24%、14.4%和 28%。农药碳排放量和碳排放强度分布一般比较集中，农药碳排放量高值区亦是碳排放强度高值区，农药碳排放量高值主要分布在豫东南等平原地区。

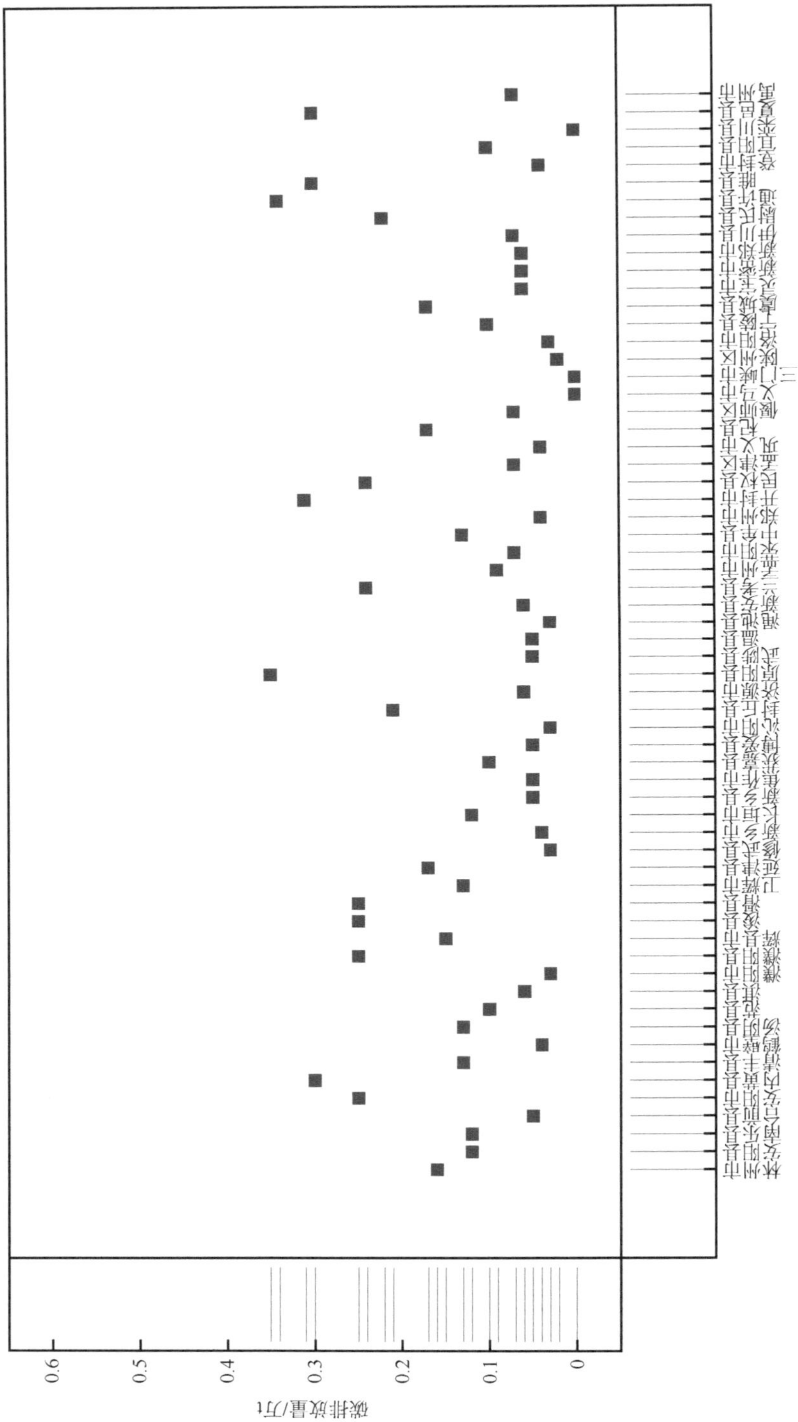

(a)

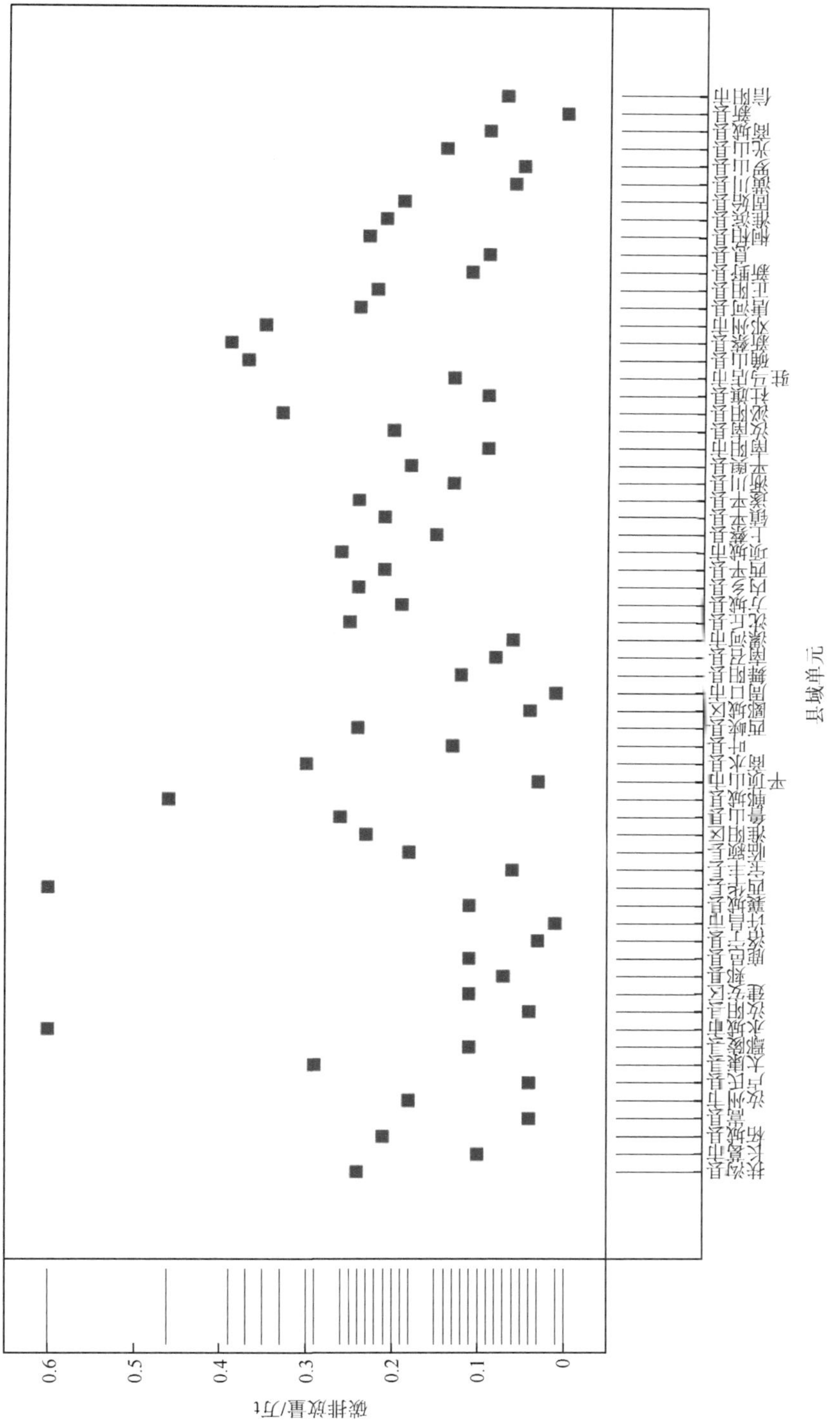

（b）

图6-9　农药碳排放量

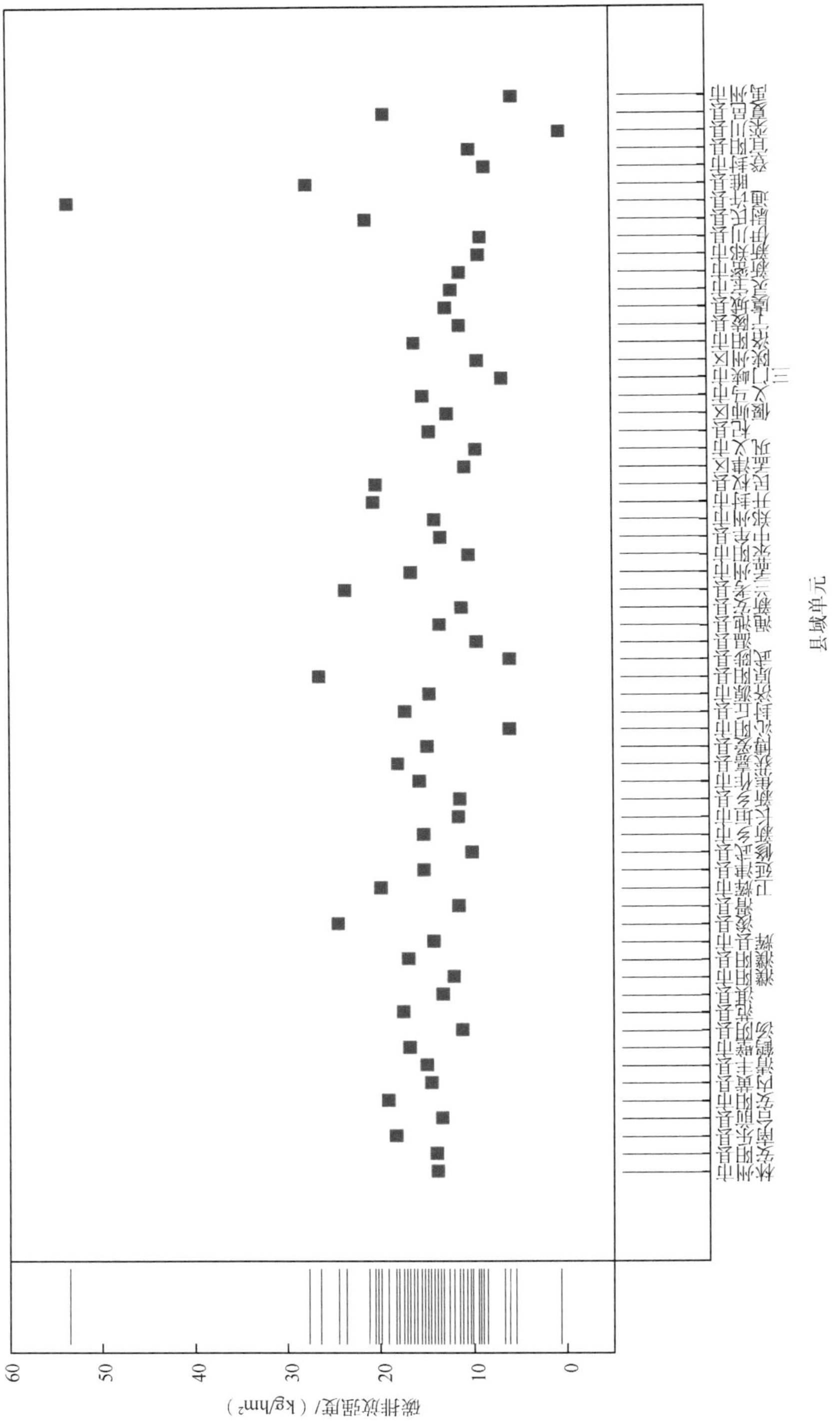

（a）

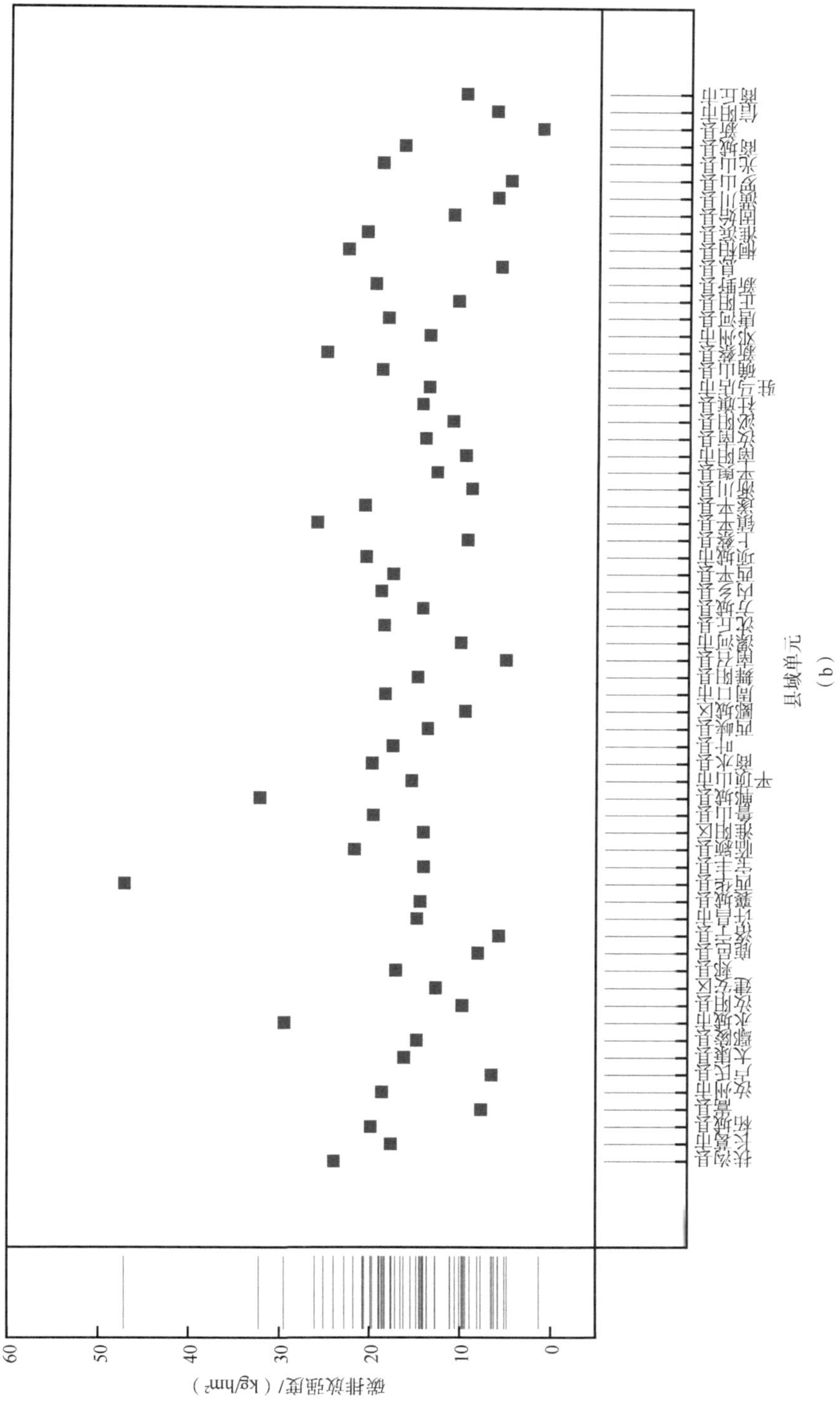

图6-10　农药碳排放强度

（三）农膜碳排放特征分析

由于调研过程很少获悉农膜的使用情况，因此参考2016年各地级市统计年鉴数据，获得各县（市、区）的农用塑料薄膜使用量，根据农膜的碳排放系数，最后求得县域农膜碳排放。农膜的生产、制作和运输过程都存在直接或间接的碳排放，使用农膜也会对生态环境和土壤造成严重的影响。2016年河南省农膜使用总量达15.625万t，同年全国的农膜使用量是260.3万t，河南省的农膜使用量占全国的6%，由此可见农膜也是重要的农业碳源。

河南省县域单元农膜碳排放量总体呈两端高中间低的分布格局，农膜碳排放强度呈西高东低的特征。2016年河南省农膜碳排放总量是80.94万t，占碳排放总量的7.01%，在各县（市、区）农膜碳排放量中，淇县、周口市、义马市、三门峡市等的农膜碳排放量较低，分别是0.0083万t、0.017万t、0.021万t、0.031万t；农膜碳排放量高值主要分布在林州市、安阳市、内黄县、滑县、淅川县等，分别是3.95万t、2.33万t、2.24万t、2.05万t、1.97万t（图6-11）。在各县（市、区）农膜碳排放强度中，淇县、延津县、获嘉县、封丘县的农膜碳排放强度较低，分别是1.89 kg/hm^2、4.45 kg/hm^2、9.16 kg/hm^2、9.28 kg/hm^2，而农膜碳排放强度高值分布在濮阳市、林州市、安阳县、新野县等，分别是617.89 kg/hm^2、349.32 kg/hm^2、282.4 kg/hm^2、259.29 kg/hm^2（图6-12）。

三、土地收获的碳排放特征分析

土地收获碳排放是指机械收获过程中，由于柴油、汽油等能源使用而产生的碳排放。河南省是农业大省，以种植小麦和玉米为主。目前，小麦收割机械化已达到较高水平，随着农业的发展，近几年土地收获碳排放将保持稳定的增长。但是由于不同县域资源禀赋、地形条件、农业机械化程度等方面存在差异，因此各地的土地收获碳排放相应也存在差异。

土地收获碳排放量及其强度主要呈东南高、西北低的分布格局。2016年土地收获碳排放总量为61.89万t，占碳排放总量的5.36%，全省平均土地收获碳排放强度为49.22 kg/hm^2。在各县（市、区）的土地收获碳排放量中，卢氏县、三门峡市、新县、博爱县等的碳排放强度较低，分别是0.01万t、0.012万t、0.02万t、0.03万t，土地收获碳排放量低值主要分布在豫西北等地，由于此地属于山区，耕地资源相对较少，且地势起伏不平、地形复杂，不便于大型农用机械收获，农用小型机械具有优先级，因此碳排放量较低。商丘市、新蔡县、沈丘县、淮阳区、永城市等的土地收获碳排放量较高，分别是2.04万t、1.63万t、1.63万t、1.54万t、1.47万t（图6-13），其分别占土地收获碳排放量的3.3%、2.63%、2.63%、

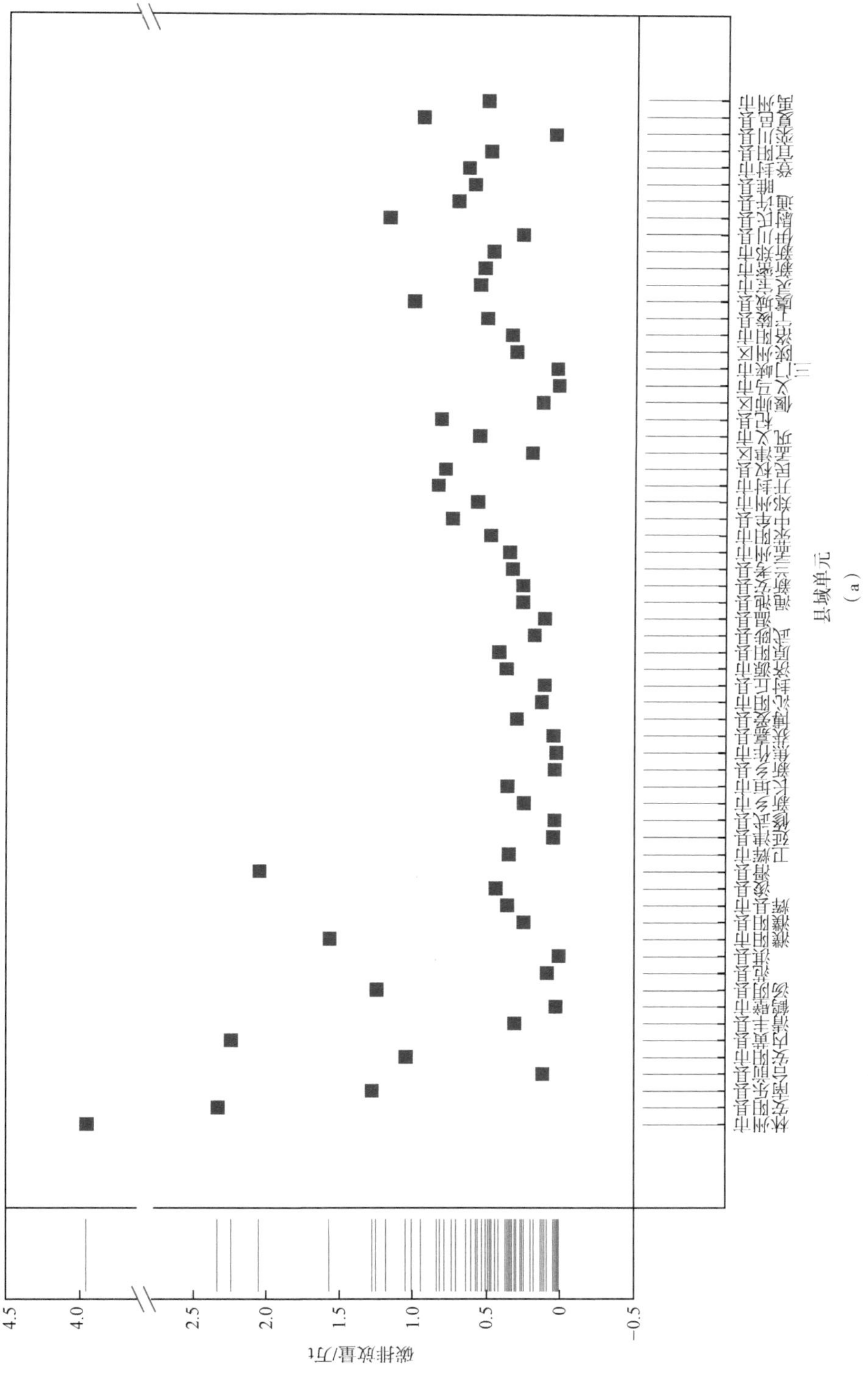

（a）

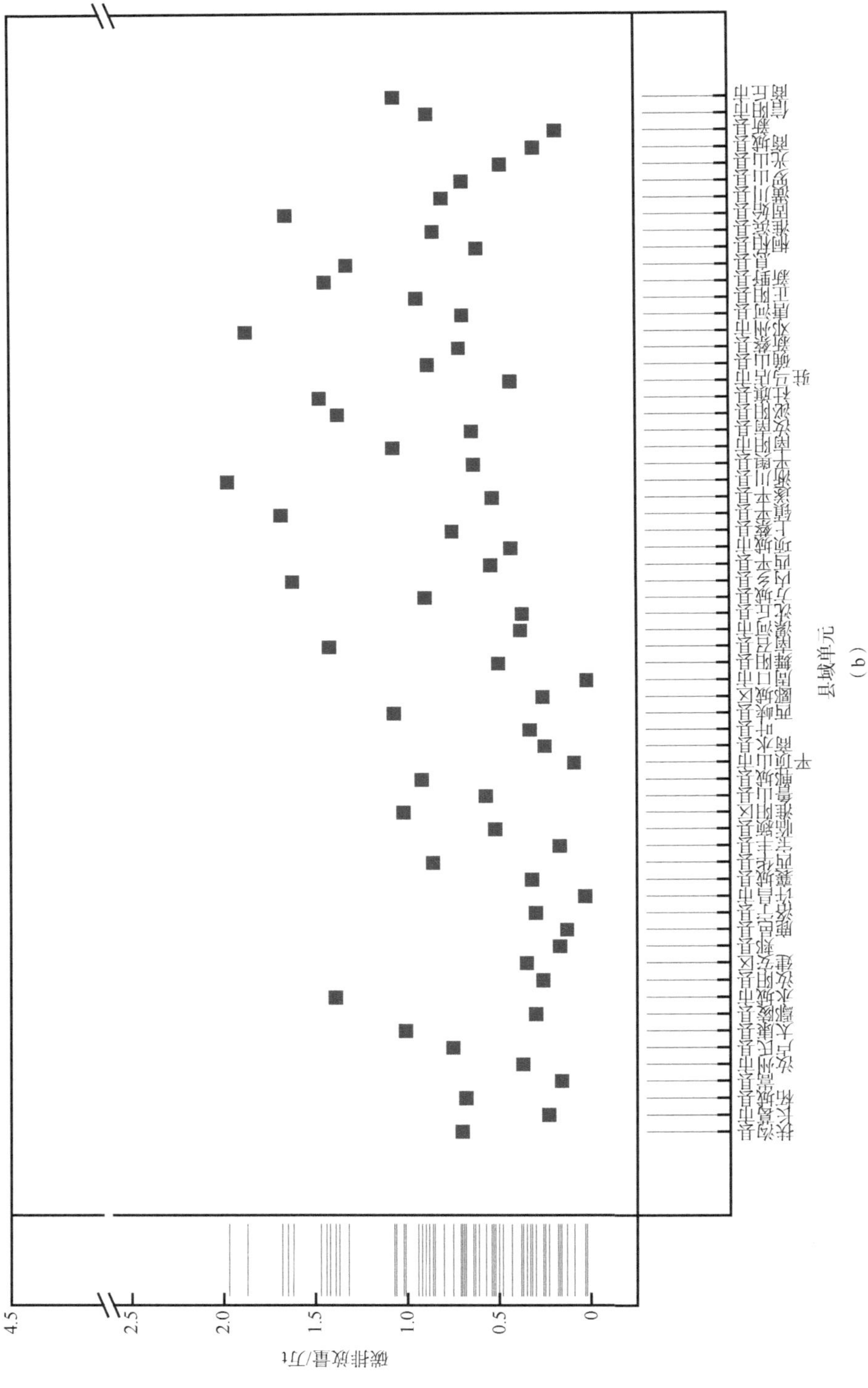

图6-11　县域单元农膜碳排放量

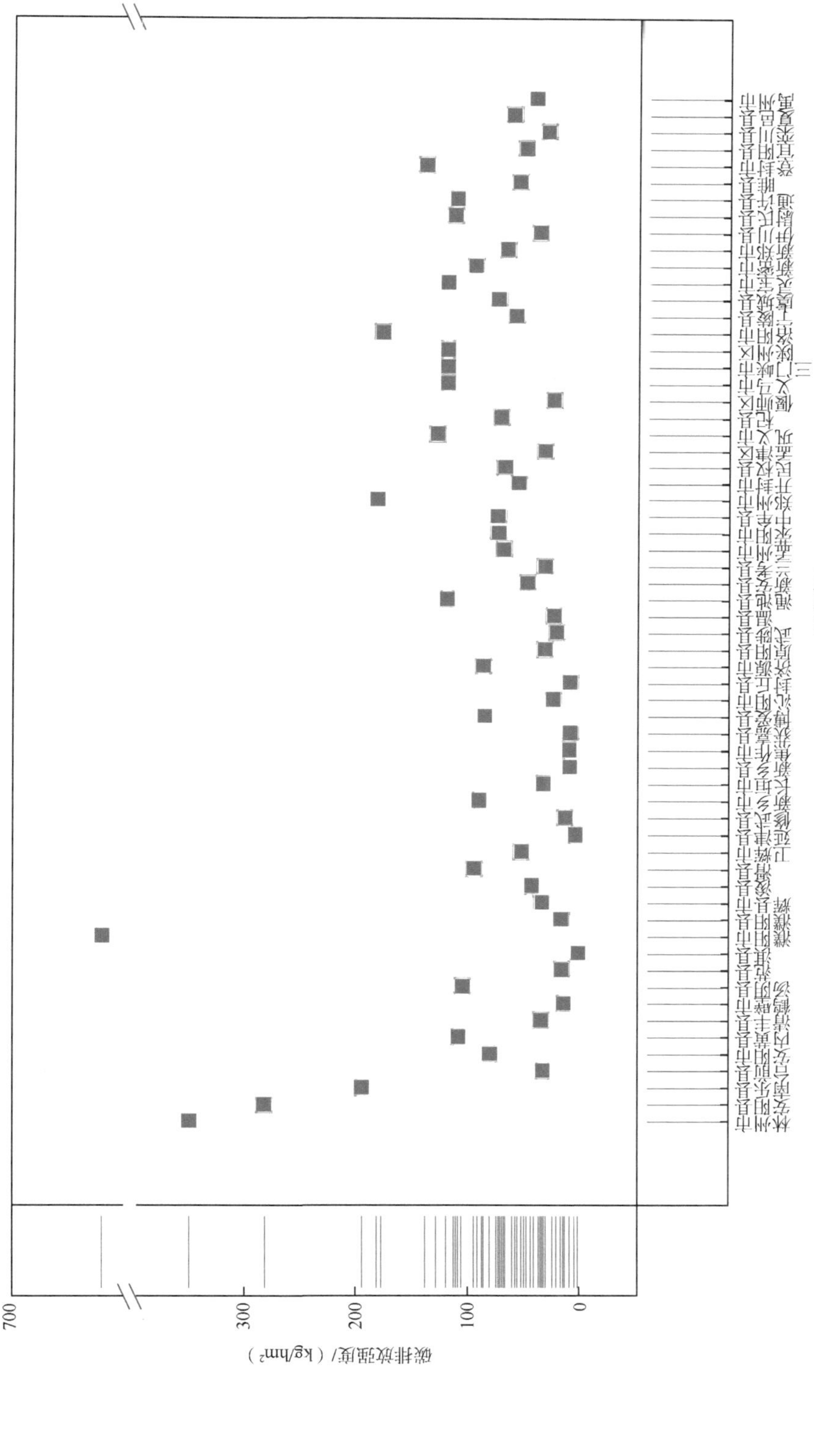

（a）

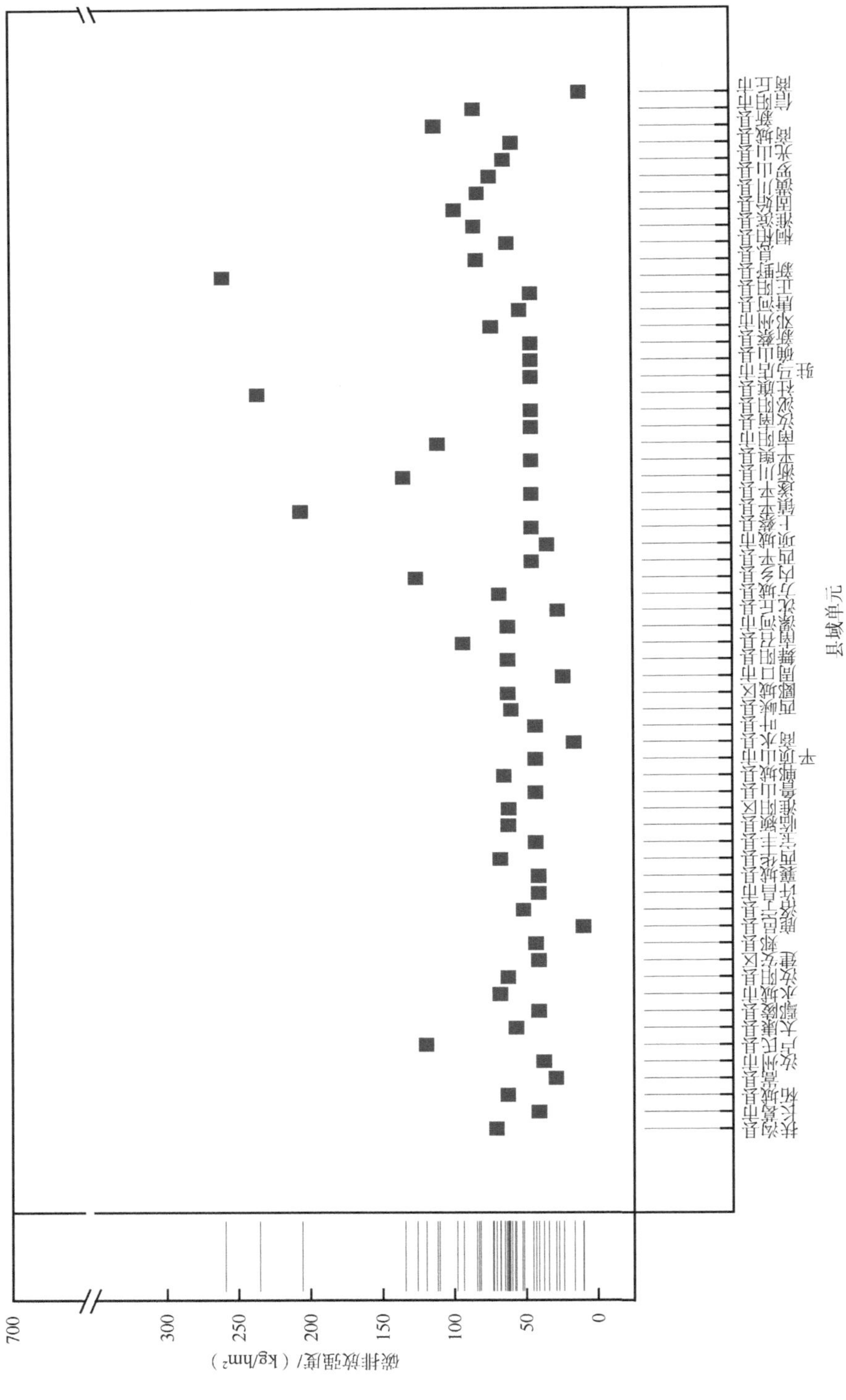

（b）

图6-12 县域单元农膜碳排放强度

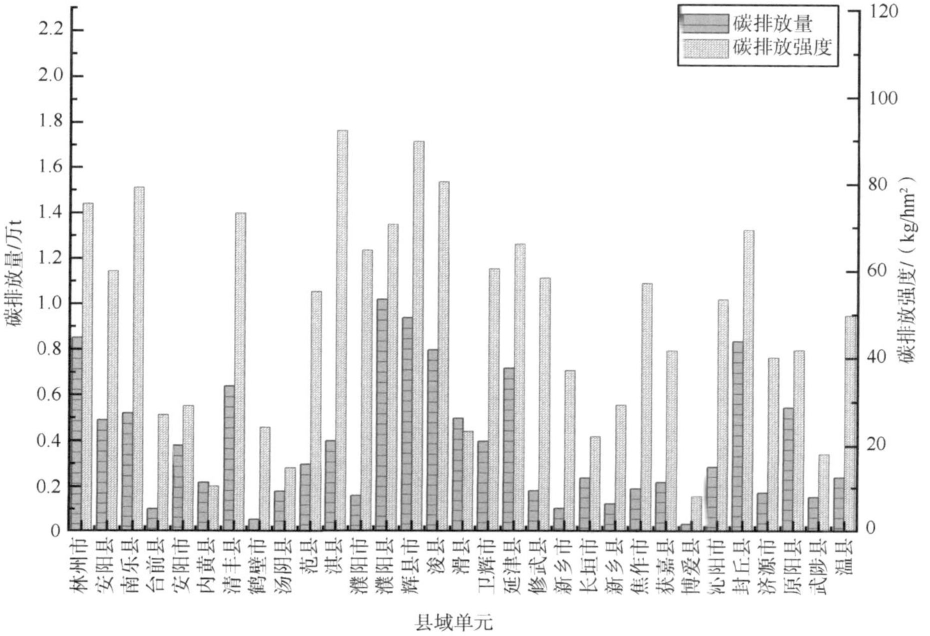
碳排放量
碳排放强度
碳排放量/万t
碳排放强度/（kg/hm²）
林州市 安阳县 南乐县 台前县 安阳市 内黄县 清丰县 鹤壁市 汤阴县 范县 淇县 濮阳市 濮阳县 辉县市 浚县 滑县 卫辉市 延津县 修武县 新乡市 长垣市 新乡县 焦作市 获嘉县 博爱县 沁阳市 封丘县 济源市 原阳县 武陟县 温县
县域单元

（a）

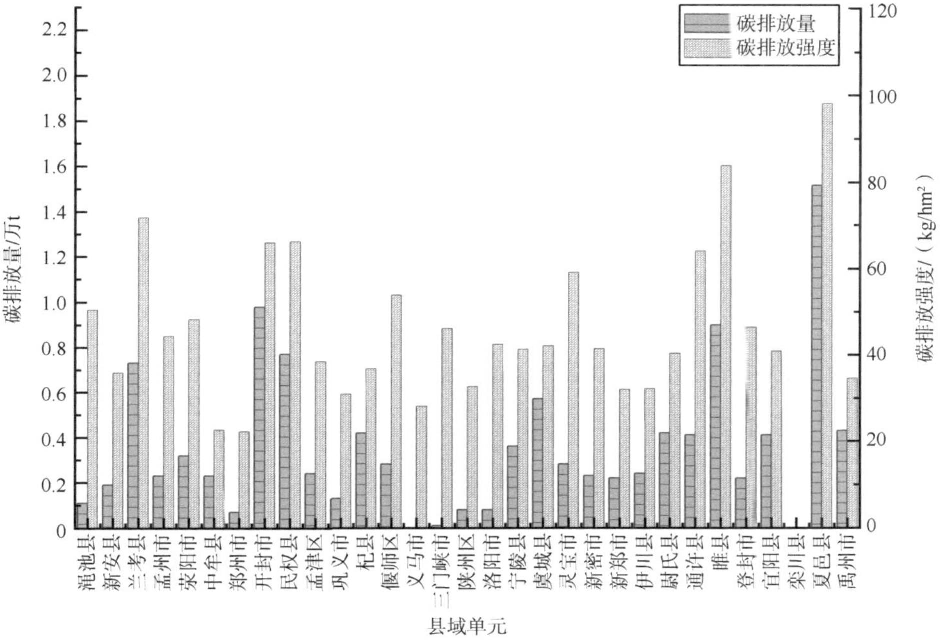
碳排放量
碳排放强度
碳排放量/万t
碳排放强度/（kg/hm²）
渑池县 新安县 兰考县 孟州市 荥阳市 中牟县 郑州市 开封市 民权县 孟津区 巩义市 杞县 偃师区 义马市 三门峡市 陕州区 洛阳市 宁陵县 虞城县 灵宝市 新密市 新郑市 伊川县 尉氏县 通许县 睢县 登封市 宜阳县 栾川县 夏邑县 禹州市
县域单元

（b）

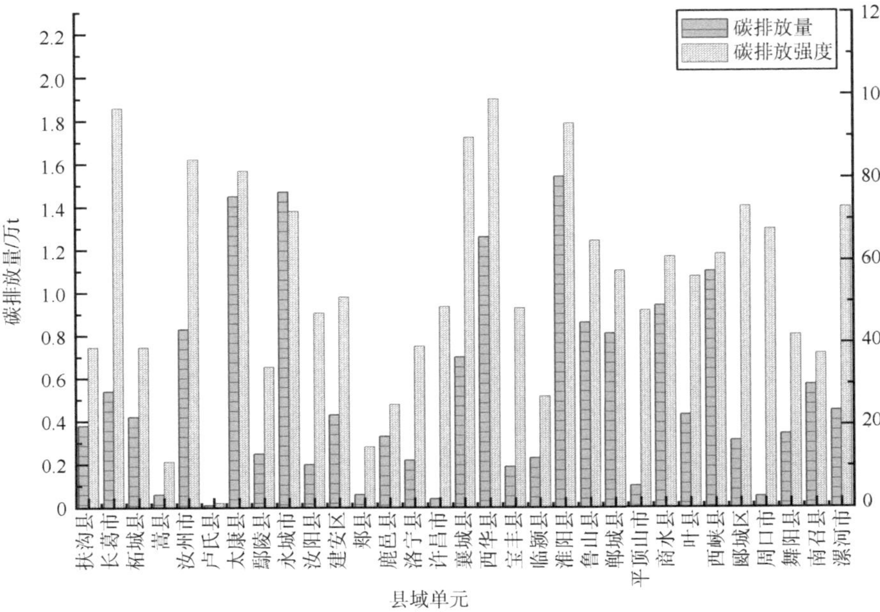

（c）

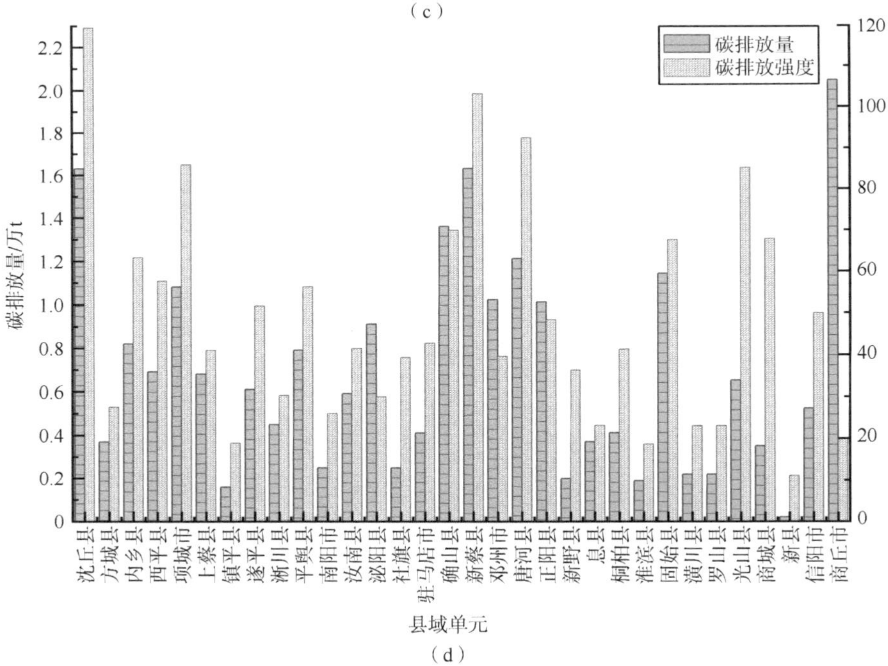

（d）

图 6-13　土地收获碳排放量与碳排放强度

2.5%、2.38%，土地收获碳排放量高值主要分布在豫东南地区，此地地势平坦，便于大型机械收获，且此地以平原为主，耕地资源较多，因此土地收获碳排放量较高。土地收获碳排放强度较高的县有沈丘县、新蔡县、唐河县、淇县等，主要分布在豫东、豫南和豫北，豫东地区由于农业生产条件较好，小麦、玉米等主要作物的种植面积较大，机械化水平较高，土地收获碳排放总量较大，因此土地收获碳排放强度较高；豫北和豫南局部地区也是国家和省级农业重点开发区域，与豫东地区不同的是，由于耕地资源不足，种植规模程度相对较低，所以单位面积土地收获碳排放强度较高。

第四节 主要作物水土资源开发的碳排放空间特征分析

为了解不同类型作物及其投入过程的碳排放，本节将从不同类型作物角度对其空间特征进行剖析，为精准实施低碳农业发展提供科学依据和数据支撑。

一、小麦碳排放空间特征分析

河南省作为我国的粮食大省，粮食产量在我国也是名列前茅的，而小麦产量历年来一直遥遥领先。2016 年，河南省小麦实际种植面积为 604.25 万 hm^2，每年提供的商品小麦占全国的 25%～30%，不管是种植面积、总产量还是面向社会提供的商品粮都占据全国第一（叶优良等，2007），小麦生产过程中需要投入大量能源及农用物资，不仅不利于小麦产量增长，且增加了环境压力，威胁粮食安全。河南省应该在低碳背景下，顺应时代潮流发展现代低碳农业，这样不仅可以保证小麦产量稳定，同时也可以减小环境压力，使农业得到可持续发展。

河南省县域空间小麦碳排放及其强度大体呈东高西低的分布格局，且化肥碳排放占据主导地位。2016 年河南省小麦碳排放总量为 562.25 万 t，占总碳排放量的 48.73%，小麦平均碳排放强度为 928.39 kg/hm^2。从分布位置看，豫东、豫北和局部豫南地区的碳排放量较高，豫西地区的碳排放量相对较低。豫东、豫南等地的碳排放强度较高，大体呈东高西低的态势。高产优质小麦栽培需求较高，其不仅需要土壤养分充足，同时需要土层深厚足够、光照条件充足、水分充足等条件。河南省小麦优质高产区主要分布在豫北、豫东和豫南。豫北地区光温条件较好，光照条件充足，但是这里自然降水少，与小麦需水量相差极大，需要抽取地下水灌溉，所以本区单位面积的灌溉碳排放强度较高。豫东地区水热相对较为均衡、规模化种植程度较高、机械化水平高、能耗高，所以单位面积碳排放量较大。豫南地区降水充沛、冬季温暖，干热风危害轻，所以也属于小麦主要种植区。但是豫南地区属于地下水漏斗区，地表水下渗严重，因此也需要地下水进行灌溉，所以豫南地区有着较高的灌溉碳排放强度。豫西山地地区由于土层浅薄、降水较少，地下水较深，所以豫西相对而言种植规模化程度低，碳排放强度也较小。

在小麦碳排放量构成中，化肥碳排放量占据主导地位，化肥碳排放量是 446 万 t、农药碳排放量为 10.47 万 t、灌溉碳排放量为 34.41 万 t、翻耕碳排放量为 40.61 万 t、收获碳排放量是 30.77 万 t，其分别占小麦碳排放总量的 79.32%、1.86%、6.12%、7.23%、5.47%（图 6-14）。小麦平均化肥碳排放强度为 733.37 kg/hm^2、平均农药碳排放强度为 17.38 kg/hm^2、平均灌溉碳排放强度为 88.5 kg/hm^2、平均翻耕碳排放强度为 68.38 kg/hm^2、平均收获碳排放强度为 49.32 kg/hm^2，由此可见，无论是碳排放量还是碳排放强度，化肥投入对小麦碳排放总量和碳排放强度影响最大。

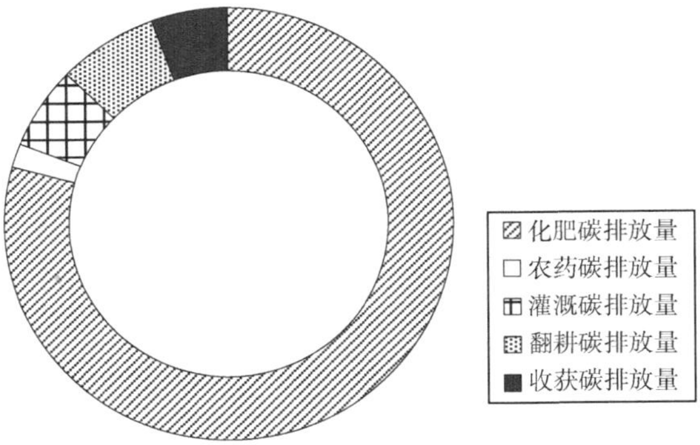

图 6-14　小麦碳排放量构成

在各县（市、区）小麦碳排放量中，义马市、三门峡市、新县、许昌市、栾川县等的碳排放量较低，其值分别是 0.07 万 t、0.12 万 t、0.135 万 t、0.36 万 t、0.4 万 t，主要分布在豫西地区，由于化肥、农药、柴油等农用物资投入水平较低，因此碳排放量较低。碳排放高值主要分布在商丘市、泌阳县、永城市、邓州市、滑县等地，分别是 44.56 万 t、20.32 万 t、12.98 万 t、11.46 万 t、10.23 万 t，分别占全省小麦碳排放总量的 7.93%、3.61%、2.31%、2.04%、1.82%，主要分布在豫东、豫北和局部豫南地区（图 6-15）。由于小麦种植面积广阔，且农用等物资投入强度较大，因此有着较高的碳排放量。在各县（市、区）小麦碳排放强度中，新野县、平舆县、固始县、荥阳市等的碳排放强度较低，分别是 493.61 kg/hm^2、513.97 kg/hm^2、542.05 kg/hm^2、561.96 kg/hm^2，而碳排放强度高值分布在浚县、温县、武陟县、长垣市等，分别是 2039.03 kg/hm^2、1474.59 kg/hm^2、1459.99 kg/hm^2、1442.21 kg/hm^2（表 6-1），边远山区的小麦碳排放强度较高、地势平坦的平原地区小麦碳排放强度较低。

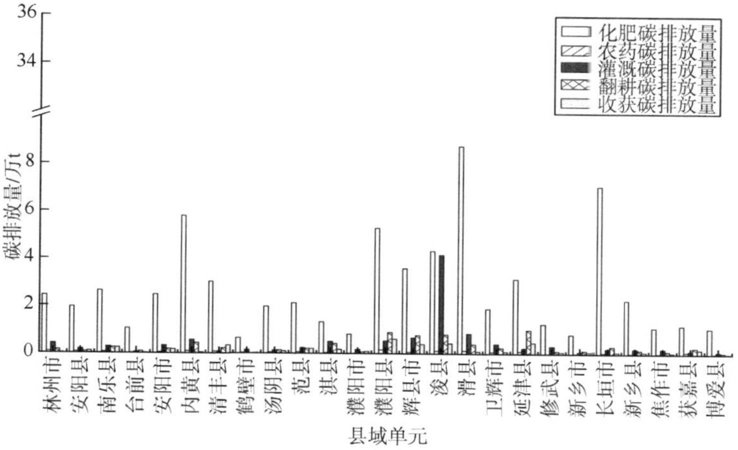
化肥碳排放量
农药碳排放量
灌溉碳排放量
翻耕碳排放量
收获碳排放量
碳排放量/万t
36
34
8
6
4
2
0
林州市 安阳县 南乐县 台前县 安阳市 内黄县 清丰县 鹤壁市 汤阴县 范县 淇县 濮阳市 濮阳县 辉县市 浚县 滑县 卫辉市 延津县 修武县 新乡市 长垣市 新乡县 焦作市 获嘉县 博爱县
县域单元
（a）

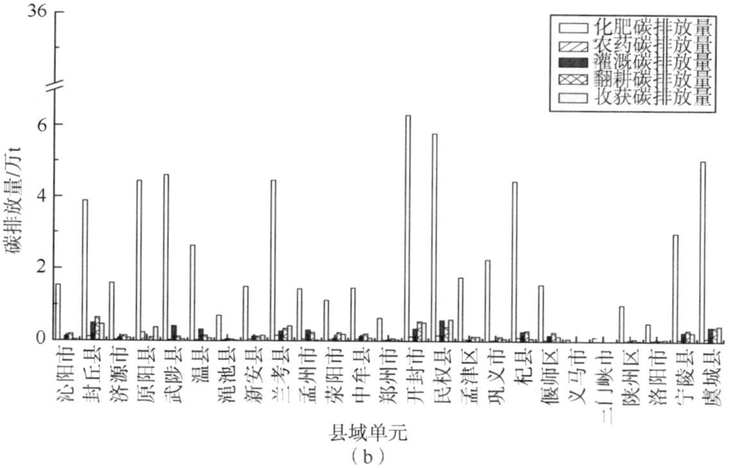
化肥碳排放量
农药碳排放量
灌溉碳排放量
翻耕碳排放量
收获碳排放量
碳排放量/万t
36
6
4
2
0
沁阳市 封丘县 济源市 原阳县 武陟县 温县 渑池县 新安县 兰考县 孟州市 荥阳市 中牟县 郑州市 开封市 民权县 孟津区 巩义市 杞县 偃师区 义马市 三门峡市 陕州区 洛阳市 宁陵县 虞城县
县域单元
（b）

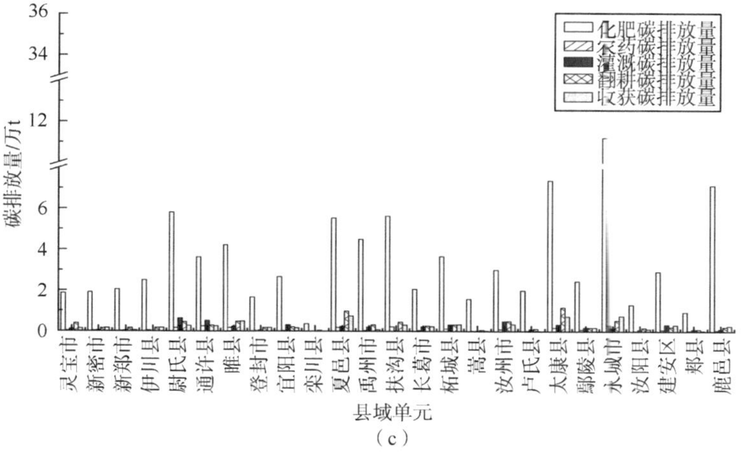
化肥碳排放量
农药碳排放量
灌溉碳排放量
翻耕碳排放量
收获碳排放量
碳排放量/万t
36
34
12
6
4
2
0
灵宝市 新密市 新郑市 伊川县 尉氏县 通许县 睢县 登封市 宜阳县 栾川县 夏邑县 禹州市 扶沟县 长葛市 柘城县 嵩县 汝州市 卢氏县 太康县 鄢陵县 永城市 汝阳县 建安区 郏县 鹿邑县
县域单元
（c）

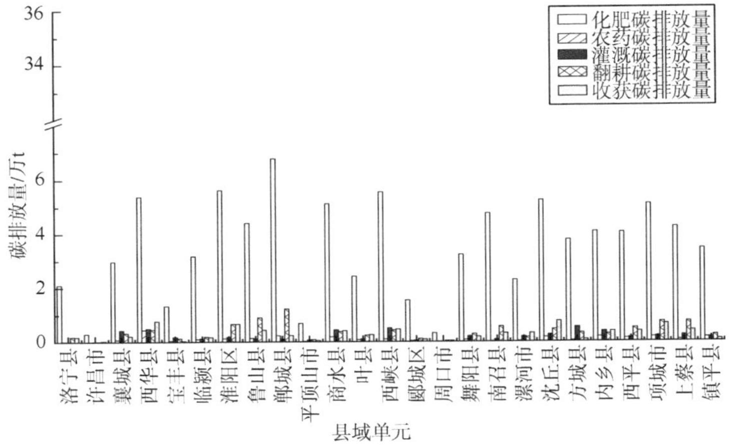

（d）

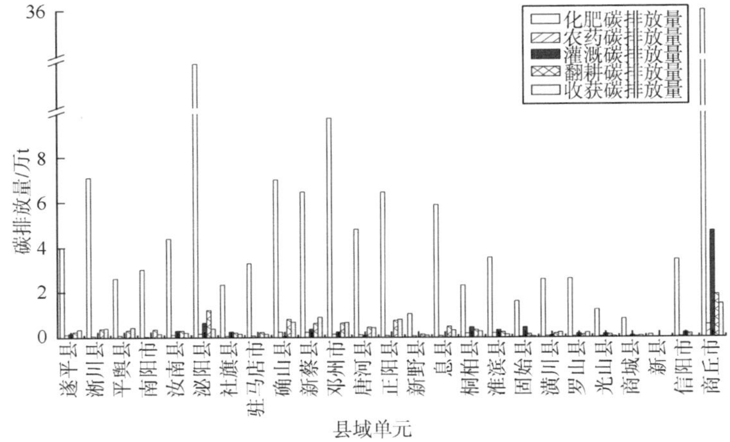

（e）

图 6-15　小麦县域单元碳排放量

表 6-1　小麦县域单元碳排放强度高值分布

排名	县域单元	碳排放强度/（kg/hm^2）	排名	县域单元	碳排放强度/（kg/hm^2）
1	浚县	2039.03	11	永城市	1209.10
2	温县	1474.59	12	尉氏县	1206.46
3	武陟县	1459.99	13	灵宝市	1198.12
4	长垣市	1442.21	14	信阳市	1195.99
5	新乡县	1431.16	15	修武县	1189.15
6	泌阳县	1409.86	16	内黄县	1188.70
7	通许县	1304.72	17	巩义市	1166.85
8	淇县	1275.51	18	新县	1160.63
9	罗山县	1231.15	19	西华县	1147.11
10	辉县市	1221.52	20	新蔡县	1138.77

二、玉米碳排放空间特征分析

河南省位于中国中东部、黄河中下游，是中国第一农业大省，也是玉米种植大省，玉米是河南省第一大秋粮作物，第二大粮食作物，2016 年，河南省玉米实际种植面积为 399.43 万 hm^2，总播种面积仅次于小麦（张胜利和李付立，2017）。在玉米生长过程中，包括两部分碳排放，一是自然系统碳排放，主要是土壤和植物直接向大气中排放温室气体，二是人类社会系统碳排放，包括化肥、农药、能源等投入的直接或间接排放，本书主要计算的是人类能源活动产生的碳排放。

河南省县域空间玉米碳排放大体呈东南和北部高、西部低的分布格局，其强度大体呈西高东低的分布格局，在碳排放构成中，同样是化肥碳排放占据主导地位。2016 年玉米碳排放总量为 346.25 万 t，占碳排放总量的 30%，玉米的平均碳排放强度为 893.23 kg/hm^2，玉米碳排放强度低于小麦。在玉米碳排放量构成中，化肥是导致玉米碳排放量高的主要原因，化肥碳排放量是 288.42 万 t、农药碳排放量是 6.03 万 t、灌溉碳排放量是 20.85 万 t、翻耕碳排放量为 6.93 万 t、收获碳排放量为 24.03 万 t，其分别占总量的 83.3%、1.74%、6.02%、2%、6.94%，各投入方式对玉米碳排放总量的贡献顺序是，化肥>收获>灌溉>翻耕>农药（图 6-16）。玉米平均化肥碳排放强度为 756.87 kg/hm^2、平均农药碳排放强度为 14.89 kg/hm^2、平均灌溉碳排放强度为 75.32 kg/hm^2、平均翻耕碳排放强度为 21.44 kg/hm^2、平均收获碳排放强度为 61.43 kg/hm^2，由此可见，无论是碳排放量还是碳排放强度，化肥投入对玉米碳排放总量和碳排放强度影响最大。玉米生产条件与小麦不同，玉米相对而言需水量不是很高，玉米有强大的根系可以从土壤中吸收水分，所以玉米的耗水量较为经济。另外，玉米对土壤的要求不是十分严格，因此豫西地区可以普遍种植。小麦和玉米同属禾本科粮食作物，其碳排放强度具有不同的分布格局，原因如下：①就土地翻耕而言，豫西是属于山地地区，土质黏重、结构紧

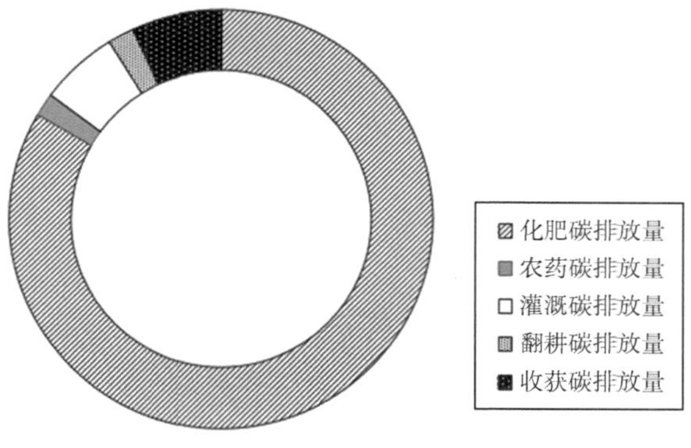

图 6-16 玉米碳排放量构成

实，相对来说翻耕需要消耗更多的能源；②就土地投入而言，由于豫西土壤贫瘠，需要大量施肥以保证土壤肥力，所以有着较高的化肥碳排放；③就土地收获而言，由实际调研可知，玉米收获所需能耗大于小麦，因为在收割倒地玉米时，会增加收割机的耗油量；④由于豫西、豫北是山地地形，规模化种植程度较低，所以单位面积投入相对较高，因此有着较高的碳排放强度。

在各县（市、区）玉米碳排放量中，商城县、新县、罗山县、潢川县等的碳排放量比较低，分别是 0.0044 万 t、0.0069 万 t、0.0081 万 t、0.0094 万 t，碳排放量高值区主要分布在商丘市、内黄县、安阳市、正阳县等，分别是 15.42 万 t、11.11 万 t、7.43 万 t、7.24 万 t，其分别占玉米碳排放总量的 4.45%、3.21%、2.15%、2.09%，碳排放量高值区主要分布在豫北和豫东南地区，豫北地区是因为灌溉碳排放占据了很大比例，而豫东南地区则是化肥、翻耕和收获较大（图 6-17）。在各县

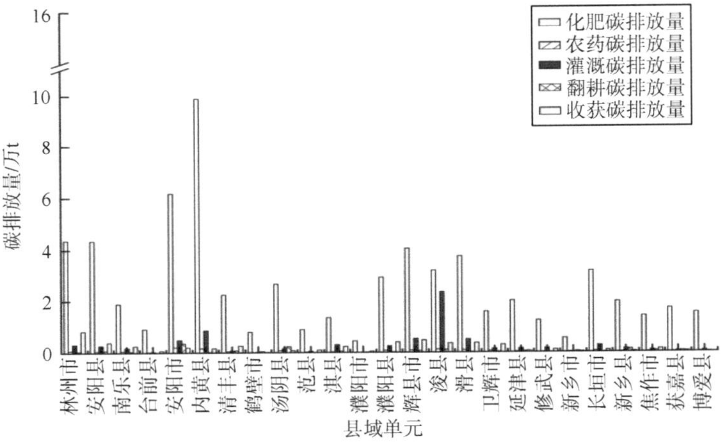

（a）

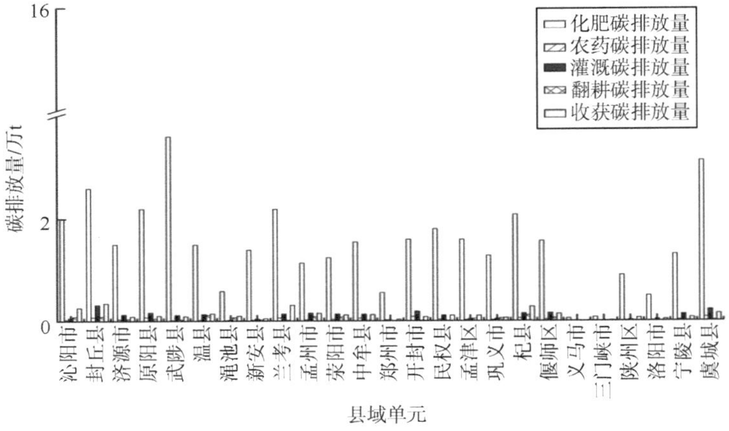

（b）

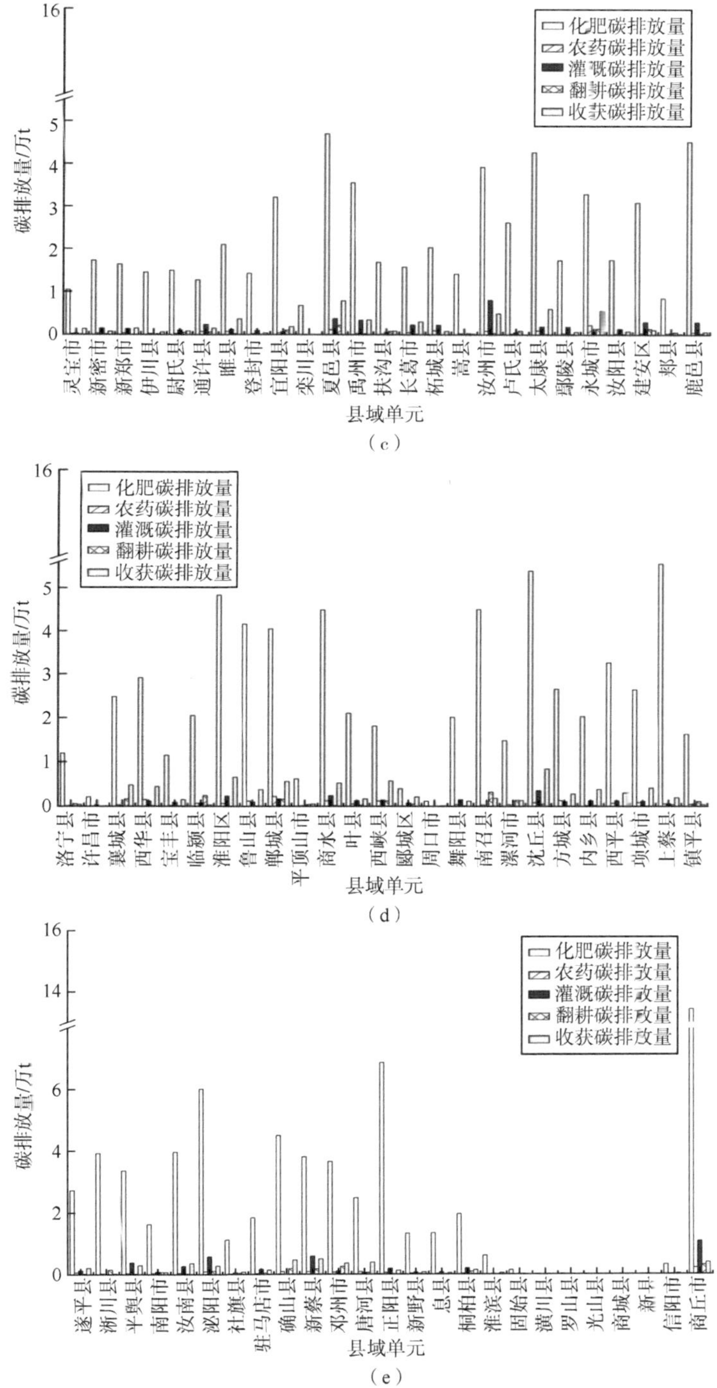

图 6-17　玉米县域单元碳排放量

（市、区）碳排放强度中，商丘市、汤阴县、郾城区、商城县等的碳排放强度较低，分别是 442.7 kg/hm^2、466.13 kg/hm^2、468.02 kg/hm^2、485.72 kg/hm^2，主要分布在豫东地区。碳排放高值主要分布在浚县、武陟县、新乡县、新县、宜阳县等，分别是 1697.22 kg/hm^2、1551.14 kg/hm^2、1518.15 kg/hm^2、1411.99 kg/hm^2、1351.62 kg/hm^2，主要分布在豫西、豫北等山区（表 6-2）。

表 6-2　玉米县域单元碳排放强度高值分布

排名	县域单元	碳排放强度/（kg/hm^2）	排名	县域单元	碳排放强度/（kg/hm^2）
1	浚县	1697.22	11	卢氏县	1254.79
2	武陟县	1551.14	12	南召县	1241.73
3	新乡县	1518.15	13	汝州市	1239.03
4	新县	1411.99	14	沈丘县	1231.11
5	宜阳县	1351.62	15	辉县市	1218.93
6	汝阳县	1345.39	16	焦作市	1208.68
7	光山县	1337.85	17	温县	1170.56
8	淮滨县	1308.24	18	上蔡县	1165.41
9	内黄县	1294.2	19	修武县	1154.13
10	博爱县	1281.6	20	正阳县	1148.25

三、花生碳排放空间特征分析

相对小麦和玉米而言，花生种植面积较少，花生是河南省继小麦、玉米之后的第三大农作物，2016 年，河南省花生种植面积大约为 122.86 万 hm^2，占总种植面积的 9.78%。随着农业供给侧结构性改革的深入，玉米的种植面积将逐渐缩小，花生将成为重要的经济作物，了解花生的碳排放空间特征及其碳排放构成，对于形成优质、低碳花生生产的区域化具有重要的指导意义。

河南省县域空间花生碳排放大体呈南高北低的分布格局，其强度也呈南高北低的分布格局，在花生碳排放构成中，同样化肥碳排放占据主导地位。2016 年花生碳排放总量约为 119.31 万 t，约占碳排放总量的 10.34%，花生的平均碳排放强度为 809.78 kg/hm^2，在各碳源中，化肥碳排放量是 103.34 万 t、农药碳排放量是 2.18 万 t、灌溉碳排放量是 4.71 万 t、翻耕碳排放量是 4.84 万 t、收获碳排放量是 4.24 万 t，分别占花生总碳排放量的 86.61%、1.83%、3.95%、4.06%、3.55%，各投入方式对花生碳排放的贡献顺序是，化肥>翻耕>灌溉>收获>农药（图 6-18）。花生平均化肥碳排放强度为 690.05 kg/hm^2、平均农药碳排放强度为 14.97 kg/hm^2、平均灌溉碳排放强度是 58.31 kg/hm^2、平均翻耕碳排放强度为 33.12 kg/hm^2、平均收获碳排放强度为 31.36 kg/hm^2。因此，无论是碳排放量还是碳排放强度，花生都要低于

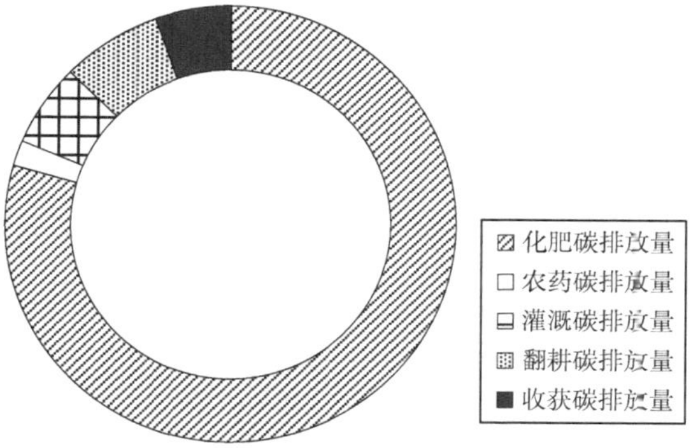

图 6-18　花生碳排放构成

小麦和玉米，且投入强度低，经济效益高，所以未来有很大的增长潜力，但是需要紧紧围绕推进农业供给侧结构性改革这个主线，坚持以绿色可持续发展为主。

在各县（市、区）花生碳排放中，三门峡市、新乡市、义马市、安阳县等的碳排放量较低，分别是 0.0011 万 t、0.0049 万 t、0.0051 万 t、0.0063 万 t，大部分主要分布在豫西、豫北、豫中和豫东，碳排放量高值主要分布在商丘市、邓州市、泌阳县、开封市、正阳县等，分别是 9.63 万 t、6.92 万 t、6.38 万 t、6.2 万 t、5.82 万 t，分别占花生碳排放总量的 8.07%、5.8%、5.35%、5.2%、4.88%（图 6-19）。碳排放量高值主要分布在豫南山地地区，这主要与花生种植面积有很大关系。在各县（市、区）碳排放强度中，淇县、三门峡市、汝州市、鹤壁市等的碳排放强度较低，分别是 64.3 kg/hm^2、151.63 kg/hm^2、177.89 kg/hm^2、182.96 kg/hm^2，低值主要分布在豫中和少部分豫西地区，而武陟县、正阳县、沈丘县、唐河县和开封市的强度较高，分别是 1754.64 kg/hm^2、1651.9 kg/hm^2、1627.73 kg/hm^2、1607.15 kg/hm^2、1606.64 kg/hm^2（表 6-3）。

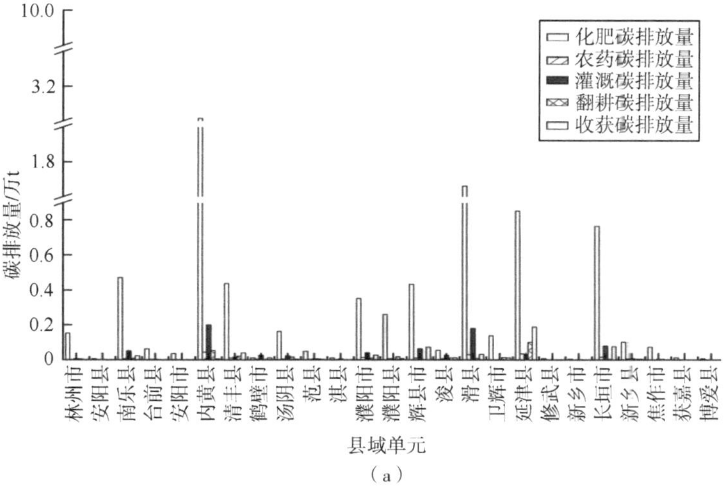

（a）

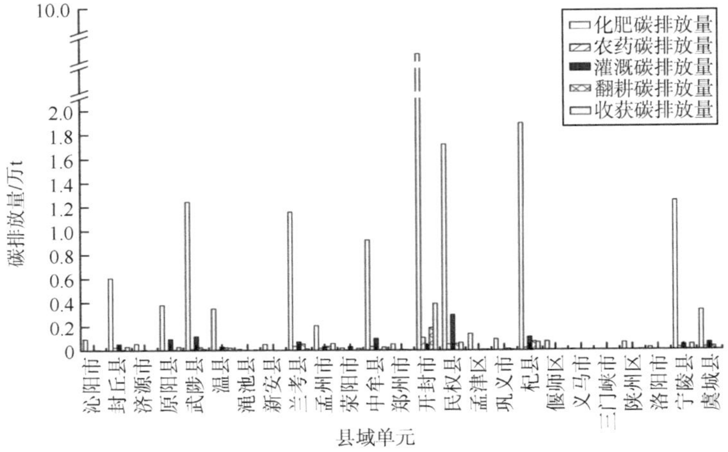
化肥碳排放量
农药碳排放量
灌溉碳排放量
翻耕碳排放量
收获碳排放量
碳排放量/万t
10.0
2.0
1.8
1.6
1.4
1.2
1.0
0.8
0.6
0.4
0.2
0
沁阳市
封丘县
济源市
原阳县
武陟县
温县
渑池县
新安县
兰考县
孟州市
荥阳市
中牟县
郑州市
开封市
民权县
孟津区
巩义市
杞县
偃师区
义马市
三门峡市
陕州区
洛阳市
宁陵县
虞城县
县域单元
(b)

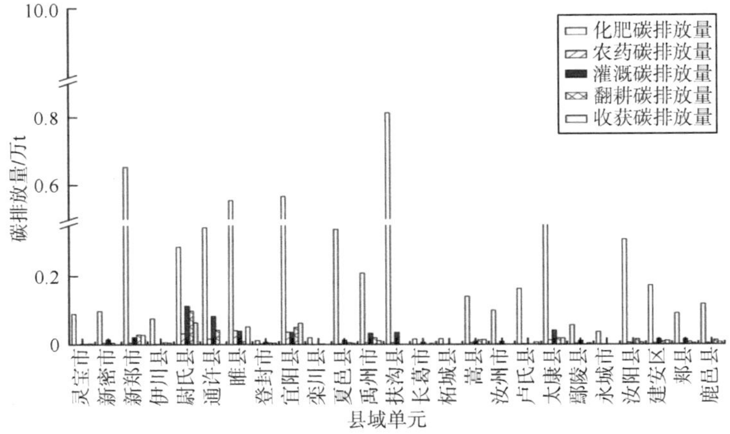
化肥碳排放量
农药碳排放量
灌溉碳排放量
翻耕碳排放量
收获碳排放量
碳排放量/万t
10.0
0.8
0.6
0.2
0
灵宝市
新密市
新郑市
伊川县
尉氏县
通许县
睢县
登封市
宜阳县
栾川县
夏邑县
禹州市
扶沟县
长葛市
柘城县
嵩县
汝州市
卢氏县
太康县
鄢陵县
永城市
汝阳县
建安区
郏县
鹿邑县
县域单元
(c)

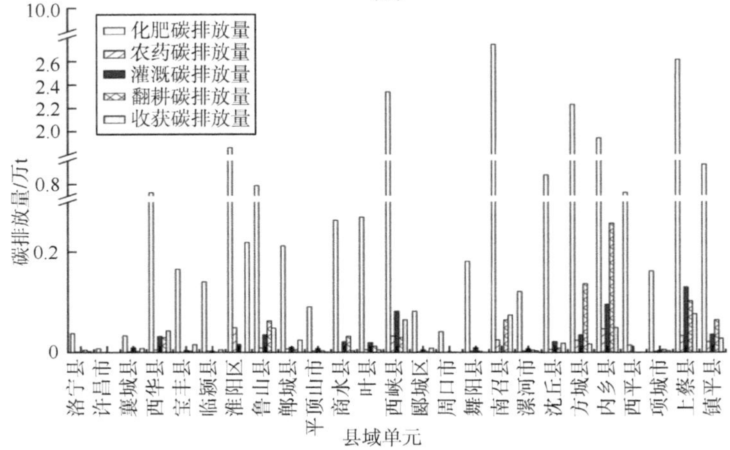
化肥碳排放量
农药碳排放量
灌溉碳排放量
翻耕碳排放量
收获碳排放量
碳排放量/万t
10.0
2.6
2.4
2.2
2.0
0.8
0.2
0
洛宁县
许昌市
襄城县
西华县
宝丰县
临颍县
淮阳区
鲁山县
郸城县
平顶山市
商水县
叶县
西峡县
郾城区
周口市
舞阳县
南召县
漯河市
沈丘县
方城县
内乡县
西平县
项城市
上蔡县
镇平县
县域单元
(d)

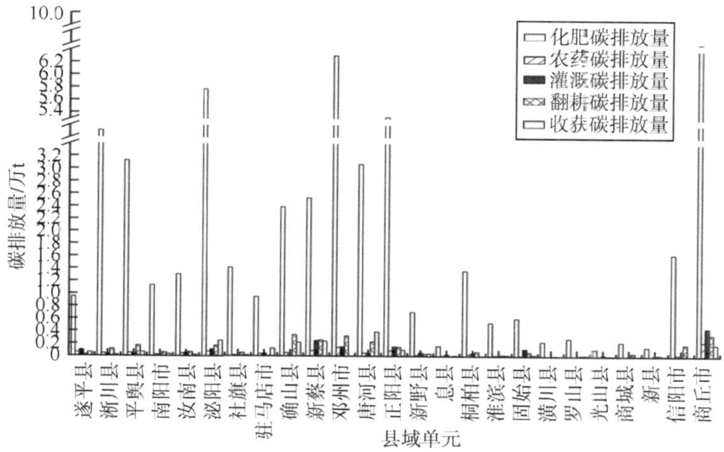

(e)

图 6-19 花生县域单元碳排放量

表 6-3 花生县域单元碳排放强度高值

排名	县域单元	碳排放强度/（kg/hm²）	排名	县域单元	碳排放强度/（kg/hm²）
1	武陟县	1754.64	11	温县	1406
2	正阳县	1651.9	12	邓州市	1356.28
3	沈丘县	1627.73	13	孟津区	1320
4	唐河县	1607.15	14	社旗县	1318
5	开封市	1606.64	15	汝阳县	1285
6	杞县	1558.96	16	新蔡县	1272.39
7	淅川县	1541	17	鲁山县	1249.51
8	林州市	1461.73	18	泌阳县	1233.74
9	内黄县	1446.11	19	商丘市	1230.45
10	平舆县	1443.1	20	信阳市	1167.92

第五节 水土资源耦合开发的碳排放效应空间格局

一、碳排放总量空间分布特征

基于前文所构建的公式，测算了 2016 年河南省不同县域单元的五种农作物（小麦、玉米、花生、水稻、大豆）水土资源开发过程中的碳排放总量和碳排放强度。2016 年河南省农业碳排放总量为 1153.85 万 t，相当于 4230.78 万 t 二氧化碳当量，碳排放强度为 918.94 kg/hm^2。从全省范围来看，豫东、豫北和豫南的碳排放量明显高于豫西，总体呈现东高西低的分布格局。豫西北的碳排放强度高于豫东南，呈现西北高东南低的空间特征，因此碳排放量和碳排放强度呈现空间不匹配现象。在各县（市、区）碳排放量中，商丘市、泌阳县、邓州市、内黄县、正阳县、永城市等的碳排放量较高，分别占碳排放总量的 6%、3%、2.3%、2.1%、1.9%、1.7%，主要分布在豫东南和豫北地区；碳排放量较小的县（市、区）是义马市、栾川县、嵩县、济源市等，分别占碳排放总量的 0.01%、0.1%、0.31%、0.36%，碳排放量较小的县（市、区）主要分布在豫西北地区。在各县（市、区）碳排放强度中，浚县、濮阳市、武陟县、新乡县、淅川县等的碳排放强度较高，分别达到了 1664.67 kg/hm^2、1483 kg/hm^2、1311.96 kg/hm^2、1289.78 kg/hm^2、1274.41 kg/hm^2，主要分布在豫北和豫西地区；碳排放强度较小的县（市、区）是新县、潢川县、罗山县、中牟县、荥阳市等，其碳排放强度分别是 350.31 kg/hm^2、436.05 kg/hm^2、446.75 kg/hm^2、565.29 kg/hm^2、580.22 kg/hm^2，碳排放强度较小的县主要分布在豫东和豫东南地区。农业碳排放量主要集中在豫东南，这些县（市、区）发展方式仍以传统方式为主，在发展过程中，农业水土资源投入较高，即高投入、高排放、高产出模式，因此碳排放量较高，但是这些地方大多耕地面积广阔，所以碳排放强度较小，而豫西北地区，由于地势起伏不平、耕地面积较少、土地相对贫瘠，地下水位深，且农业生产过程中单位面积水土资源投入较高，因此有着较高的碳排放强度。

按照前文的方法对全省各县（市、区）农业水土资源开发碳排放总量及碳排放强度进行分区（图 6-20）。2016 年农业低碳排放区有 58 个，包括三门峡市、郑州市、焦作市、济源市等，主要分布在豫西北，这与这些地区地势起伏不平、耕地面积较少有关。中度排放区有 14 个，包括舞阳县、驻马店市、南阳市、镇平县、光山县等。较高碳排放区有 15 个，包括遂平县、息县、封丘县、原阳县、杞县、尉氏县等。高碳排放区有 38 个，包括信阳市、安阳市、固始县、开封市、商丘市等。从分布上来看，低碳排放区占所有总数的 46.4%，而高碳排放区占 30.4%，总的来说，2016 年河南省农业总体呈低碳发展态势，但是高碳排放区主要分布在豫东南，而低碳排放区主要分布在豫西北，水土资源开发过程碳排放二级分化严重。2016 年 1 级强度碳排放区有 20 个，主要是新县、潢川县、罗山县、中牟县、郑州市、商丘市等，2 级强度碳排放区有 44 个，包括新乡市、驻马店市、洛阳市、周口市、平顶山市、滑县、固始县等，3 级强度碳排放区有 44 个，包括许昌市、永城市、三门峡市、济源市、邓州市、焦作市等，4 级强度碳排放区有 17 个，主要是开封市、内黄县、林州市、安阳县、濮阳市、淅川县等，其分别占总数的 16%、35.2%、35.2%和 13.6%。碳排放强度分布区相对较分散，其高值区域主要分布在豫北地区，同样碳排放强度也呈二级分化状态，豫东、豫中和豫西碳排放强度较小，而豫北和豫南碳排放强度较高。综合分析水土资源匹配度与水土资源开发碳排放强度，水土资源匹配程度较好的地区碳排放强度较低，匹配程度较差的地区碳排放强度较高。

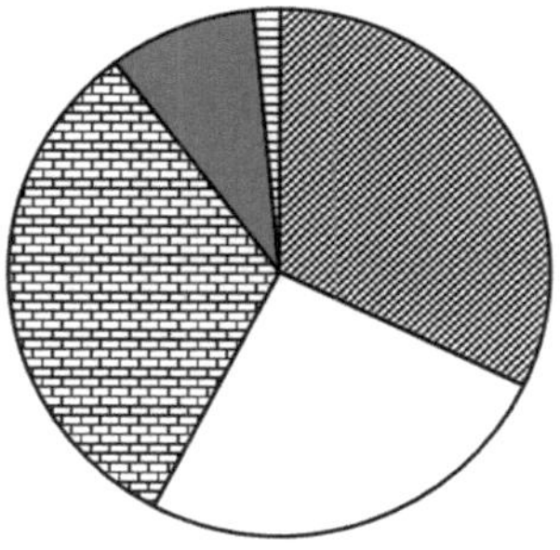

（a）碳排放量占比

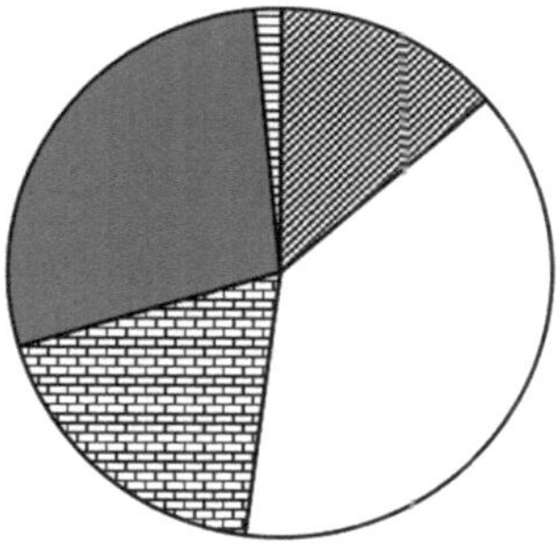

（b）碳排放强度占比

图 6-20　农业水土资源开发碳排放量及碳排放强度

二、碳排放空间集聚特征

为揭示河南省县域农业水土资源开发碳排放在空间上的集聚程度，用全局空间自相关来刻画农业碳排放在空间上的集聚状态，基于 OpenGeoDa 软件计算莫兰指数。河南省县域空间农业水土资源开发碳排放总量和碳排放强度具有空间集聚性。通过计算得到，2016 年河南省县域空间水土资源开发碳排放量与碳排放强度的全局空间莫兰指数分别是 0.1647 和 0.031，说明区域农业水土资源开发碳排放量的单元集聚是比较明显的，而其碳排放强度的集聚不是特别明显。农业碳排放总量“高-高”集聚和“低-低”集聚较为明显，“高-高”集聚主要分布在豫东南地区，该区农业发展水平较高、地势平坦、土地肥沃、耕地广阔、降水充沛等，使得农业发展具有先天的优势，此地区还是河南省重要的商品粮基地，因此在发展农业的过程中投入了较多的能源、化肥、农药等物资，所以有较高的碳排放。“低-低”集聚主要分布在豫西地区，此地区主要属于太行山余脉，地势复杂，耕地较少，地下水位深、灌溉较为困难，因此该地区不利于发展农业，所以有较少的农业碳排放量。农业碳排放强度的莫兰指数明显低于碳排放量，虽然碳排放强度的莫兰指数大于 0，但是其数值接近于 0，表明碳排放强度的集聚程度整体上低于农业碳排放总量。其中“高-高”集聚主要分布在豫北，“低-低”集聚分布在豫东南，由于豫北基本属于山地，耕地相对较少，但是碳排放总量相对较高，因此有着较高的碳排放强度，豫东南地区虽然碳排放总量高，但是该区地势平坦、耕地广阔，因此有着较低的碳排放强度。

三、不同过程碳排放对比分析

在农业生产过程中，水土资源往往是耦合开发的，因此，分析农业生产不同过程及其与人类能源投入的关系，是开展水土资源开发的碳排放效应研究的前提与关键。根据前文的界定范围，土地资源开发主要包括化肥、除草剂、杀虫剂、农药、农膜等土地投入过程中的物资消耗量以及土地翻耕与土地收获环节的农业机械能源消耗量；水资源开发主要包括打井设施建设与作物生长期抽水灌溉的能源消耗量。由前文方法计算出水土资源开发过程碳排放总量和碳排放强度。

河南省县域单元土地资源开发碳排放量总体呈东南高、西北低的分布格局，而土地资源开发的碳排放强度主要是南北高而中部低的格局。在各县（市、区）土地资源开发碳排放量中，义马市、三门峡市、新县、周口市等的碳排放量较低，分别是 0.15 万 t、0.24 万 t、0.495 万 t、0.59 万 t，而碳排放量高值主要分布在商丘市、泌阳县、邓州市、永城市等，分别是 64.42 万 t、33.8 万 t、24.24 万 t、19.24 万 t，其分别占总量的 5.58%、2.93%、2.1%、1.67%。总体来说，豫北、豫东和豫南的碳排放量较高，由于这些地区土地平坦、农业机械化程度高，且这些地区一般是全省乃至全国的重要商品粮基地，为拥有稳定的产量，化肥、农药、农膜等投入较大，所以碳排放量较高。但是投入和产出不一定成正比，如洛阳平均单位面积化肥使用量为 421.75 kg/hm^2，而商丘平均单位面积化肥使用量高达 692.33 kg/hm^2，但是小麦产量差异不大，因此科学合理地投入生产物资尤为重要。

水资源开发碳排放量和土地资源开发碳排放量类似，基本呈东南高、西北低的态势，但碳排放强度只有豫北和豫中部分地区较高。在各县（市、区）水资源开发碳排放量中，义马市、三门峡市、伊川县、栾川县、嵩县等的碳排放量较低，分别是 0.0061 万 t、0.011 万 t、0.014 万 t、0.031 万 t、0.044 万 t，而碳排放高值主要分布在商丘市、浚县、滑县、邓州市等，分别是 6.9 万 t、6.68 万 t、1.98 万 t、1.86 万 t。水资源开发碳排放量主要包括了灌溉和打井用能所产生的碳排放量，而灌溉碳排放量占水资源开发碳排放总量的 77.24%，打井碳排放量只占 22.76%，因此水资源开发产生的碳排放量中灌溉碳排放量是主要组成部分。由于豫东南地区地处平原，耕地面积广阔、地下水位较浅、具有良好的灌溉条件，因此水资源开发碳排放量较高。在各县（市、区）水资源开发碳排放强度中，伊川县、嵩县、确山县、洛宁县等的碳排放强度较低，分别是 1.9 kg/hm^2、8.01 kg/hm^2、8.35 kg/hm^2、10.1 kg/hm^2，而碳排放强度高值主要是浚县、淇县、修武县、通许县和建安区，其值分别是 667.7 kg/hm^2、202.96 kg/hm^2、165.97 kg/hm^2、144.48 kg/hm^2、140.34 kg/hm^2，主要还是分布在豫北和豫中。由于豫北地区地处山区、地下水位较深，所以有较多的打井碳排放量和灌溉碳排放量，但是此地耕地面积较少，所以有较高的碳排放强度，豫中是豫西山地向豫东平原过渡的山前丘陵地带，因地下水位较深、耕地资源有限，农业碳排放强度普遍较高。

为了解水土资源开发过程碳排放量及碳排放强度在空间上的集聚程度，采用全局和局部空间自相关来刻画（图 6-21）。河南省县域空间农业水土资源开发碳排放量和碳排放强度具有空间集聚性。计算得出 2016 年河南省县域空间水土资源开发碳排放量全局空间莫兰指数分别是 0.0441 和 0.1824，其值都大于 0，说明区域水土资源开发碳排放量存在空间集聚性，但水资源开发碳排放量趋近于 0，说明水资源开发碳排放趋于离散状态。同时，水土资源开发碳排放强度的全局莫兰指数分别是 0.1725 和 0.0234，也存在空间集聚现象。具体分析水土资源开发过程的局部空间自相关，碳排放“高-高”集聚和“低-低”集聚较为明显。①土地资源开发碳排放“热区”主要分布在豫东南地区，而“冷区”主要分布在豫西北等地。由于豫东南地区农业生产条件较好、地势平坦、土地肥沃、耕地广阔、降水充沛等，农业生产过程中化肥、农药和农用机械大量投入，所以有较高的碳排放。而“冷区”主要分布在豫西北地区，此区主要是山地地区，地势不平，地形复杂，且耕地较少，化肥、农药以及农业机械化投入强度较低，所以有较少的农业碳排放。②土地资源开发碳排放强度“热区”分布在豫东和豫南。豫东地区是由于投入较高，因此有着较高的碳排放强度，而豫南山地地区，虽然投入强度较低，但是耕地面积相对而言较少，因此碳排放强度也比较高。③水资源开发碳排放“热区”分布在豫北和豫东地区。一方面是由于豫北地区地下水位较深，打井和灌溉碳排放较高，另一方面，虽然豫东地区打井碳排放量较低，但是此地农业发展水平较高，有着较高的灌溉碳排放强度。④水资源碳排放强度的“热区”主要分布在豫北地区，“冷区”主要分布在豫西北地区。豫北地区的打井和灌溉碳排放量较高，但是耕地面积较小，所以水资源开发的碳排放强度较高。豫西地区由于机井数量较少，一般不具备灌溉条件，且耕地面积较少，所以有着较低的水资源开发碳排放强度。

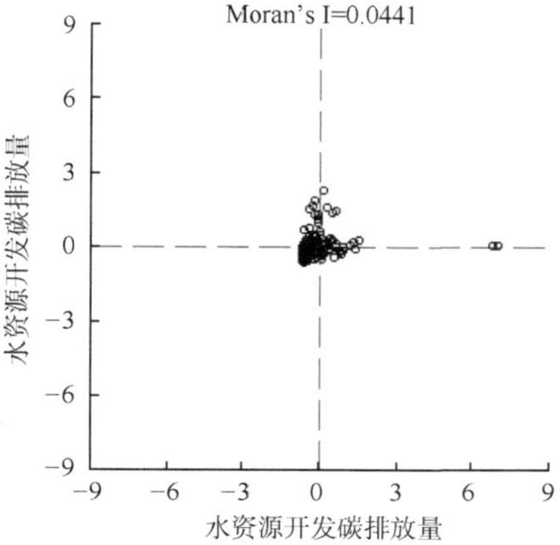

（a）水资源开发碳排放量全局空间指数

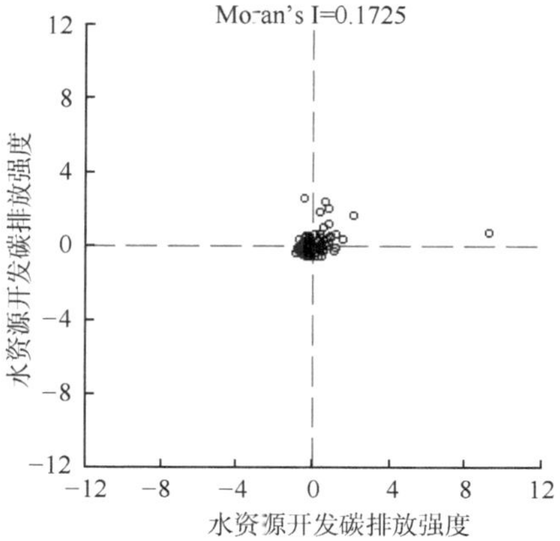

（b）水资源开发碳排放强度全局空间指数

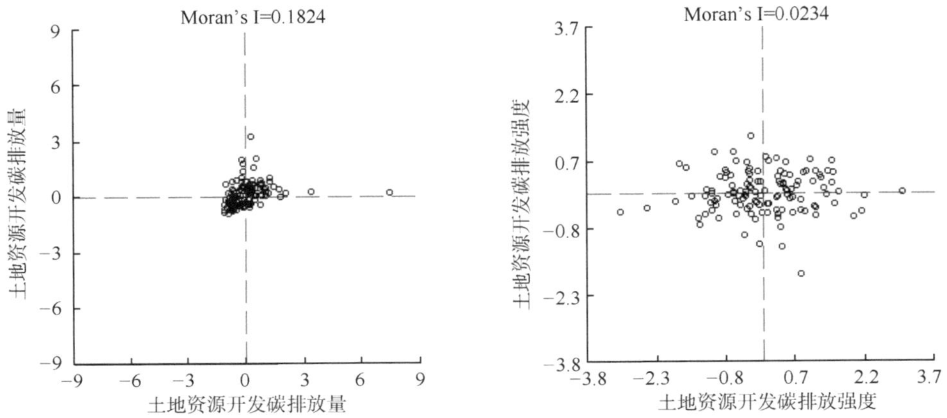

（c）土地资源开发碳排放量全局空间指数　　（d）土地资源开发碳排放强度全局空间指数

图 6-21　水土资源不同开发过程碳排放空间集聚格局

前面对水土资源开发不同过程碳排放的空间特征和空间集聚格局进行了对比分析，这里将具体对比水土资源开发不同过程的碳排放。土地资源开发碳排放量和碳排放强度明显高于水资源开发（图 6-22）。2016 年河南省碳排放总量为 1153.85 万 t，其中土地资源开发碳排放量为 1074.61 万 t、水资源开发碳排放量为 79.24 万 t，其分别占总量 93.13%和 6.87%，所以土地资源开发碳排放量占据了主导地位。由于数据较难获取，例如沟渠开挖等项目没有核算，因此水资源开发碳排放水平总体低于土地资源开发碳排放水平。当年总的碳排放强度是 918.94 kg/hm^2，土地资源开发碳排放强度为 855.84 kg/hm^2，水资源开发碳排放强度为 63.1 kg/hm^2，其分别占总碳排放强度的 93.13%和 6.87%。通过对比可知，土地资源开发碳排放量和碳排放强度都较高，因此在以后的农业生产过程中，应降低土地资源开发的强度，例如，降低化肥用量、提高化肥和农药等的利用效率。

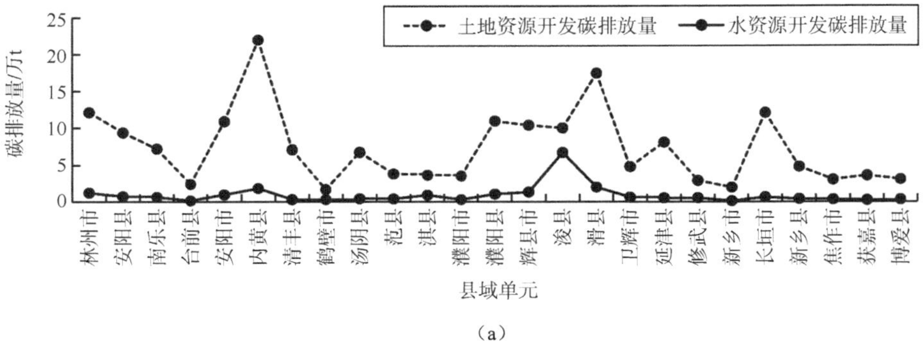

（a）

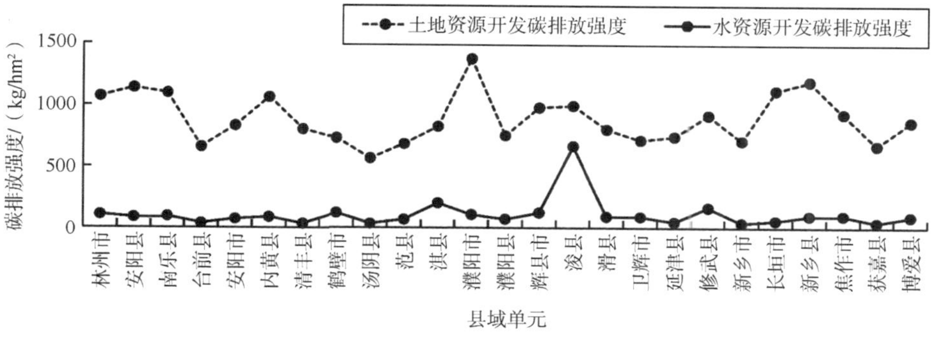
土地资源开发碳排放强度
水资源开发碳排放强度
碳排放强度/（kg/hm²）
1500
1000
500
0
林州市
安阳县
南乐县
台前县
安阳市
内黄县
清丰县
鹤壁市
汤阴县
范县
淇县
濮阳市
濮阳县
辉县市
浚县
滑县
卫辉市
延津县
修武县
新乡市
长垣市
新乡县
焦作市
获嘉县
博爱县
县域单元

（b）

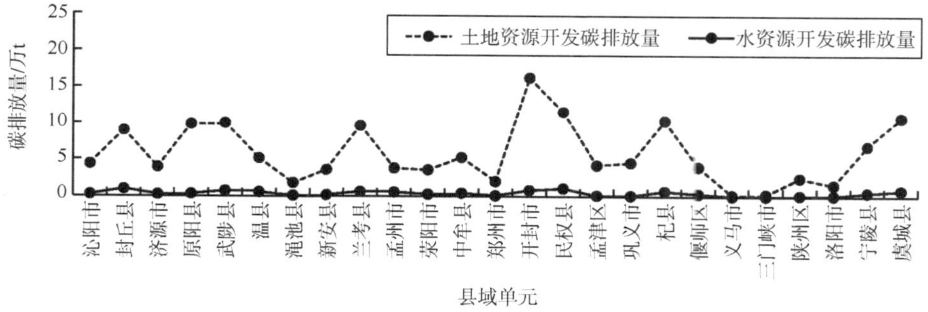
土地资源开发碳排放量
水资源开发碳排放量
碳排放量/万t
25
20
15
10
5
0
沁阳市
封丘县
济源市
原阳县
武陟县
温县
渑池县
新安县
兰考县
孟州市
荥阳市
中牟县
郑州市
开封市
民权县
孟津区
巩义市
杞县
偃师区
义马市
三门峡市
陕州区
洛阳市
宁陵县
虞城县
县域单元

（c）

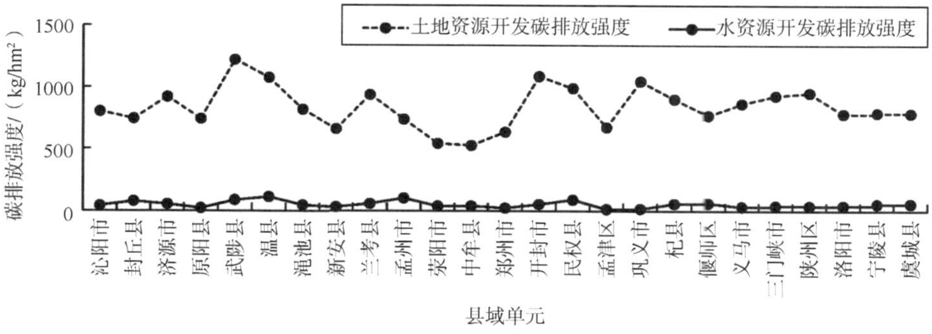
土地资源开发碳排放强度
水资源开发碳排放强度
碳排放强度/（kg/hm²）
1500
1000
500
0
沁阳市
封丘县
济源市
原阳县
武陟县
温县
渑池县
新安县
兰考县
孟州市
荥阳市
中牟县
郑州市
开封市
民权县
孟津区
巩义市
杞县
偃师区
义马市
三门峡市
陕州区
洛阳市
宁陵县
虞城县
县域单元

（d）

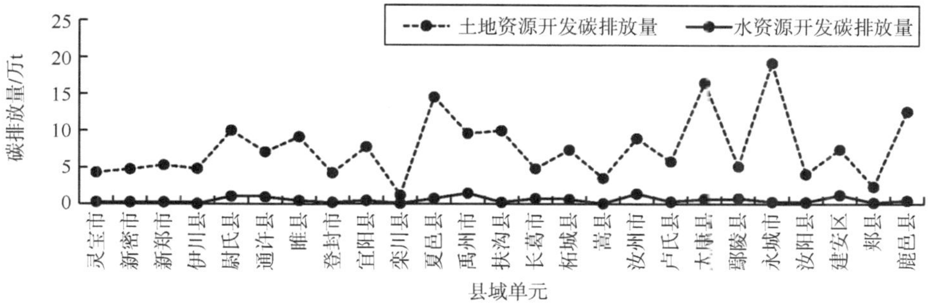
土地资源开发碳排放量
水资源开发碳排放量
碳排放量/万t
25
20
15
10
5
0
灵宝市
新密市
新郑市
伊川县
尉氏县
通许县
睢县
登封市
宜阳县
栾川县
夏邑县
禹州市
扶沟县
长葛市
柘城县
嵩县
汝州市
卢氏县
太康县
鄢陵县
永城市
汝阳县
建安区
郏县
鹿邑县
县域单元

（e）

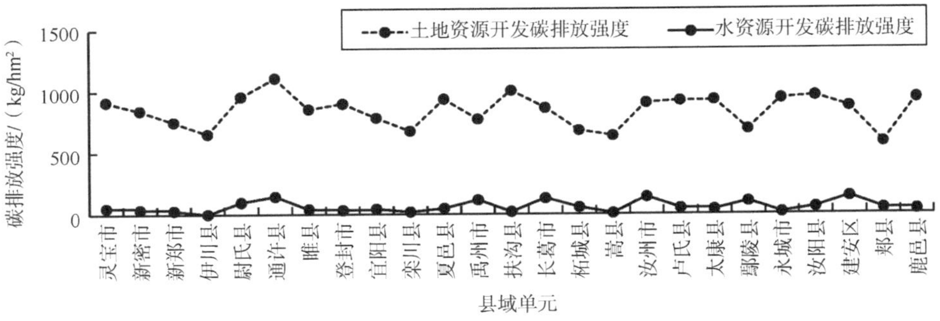
土地资源开发碳排放强度
水资源开发碳排放强度
碳排放强度/（kg/hm²）
1500
1000
500
0
灵宝市
新密市
新郑市
伊川县
尉氏县
通许县
睢县
登封市
宜阳县
栾川县
夏邑县
禹州市
扶沟县
长葛市
柘城县
嵩县
汝州市
卢氏县
太康县
鄢陵县
永城市
汝阳县
建安区
郏县
鹿邑县
县域单元
（f）

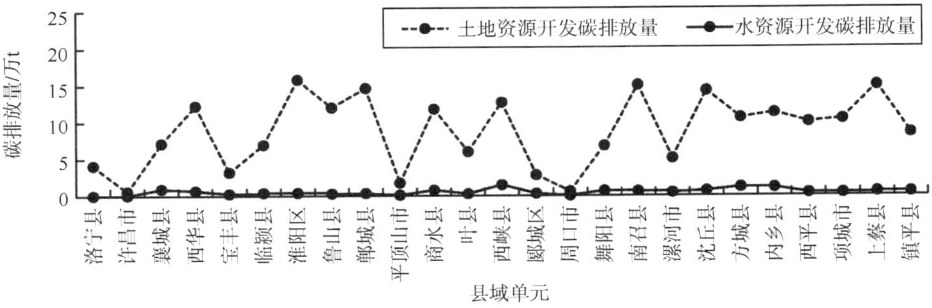
土地资源开发碳排放量
水资源开发碳排放量
碳排放量/万t
25
20
15
10
5
0
洛宁县
许昌市
襄城县
西华县
宝丰县
临颍县
淮阳区
鲁山县
郸城县
平顶山市
商水县
叶县
西峡县
郾城区
周口市
舞阳县
南召县
漯河市
沈丘县
方城县
内乡县
西平县
项城市
上蔡县
镇平县
县域单元
（g）

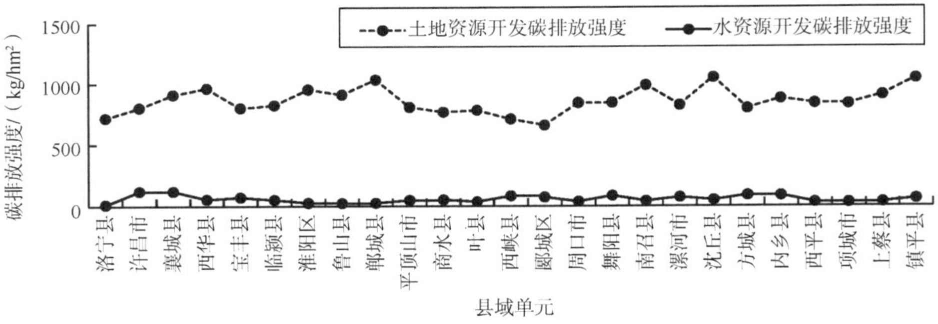
土地资源开发碳排放强度
水资源开发碳排放强度
碳排放强度/（kg/hm²）
1500
1000
500
0
洛宁县
许昌市
襄城县
西华县
宝丰县
临颍县
淮阳区
鲁山县
郸城县
平顶山市
商水县
叶县
西峡县
郾城区
周口市
舞阳县
南召县
漯河市
沈丘县
方城县
内乡县
西平县
项城市
上蔡县
镇平县
县域单元
（h）

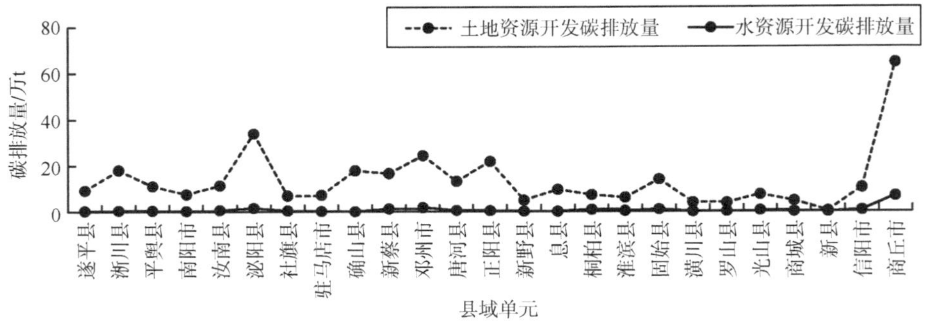
土地资源开发碳排放量
水资源开发碳排放量
碳排放量/万t
80
60
40
20
0
遂平县
淅川县
平舆县
南阳市
汝南县
泌阳县
社旗县
驻马店市
确山县
新蔡县
邓州市
唐河县
正阳县
新野县
息县
桐柏县
淮滨县
固始县
潢川县
罗山县
光山县
商城县
新县
信阳市
商丘市
县域单元
（i）

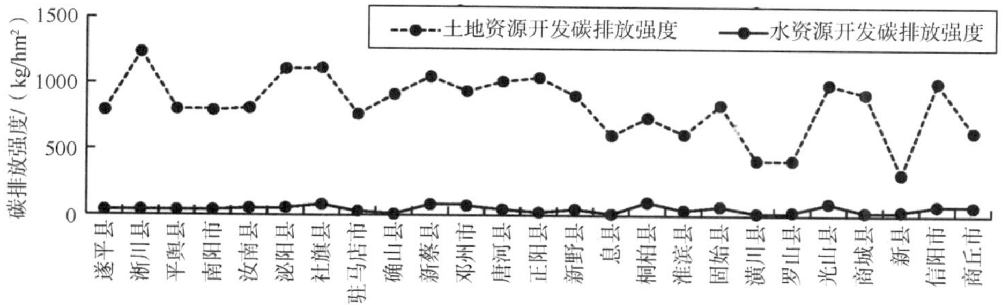

（j）

图 6-22 水土资源不同开发过程碳排放对比

第七章　碳排放约束下的农业水土资源优化研究

本章在河南省县域单元[①]农业碳排放模拟及其空间格局分析的基础上，分析了河南省农业水土资源开发的农业生产效率的空间格局，结合农业碳排放强度对农田进行了类型区划分；探讨了农业水土资源耦合开发碳排放的影响因素；最终，依据农业生产效率为各县域单元制定水土资源开发碳排放强度阈值，并为县域单元农业水土资源耦合开发利用提出低碳优化方案。

第一节　县域单元农业生产效率评价及时空格局分析

农业生产效率是衡量区域农业生产水平的重要指标。本节首先明确农业水土资源开发过程中的投入与产出变量，其次运用 Super-SBM 模型测算县域单元的农业生产效率，并对其空间分布特征进行分析，再次基于河南省县域农业碳排放强度与农业生产效率的大小进行类型区划分，最后通过 Tobit 模型探究农业生产效率的影响因素，提出低碳高效农业发展的对策。

一、农业生产效率空间差异分析

河南省县域单元的农业生产效率差异悬殊（附表 8）。其中，淮滨县的农业生产效率最大，为 1.7209，林州市的农业生产效率最小，为 0.1987。河南省县域单元农业生产效率的平均值是 0.8368，小于平均值的县域有 58 个，大于县域平均值的有 67 个。从市域单元来看，河南省各地级市的农业生产效率差异较大。济源市的平均农业生产效率最小，为 0.2720。信阳市的平均农业生产效率最大，为 1.1168。农业生产效率大于 1 的市域单元有 5 个，小于 1 的市域单元有 13 个。而农业生产效率大于 1 的县域单元有 67 个，农业生产效率小于 1 的县域单元有 58 个。

按照农业碳排放强度的分类方法对各县域农业生产效率进行分类，大于等于 1.6 的为Ⅰ类，一共有 2 个县域，分别为淮滨县、新乡市；[1.2, 1.6)的为Ⅱ类，共有 8 个，分别为淇县、睢县、温县、栾川县、商水县、新县、平舆县、鹿邑县；

① 本章所研究的地级市是指该地级市的市区，所以也称为县域单元。

[0.8, 1.2)的为Ⅲ类，共有 59 个；[0.4, 0.8)的为Ⅳ类，共有 38 个；小于 0.4 的为Ⅴ类，共 18 个。其中，农业生产效率介于[0.8, 1.2)的Ⅲ类县域最多，占全省县域的 47.2%，其次为Ⅳ类县域，占全省县域的 30.4%；农业生产效率大于等于 1.6 的Ⅰ类县域最少，占全省县域的 1.6%。可知，河南省县域农业生产效率的水平主要集中于Ⅲ类、Ⅳ类，占全省县域总体的 77.6%。河南省农业生产效率大于 1 的县域占全省总体的 53.6%，说明大半县域农业生产达到了较高水平，其余县域农业生产水平仍然需要进一步提升。

从县域农业生产效率的空间分布可知，Ⅰ类、Ⅱ类县域分布零散，但主要都分布在地形条件较好的平原地区。Ⅲ类县域占比最大，分布最为广泛，主要集中在豫东、豫南、豫北，主要分布在平原地区，地形条件较好，交通便利，有利于农业基础设施的建设。河南省大部分县域农业生产水平都处于此类。Ⅳ类县域在平原、山区都有分布，主要位于河南省中部。Ⅴ类县域主要分布在山区，耕地质量、种植条件、生产力水平都相对落后。Ⅰ类、Ⅱ类、Ⅲ类县域农业生产效率相对较高，是河南省县域单元农业低碳发展和保障粮食安全的主力。未来在保障此类县域农业高质量发展和粮食安全的同时，要兼顾农业转型和低碳发展。Ⅳ类、Ⅴ类县域农业生产效率偏低，生产力低下，是河南省未来农业生产改造的重点方向。此类县域要因地制宜，探寻适合当地作物生产的模式和种植方式。

二、基于碳排放强度和农业生产效率的河南省农业类型区划分

以农业碳排放强度和农业生产效率的平均值为原点建立坐标系，把河南省县域单元分为 4 类，即低碳高效区、高碳低效区、高碳高效区、低碳低效区（图 7-1）。各类县域特点如下。

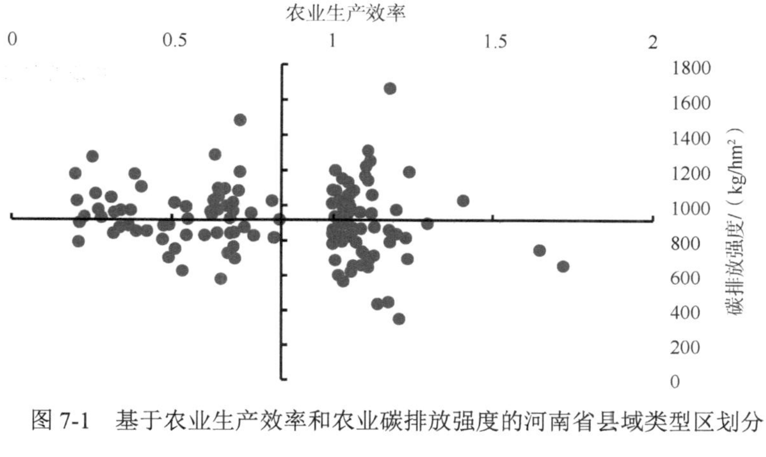

图 7-1　基于农业生产效率和农业碳排放强度的河南省县域类型区划分

（1）低碳高效区：此类县域共有 39 个，总体特征是高效率、低碳排放。该类县域在河南省占比最大，农业生产活动中投入了少量的资金和劳动力，基础水利设施完善、机械化水平和农业生产效率高，粮食产量要明显高于其他类型的县域。部分该类县域集中在豫西山区。山区种植作物困难且经济效益低，主要为小块、分散、人工种植。能源和物资投入相对较少，同时由于人工管理较多，提高了物资和能源的利用效率。郑州、洛阳市区周边农户种植作物的意愿不高，由于较高的通达性和经济效益促使大部分青壮劳动力选择外出务工或者选择其他工作，作物缺乏人员管理且生产投入较少。但由于邻近市区，村庄的水利设施完善、机械化水平高，能源的利用效率较高。根据河南省农业的《河南省国民经济和社会发展第十四个五年规划和二〇三五年远景目标纲要》和未来农业发展的需要，政府应总结该类县域农业生产的相关经验水平，然后确定合适的试点发展低碳农业，探索适合当地农业发展的生产模式，以试点为基础，实现从“点”到“面”的逐步推广。

（2）高碳低效区：此类县域共有 33 个，总体特征是低效率、高碳排放。该类县域投入较多的技术资金和农业资源，但劳动力投入较少，作物的管理水平和农业生产效率偏低，从而导致粮食产量相应地减少和产生较高的碳排放。据实际调研得知，影响农业生产的投入因素有很多，比如相关部门监管不严，政府出资建设的机井存在乱收费现象。较深的地下水位和不健全的管理机制导致能源和资金投入偏大，农业生产效率较低。该类县域需要调整生产模式，鼓励开展土地规模化经营。同时政府需投资完善农业基础水利设施，加大水利设施使用的监管力度，改进现有的灌溉方式，推广节水节能新技术。加大农机的优惠和补贴力度，提高当地的农业机械化率。

（3）高碳高效区：此类县域共有 28 个，总体特征是高效率、高碳排放。该类县域在农业生产活动中依托经验和农资店老板的指导进行物资投入，为了得到最大收益往往会过量投资。其中，农户勤劳度的大小决定着作物管理水平的高低，调研发现，该类县域农户有着很强的种植意愿，所以农户的勤劳度和作物管理水平较高，农业生产效率和粮食产量相应也较高。在未来的发展中，政府需要发挥引导作用，利用农业技术站推广适宜当地环境的耕作模式和管理方式，帮助农户制订合理的投资计划。加大农机购买的优惠政策，提高农业机械化率。充分利用农户种植的积极性，打造“人工—机械”的二元生产模式，提高农业生产效率，减少农业碳排放。

（4）低碳低效区：此类县域共有 25 个，总体特征是低效率、低碳排放。该类县域在从事农业生产时物资和能源投入适中，但整体利用效率不高。部分该类县域灌溉设施不健全，农户没有投资的意愿，劳动力投入较少，作物生长期间缺乏管理，导致了较低的农业投入。该类县域应在完善农业水利设施的基础上充分调动农户的种植意愿，适当加大劳动力和资源投入，提高作物的管理水平，实现低碳高效。

从不同类型区的空间分布来看，低碳高效区主要分布在信阳、周口、开封、新乡、三门峡等地区，呈现一定的聚集状态，低碳低效区则分布得较为分散，主要呈竖线形分布，高碳低效区主要分布在豫西、部分豫中地区，高碳高效区则主要分布在豫南、豫北和豫东的部分地区，并呈现一定的聚集分布。

三、农业生产效率的影响因素分析

从农业生产效率角度分析河南省农业水土资源耦合开发的影响因素。由于河南省农业水土资源耦合开发的影响因素较多，主要考虑节水灌溉率、土地投入强度、人均播种面积、劳动力文化水平、农村经济发展水平等指标。

由回归结果可知（表 7-1），不同影响因素对农业生产效率的影响程度不同。节水灌溉率和农业经济发展水平对农业生产效率有着显著的正向影响，土地投入强度、人均播种面积对农业生产效率有着负向作用。

表 7-1　农业生产效率的影响因素回归结果

变量	系数	标准误差	*Z*-统计量	*P* 值
节水灌溉率	0.6781	0.1615	4.1933	0.0000
土地投入强度	−0.3976	0.1264	−3.1448	0.0017
人均播种面积	−0.4419	0.1347	−3.2808	0.0010
劳动力文化水平	0.0820	0.1243	0.6593	0.5097
农村经济发展水平	0.3047	0.0532	5.7298	0.0000
常数项	0.4136	0.1681	2.4601	0.0139

节水灌溉率对农业生产效率的影响较为显著，有效灌溉率越高，越有利于提升农业水土资源开发的生产效率。可能的原因是：①河南省地处暖温带地区，水资源时空分布不均，豫南和豫西水资源虽然充沛，但利用效率低，豫东和豫北农业需水量大，但人均用水量都远远低于全省水平。②从调研中可知，目前河南省的灌溉工程设施存在老化、灌溉技术落后、管理不善、农户浇地困难、浇地过程中一般采用传统地面灌溉技术的现象。

土地投入强度对农业生产效率有着显著的负向影响。河南省是农业大省，是全国重要的商品粮基地，为了保障粮食的稳定，农户往往会过量投资，造成水土资源的浪费。在农业内部结构中，种植业占据了最大比例。因此未来根据区域自然环境特点建立科学合理的投资体系，实施区域测土配方施肥，使用有机农药、物理方法预防农作物虫害，减少农业投资。土地集约节约化生产有利于提高农业的生产效率。河南省虽然以平原为主，但是豫西、豫北和豫南山地和丘陵面积达到总面积的44.3%，且这些地区分布着较多的人口，因此人均播种面积相对较小，一般是小农经营的模式。因此河南省还需要进一步加强土地流转，提高耕地的规模化经营程度。总体而言，节水灌溉率、土地投入强度、人均播种面积等都对农业水土资源耦合开发有较大的影响。

第二节 县域单元农业水土资源开发碳排放强度阈值的确定

碳排放强度阈值的确定是开展农业水土资源优化的前提。这里将农业生产效率作为调控因子，结合河南省“十三五”温室气体排放控制目标，建立了各县域单元农业水土资源开发的碳排放阈值，并以此作为农业水土资源优化的依据。

一、县域单元土地资源开发的碳排放强度阈值

综合考虑《河南省“十三五”控制温室气体排放工作实施方案》中各县域2020年的减排目标和农业生产效率，结合第三章的研究方法和不同县域单元的土地资源开发碳排放强度，以农业生产效率为调控因子，确定了各县域单元土地资源开发碳排放强度阈值（附表9）。结果可知，河南省各县域分解目标后总碳排放强度为91 413.47 kg/hm^2，各县域土地资源总碳排放强度阈值为93 052.66 kg/hm^2，总体上减少了1.76%，达到河南省的碳减排目标。其中，淮滨县、新乡市、淇县的土地资源碳排放强度阈值增加最多，分别增加了10%、9.03%、5.90%，土地资源碳排放强度阈值减少较大的县域分别为西峡县、南召县、林州市，其分别减少了9.86%、9.93%、10.00%，大多数县域的土地资源碳排放强度阈值变化较小，其中，73.6%的县域在5%的范围内波动。另外，土地资源碳排放强度阈值的增减比例与农业生产效率的排序一致，这体现了阈值调控的效率原则，而农业生产效率为土地资源碳排放强度的调控因子，计算时选取了众多影响指标，保证了各县域调控的公平性。浚县、濮阳市、武陟县、通许县的土地资源碳排放强度阈值较大，分别为1370.26 kg/hm^2、1162.62 kg/hm^2、1070.56 kg/hm^2、1037.26 kg/hm^2，汤阴县、郏县、中牟县、荥阳市、罗山县、潢川县、新县的土地资源碳排放强度阈值较小，均不足500 kg/hm^2。

从市域范围看，郑州市及其所辖中牟县、新郑市土地资源碳排放强度阈值较河南省“十三五”分解目标的碳排放强度有所增加，新密市、巩义市、荥阳市、

登封市的土地资源碳排放强度阈值有所减少，分别减少了 7.81%、9.15%、4.03%、9.61%，巩义市和登封市减少比例相对较大。郑州市经济发展迅速，农业生产条件良好，中牟县、新郑市处于郑州市的主要发展方向的轴线上，因此郑州市的高速发展带动了中牟县、新郑市的农业发展，农业生产水平相对较高。洛阳市及其所辖孟津区、栾川县、新安县、伊川县、嵩县、洛宁县的土地资源碳排放强度阈值有所增加，偃师区、宜阳县、汝阳县的土地资源碳排放强度阈值有所减少，洛阳市土地资源碳排放强度阈值增加的县域较多，其主要原因是农业生产效率相对较高。洛阳市以山地丘陵为主，地块破碎分散，农业机械耕作困难，农业投入相对较少，因此劳动力投入较多，部分县域农业物资利用效率较高。

二、县域单元水资源开发的碳排放强度阈值

由结果可知（附表 10），河南省各县域分解目标后水资源总碳排放强度为 157.47 kg/m^3，各县域水资源总碳排放强度阈值为 154.79 kg/m^3，总体上减少了 1.7%，水资源碳排放强度的阈值设定符合国家和河南省的碳减排目标。河南省县域单元水资源碳排放强度阈值最大的为商丘市，其值为 9.54 kg/m^3，最小的为三门峡市和新县，其值为 0.01 kg/m^3。同时，水资源碳排放强度阈值的增减比例与农业生产效率的排序一致，这体现了阈值调控的效率原则。从变化率来看，淮滨县、新乡市、淇县的水资源碳排放强度阈值增加得最大，分别增加了 10%、9.03%、5.90%，西峡县、南召县、林州市的水资源碳排放强度阈值减少较大，其分别减少 9.86%、9.93%、10.00%。

第三节 碳排放约束下的农业水土资源优化开发方案

结合碳排放强度阈值，基于最大粮食产量、最小农业碳排放的目标运用多目标线性规划法寻求区域最佳水土资源组合方式。本节选择的影响因素主要为有效灌溉面积、化肥使用量、农药使用量、农膜使用量、农业用水量等。由于不同县域受自然条件和人为因素的双重影响，农业生产条件和水平存在差别，为了进一步明确河南省不同县域单元的水土资源差异，有针对性地提出不同区域的水土资源利用开发模式，本节以县域单元水资源量、农业播种面积的平均值为中点，把县域单元分为四类：水土丰富区、水多土少区、水土缺乏区、水少土多区。其中，水土丰富区包括 18 个县域，主要集中在豫南周口、信阳等地，水多土少区包括 23 个县域，主要集中在豫西山区和部分信阳地区，水土缺乏区包括 50 个县域，主要集中在豫北、豫中和南阳部分地区，水少土多丰富区包括 34 个县域，主要集

中在豫东和部分豫西南地区。

由多目标线性规划结果可知（表 7-2），河南省县域单元水土资源优化后粮食产量增加，由原来的 6238.48 万 t 增加到 6738.79 万 t，增加了 500.31 万 t，达到了《河南省“十三五”农业和农村经济发展规划》中 6500 万 t 的既定目标。农业碳排放也大幅减少，根据“十三五”规划约束所求的碳排放阈值为 922.48 万 t，优化后农业碳排放为 830.97 万 t，减少了 91.51 万 t。同时土地资源投入如化肥、农药、农膜的使用量也大幅减少，符合国家和农业发展的需要，化肥使用量由原来的 806.66 万 t 减少到 602.93 万 t，农膜使用量由原来的 156 250.94 t 减少到 145 011.40 t。有效灌溉面积增加，说明农业基础水利设施建设得到加强。农业用水量也得到了有效控制，由原来的 1 215 125.68 m^3 减少到 1 207 266.40 m^3。优化后水土资源的投入与产出基本符合政府的预期目标，农业投入有效减少、基础水利设施不断加强、水资源有效节约，农业水土资源开发的生产效率得到提高，促进了粮食产量和经济效益的提升。

表 7-2　不同类型区水土资源优化前后对比

水土资源优化指标		河南省总体	水土丰富区	水土缺乏区	水多土少区	水少土多区
农业碳排放/万 t	优化前	922.48	222.06	204.85	90.69	404.88
	优化后	830.97	196.42	193.13	88.55	352.86
粮食产量/万 t	优化前	6 238.48	1 394.42	1 673.15	815.81	2 355.10
	优化后	6 738.79	1 480.86	1 881.74	881.28	2 494.91
有效灌溉面积/khm^2	优化前	5 328.10	1 040.95	1 610.40	663.86	2 012.88
	优化后	7 607.52	1 375.71	2 216.48	886.91	3 128.42
化肥使用量/万 t	优化前	806.66	166.76	171.22	81.57	387.11
	优化后	602.93	138.20	143.09	60.29	261.34
农药使用量/t	优化前	130 061.20	22 028.41	32 542.33	13 324.26	62 166.20
	优化后	83 122.63	14 761.17	16 890.00	8 467.43	43 004.03
农膜使用量/t	优化前	156 250.94	29 144.11	46 581.11	15 011.59	65 514.13
	优化后	145 011.40	26 593.43	44 245.06	13 912.52	60 260.39
农业用水量/m^3	优化前	1 215 125.68	406 462.54	190 759.18	390 989.76	226 914.20
	优化后	1 207 266.40	412 047.26	177 224.45	402 524.63	215 470.05

其中，不同区域的水土资源优化效果存在差异，水土缺乏区优化后粮食产量提升最大，由原来的 1673.15 万 t 提升到 1881.74 万 t，增长了 12.47%，说明水土缺乏区优化后的增长潜力较大。优化后水土缺乏区土地资源的投入物资大幅减少，化肥使用量、农药使用量的减少超过 15%，农膜使用量减少了 5.02%，农业用水

量也减少了7.10%。水少土多区的农业碳排放减少最大，由原来的404.88万t减少到352.86万t，减少了52.02万t，水多土少区的农业碳减排最小，由90.69万t减少88.55万t，减少了2.14万t。四类区域优化后土地资源投入都大幅减小，农药使用量减少的幅度最大，都超过了20%，农膜使用量减少的幅度最小，均在6%左右浮动。而农业用水量变化则存在差异，水土丰富区、水多土少区的水资源使用量略微增加，分别增加了1.37%、2.95%，这跟区域水资源量与约束条件有关，由于这两类区域水资源较为丰富，考虑到区域自然资源特点与农作物的需水特性，设置约束条件时允许农业用水量增加，但是优化后河南省总体的农业用水量是减少的，减少了0.65%。

一、水土丰富区农业低碳发展优化方案

该类区域农业水土资源条件优越，其特点是水资源、土地资源丰富，粮食产量高，在运用多目标线性规划方法测算最佳水土资源利用模式时，参考《河南省"十三五"农业和农村经济发展规划》《"十三五"控制温室气体排放工作方案》中的相关目标和区域自身水土资源状况，其所求目标函数的约束条件为最大的粮食产量、最小的农业碳排放，即农业碳排放阈值不得超过碳排放阈值。由于此类区域水土资源丰富，所以其影响因素的约束条件为有效灌溉面积要大于或等于原来的有效灌溉面积，农业生产中的物资投入如化肥、农药、农膜要减少或者保持原来的水平，农业用水量可以根据实际水资源量适当增加，但河南省总体用水量要减少。

由结果可知，该类区域通过多目标线性规划求解后粮食产量均有所上升（图7-2），该类区域18个县域的优化前粮食产量总和为1394.42万t，优化后粮食产量总量为1480.87万t，增加了86.45万t，农业碳排放由优化前的222.08万t减少到196.43万t，减少了25.64万t。邓州市的优化前粮食产量最高，为117.21万

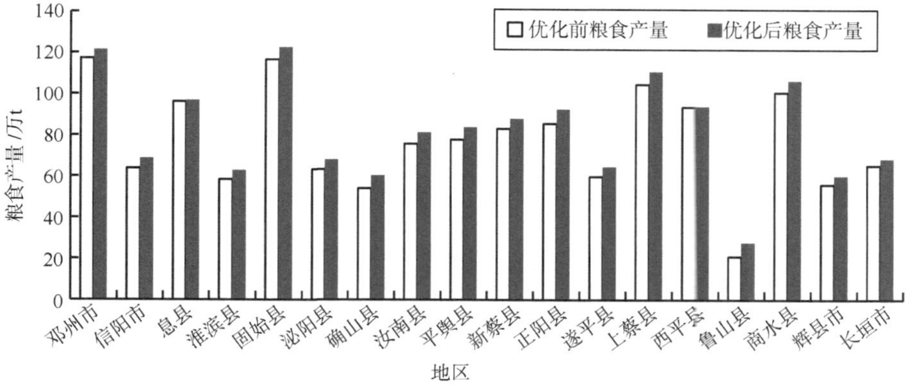

图7-2 河南省县域单元水土丰富区优化前后粮食产量对比

t，鲁山县的优化前粮食产量最低，为 20.91 万 t。邓州市优化后粮食产量为 121.51 万 t，鲁山县优化后的粮食产量为 27.66 万 t，分别增加了 4.30 万 t、6.75 万 t。优化后该类区域粮食产量的前 5 名分别为固始县、邓州市、上蔡县、商水县、息县，优化后的粮食产量为 122.73 万 t、121.51 万 t、111.05 万 t、106.70 万 t、97.05 万 t，粮食产量分别增加了 6.03 万 t、4.30 万 t、6.24 万 t、5.64 万 t、0.71 万 t，上蔡县粮食产量增加得最多，息县增加得最少。该类区域优化后粮食产量增加最多的是正阳县，粮食产量由原来的 85.71 万 t 增加到 92.76 万 t，增加了 7.05 万 t，粮食产量增加最少为西平县，由原来的 93.88 万 t 增加到 94.21 万 t，增加了 0.33 万 t。

该类区域优化后水土资源组合模式较原来发生了较大变化，由原来的粗放型生产投入转变为节约型生产，区域内县域整体土地物资投入如化肥、农药、农膜减少，但由于区域水资源量丰富和相关约束条件，农业用水量略有增加，农业有效灌溉面积增加，主要转变为节能减投型生产模式。表明对于化肥使用量原本就较高的区域要大力开展测土配方施肥，如邓州市、沁阳市，这样可以显著减少化肥使用量。而化肥和农药都减少较多的县域要重点研发“肥药一体化”生产技术，推广农作物的物理防治和生物有机肥使用，从源头上减少物资投入，如息县和淮滨县。优化后的农膜使用量变化情况有两种，分别为农膜使用量不变和减少，但基于节能减排的目标，农作物生产过程中要尽量减少农膜的使用。土地资源开发投入减少，农业碳排放也随之减少。县域的农业用水量略有增加，由于农业有效灌溉面积增加，该类区域土地资源较多，农业需水量也进一步增加。

优化后该类区域水土资源变化具体表现为有效灌溉面积总量增加（图 7-3），由优化前的 1040.97 khm^2 增加到 1375.71 khm^2。化肥、农药、农膜使用量减少，化肥使用量由优化前的 166.76 万 t 减少到 138.22 万 t，农药使用量减少得较多，由优化前的 22 028.40 t 减少到 14 761.17 t，农膜使用量由优化前的 29 144.12 t 减少到 26 593.45 t，农业用水量的总量增加，由优化前的 406 462.54 m^3 增加到 412 047.25 m^3，但是优化后河南省总的农业用水量是减少的。由此可知，当县域单元自然条件优越、水土资源丰富时，水土资源开发模式可以进一步优化，人类的

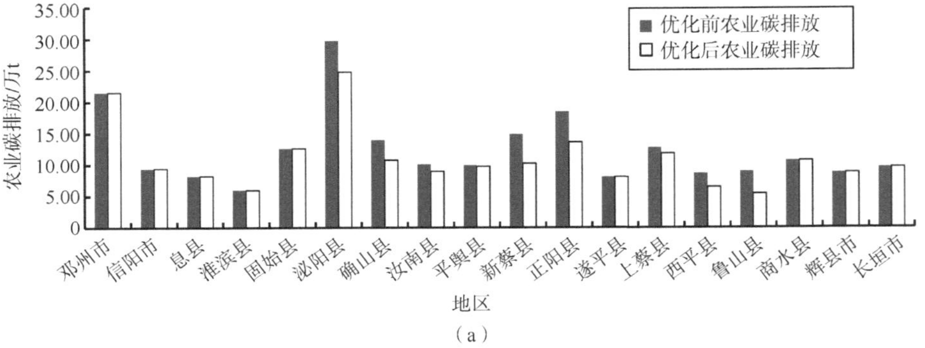

（a）

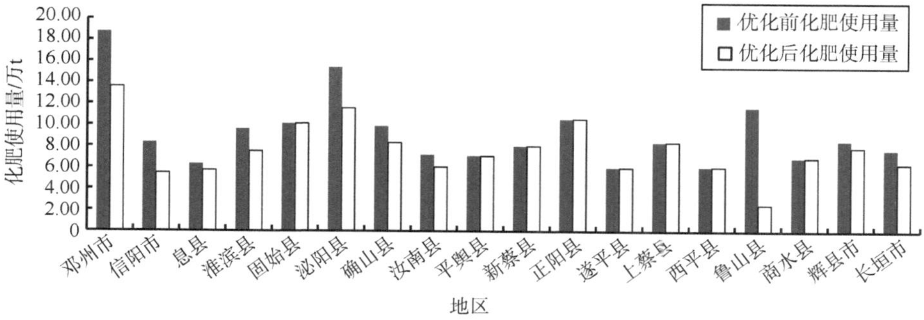
优化前化肥使用量
优化后化肥使用量
化肥使用量/万t
20.00
18.00
16.00
14.00
12.00
10.00
8.00
6.00
4.00
2.00
0
邓州市
信阳市
息县
淮滨县
固始县
泌阳县
确山县
汝南县
平舆县
新蔡县
正阳县
遂平县
上蔡县
西平县
鲁山县
商水县
辉县市
长垣市
地区

（b）

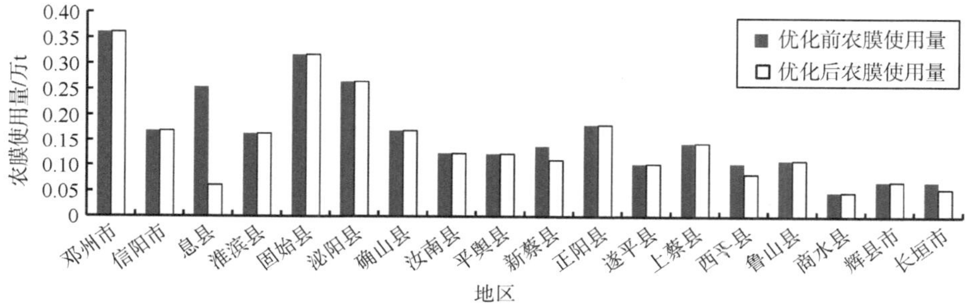
优化前农膜使用量
优化后农膜使用量
农膜使用量/万t
0.40
0.35
0.30
0.25
0.20
0.15
0.10
0.05
0
邓州市
信阳市
息县
淮滨县
固始县
泌阳县
确山县
汝南县
平舆县
新蔡县
正阳县
遂平县
上蔡县
西平县
鲁山县
商水县
辉县市
长垣市
地区

（c）

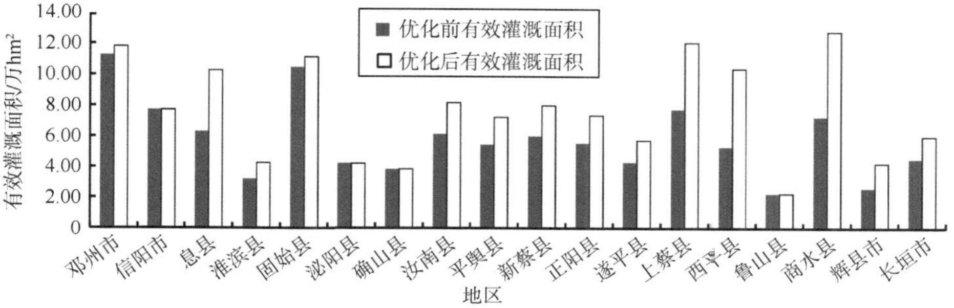
优化前有效灌溉面积
优化后有效灌溉面积
有效灌溉面积/万hm²
14.00
12.00
10.00
8.00
6.00
4.00
2.00
0
邓州市
信阳市
息县
淮滨县
固始县
泌阳县
确山县
汝南县
平舆县
新蔡县
正阳县
遂平县
上蔡县
西平县
鲁山县
商水县
辉县市
长垣市
地区

（d）

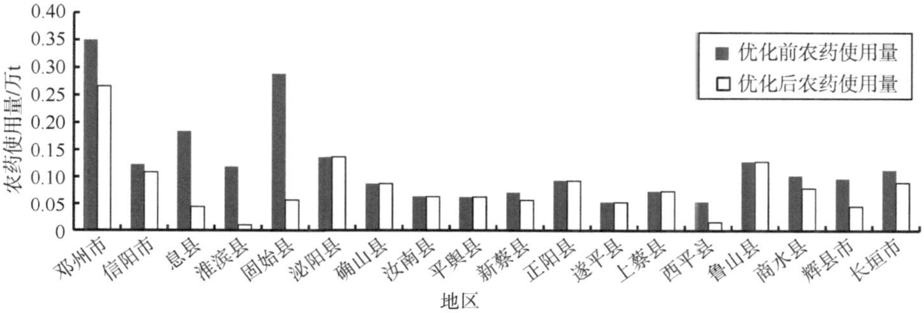
优化前农药使用量
优化后农药使用量
农药使用量/万t
0.40
0.35
0.30
0.25
0.20
0.15
0.10
0.05
0
邓州市
信阳市
息县
淮滨县
固始县
泌阳县
确山县
汝南县
平舆县
新蔡县
正阳县
遂平县
上蔡县
西平县
鲁山县
商水县
辉县市
长垣市
地区

（e）

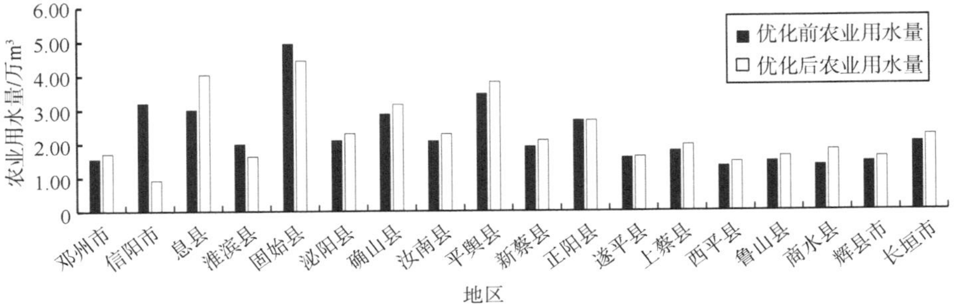

（f）

图 7-3　水土丰富区优化前后农业生产投入对比

物资投入不断减少，物资利用效率进一步提升，在水资源较为丰富时，可以适当增加用水量，但是需要提高农用水的利用效率，优先推广喷灌、微灌等节水节能技术。

二、水多土少区农业低碳发展优化方案

该类区域水资源总量较多，县域单元水资源总量在河南省的平均值之上，农业播种面积较少，处于平均值以下。其特点是水资源丰富、土地资源较为缺乏、粮食产量低，由于此类区域水资源丰富，所以农业用水量的约束可以根据实际水资源量适当增加，但主要以不能超过当前用水量为基准，其他影响因素的约束条件为有效灌溉面积要大于或等于优化前的有效灌溉面积，农业生产中的物资投入如化肥、农药、农膜可以适当增加但河南省总体的物资投入量要减少。

由结果可知，该类区域在保证农业碳排放不超过碳排放阈值的约束条件下通过多目标线性规划求解后粮食产量均有所上升（图 7-4），该类区域 23 个县域的优化前粮食产量总和为 815.82 万 t，优化后粮食产量总量为 881.28 万 t，增加了 65.46 万 t，农业碳排放量减少较小，区域总农业碳排放量由优化前的 90.69 万 t 减少到 88.55 万 t，减少了 2.14 万 t，且只有栾川县、汝阳县、光山县、商城县和汝州市的农业碳排放较阈值有所减少。该区域罗山县的优化前粮食产量最高，为 71.33 万 t，三门峡市的优化前粮食产量最低，为 2.55 万 t。罗山县水土资源组合模式优化后得到的粮食产量为 76.71 万 t，三门峡市优化后的粮食产量为 3.06 万 t，分别增加了 5.38 万 t、0.51 万 t。该类区域优化后粮食产量增加最多是潢川县，粮食产量由优化前的 68.84 万 t 增加到 74.44 万 t，增加了 5.60 万 t，粮食产量增加最少为许昌市，由优化前的 8.16 万 t 增加到 8.30 万 t，增加了 0.14 万 t。其中，水土资源模式优化后粮食产量增加较大的前五名县域分别为潢川县、汝州市、罗山县、商城县、灵宝市，粮食产量分别增加了 5.60 万 t、5.49 万 t、5.38 万 t、5.26 万 t、4.76 万 t。

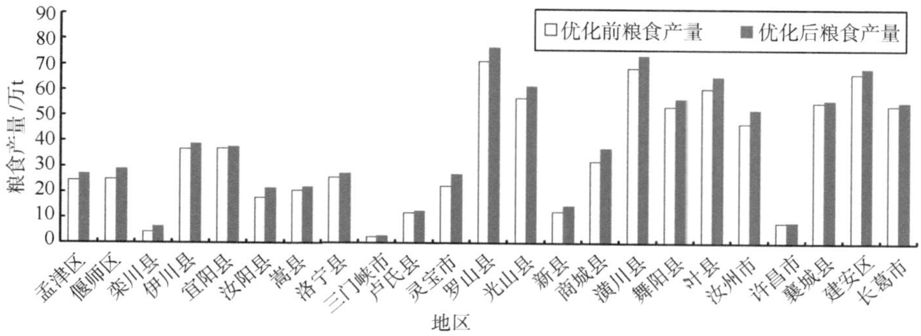

图 7-4　河南省县域单元水多土少区优化前后粮食产量对比

该类区域优化后水土资源组合模式较优化前发生了较大变化，具体可分为两种水土资源开发模式：节水减投型和耗水减投型。①节水减投型。此类县域水土资源开发模式为化肥、农药、农膜的投入减少，耕地有效灌溉面积增加，农业用水量减少，如卢氏县等。此类县域农业土地生产投入水平较其他区域普遍偏小，县域化肥使用量的平均值由优化前的 3.55 万 t 减少到 2.62 万 t，农药使用量的平均值由优化前的 579.32 t 减少到 368.15 t，农膜投入的平均值由 652.68 t 减少到 604.89 t，土地资源开发的物资投入减少。而县域的农业用水量也在减少，且减少的县域都有水资源量较少的特点，表明优化后的水土资源组合模式具有合理性。②耗水减投型。此类县域水土资源开发模式为化肥、农药、农膜使用量减少，耕地有效灌溉面积、农业用水量增加。此类区域土地资源较少，农业生产的物资投入量也要远低于其他类型，使土地资源的总体投入不断减少，优化后的农业碳排放也大多正好达到“十三五”规划要求的目标。虽然此类县域的粮食产量增加，农业碳排放减少，但农业用水量略有提升，因此此类县域在以后的农业发展中要提高农业基础水利设施的建设，推广节水技术和其他灌溉模式，节约用水，减少农业用水量。

该类区域优化后水土资源组合模式变化为有效灌溉面积的总量增加（图 7-5），由优化前的 663.85 khm^2 增加到 886.91 khm^2。化肥、农药、农膜使用量总量减少，化肥使用量由优化前的 81.58 万 t 减少到 60.29 万 t，农药使用量减少得较多，由优化前的 13 324.26 t 减少到 8467.43 t，农膜使用量由优化前的 15 011.59 t 减少到

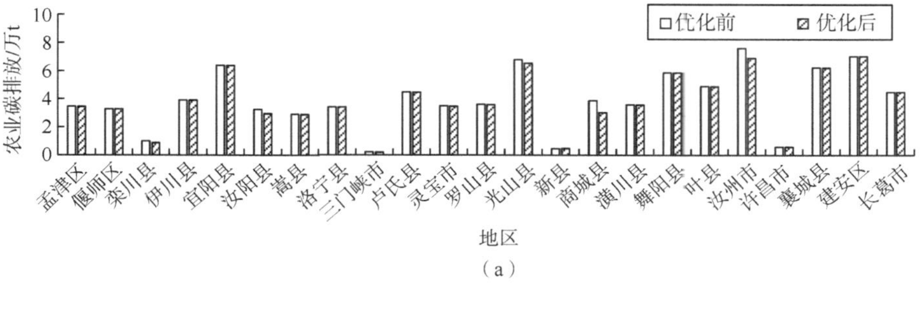

（a）

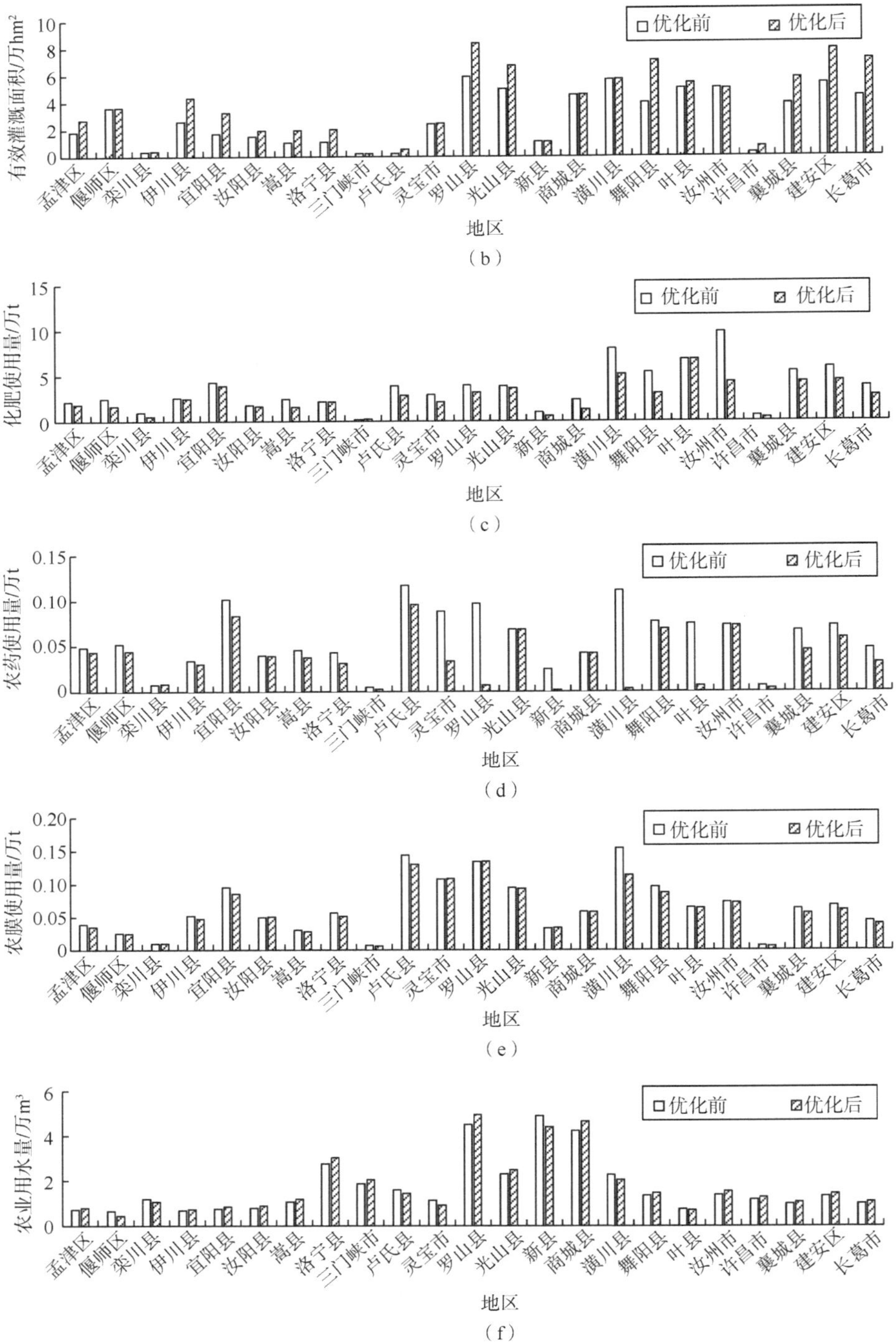

图 7-5　水多土少区优化前后农业生产投入对比

13 912.52 t，农业用水量的总量增加，由优化前的 390 989.76 m^3 增加到 402 524.62 m^3，但是优化后河南省总的农业用水量是减少的。

三、水土缺乏区农业低碳发展优化方案

该类区域水土资源缺乏，县域单元水土资源都处于平均值之下。其特点是水资源总量缺乏，播种面积较少，粮食产量低。为顺利完成河南省“十三五”关于农业节水的目标，加上此类区域水土资源缺乏，所以在进行目标约束时严格规定农业用水量不能超过当前值，其他影响因素的约束条件为有效灌溉面积要大于或等于优化前的有效灌溉面积，农业生产中的物资投入如化肥、农药、农膜可以适当增加，但河南省县域单元总体的物资投入量要减少。

由结果可知，该类区域在保证农业碳排放不超过碳排放阈值的约束条件下通过多目标线性规划求解后粮食产量均有所上升（图 7-6），该类区域 50 个县域的优化前粮食产量总和为 1673.14 万 t，优化后粮食产量总量为 1881.74 万 t，增加了 208.6 万 t，农业碳排放总量减少，由优化前的 204.83 万 t 减少到 193.11 万 t，减少了 11.72 万 t，浚县的农业碳排放减少量较大，是该类区域农业碳排放减少的主要源头。该区域浚县的优化前粮食产量最高，为 73.75 万 t，义马市的优化前粮食产量最低，为 0.92 万 t。浚县水土资源组合模式优化后得到的粮食产量为 74.76 万 t，义马市优化后的粮食产量为 1.22 万 t，分别增加了 1.01 万 t、0.30 万 t。该类区域水土资源组合模式优化后粮食产量增加最多是卫辉市，粮食产量由优化前的 35.60 万 t 增加到 63.43 万 t，增加了 27.83 万 t，粮食产量增加最少为渑池县，由原来的 17.95 万 t 增加到 18.10 万 t，增加了 0.15 万 t。

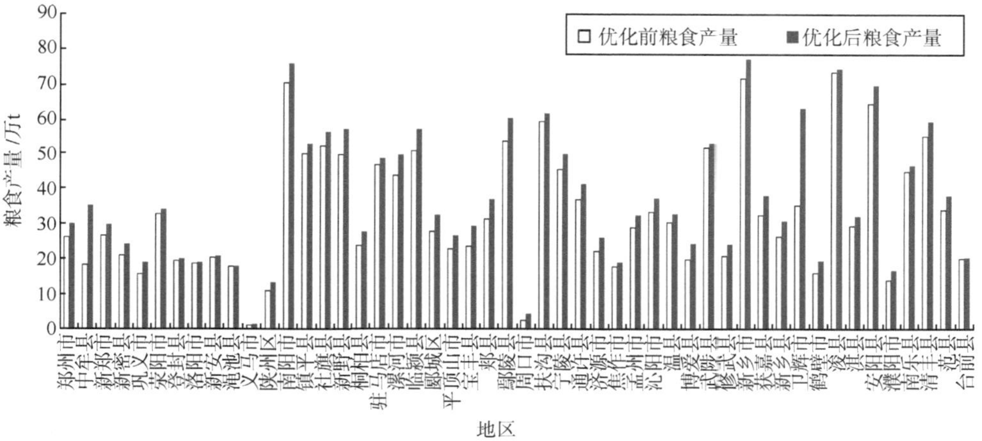

图 7-6　河南省县域单元水土缺乏区优化前后粮食产量对比

该类区域优化后水土资源组合模式较原来发生了较大变化，其农业水土资源开发模式主要为节水减投型、保水增投型和保水减投型。①节水减投型。此类水土资源开发模式的特点为化肥、农药、农膜等土地生产投入减少，耕地有效灌溉面积增加，农业用水量较少，如新郑市等。土地资源开发的物资投入量减少幅度较大，相应的粮食产量增产较多，碳减排效果明显。同时农业用水量减少，有效灌溉面积增加，表明水资源的利用效率得到大幅提升，水利基础设施建设得到加强。②保水增投型。此类水土资源开发模式的特点为土地资源的物资投入略微增加，耕地有效灌溉面积增加，农业用水量保持不变，此类县域较少，主要有郑州市、渑池县、淇县、台前县。此类县域的土地资源较少，物资投入远小于同类别的其他县域，可以增加物资投入刺激粮食产量的增长，同时由于水资源较少，要增加有效灌溉面积，农业用水量保持现有水平，需要提高水资源的利用效率，改变农作物的灌溉方式。③保水减投型。此类水土资源开发模式的特点为土地物资投入如化肥、农药、农膜不断减少，有效灌溉面积增加，农业用水量保持不变。此类县域占该区域的比例较大，是主要的生产模式。由于该类区域的特点为水土资源缺乏，在一定程度上影响了物资和能源投入，为了增加粮食产量和实现农业碳减排，首先需要减少投入，这表明减少投入促进了农业生产效率的提升，但由于该类区域主要位于豫北，自然降雨较少，农作物需水量较大，因此最佳选择是保持现有水平，改变农业灌溉方式，发展节水新技术。

该类区域水土资源优化后的变化为有效灌溉面积的总量增加（图 7-7），由优化前的 1610.41 khm^2 增加到 2216.49 khm^2。化肥、农药、农膜使用量总量减少，化肥使用量由优化前的 171.25 万 t 减少到 143.09 万 t，农药使用量减少得较多，由优化前的 32 542.34 t 减少到 16 890.00 t，农膜使用量由原来的 46 581.16 t 减少到 44 245.08 t，农业用水量的总量减少，由原来的 190 759.19 m^3 减少到 177 224.46 m^3。

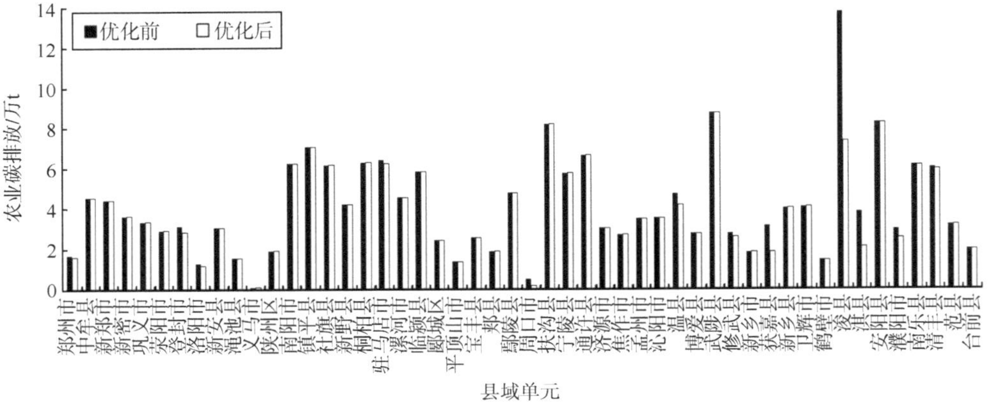

（a）

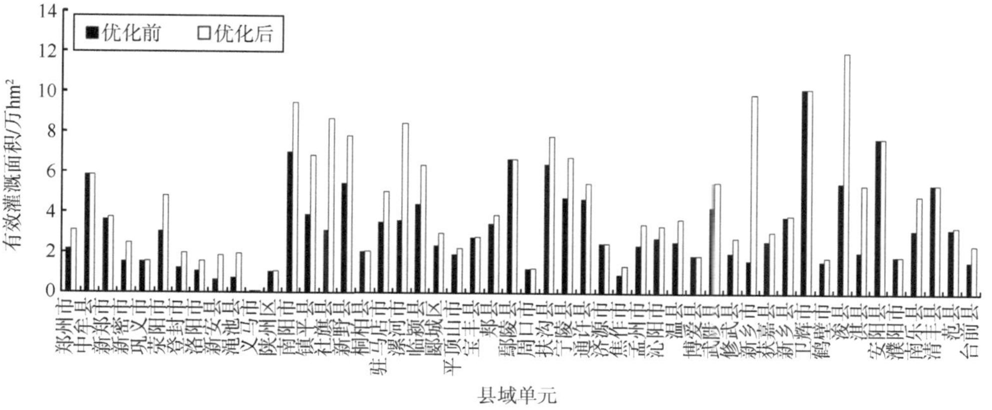
■优化前 □优化后
有效灌溉面积/万hm²
0
2
4
6
8
10
12
14
郑州市 中牟县 新郑市 新密市 巩义市 荥阳市 登封市 洛阳市 新安县 渑池县 义马市 陕州区 南阳市 镇平县 社旗县 新野县 桐柏县 驻马店市 漯河市 临颍县 郾城区 平顶山市 宝丰县 郏县 鄢陵县 周口市 扶沟县 宁陵县 通许县 济源市 焦作市 孟州市 沁阳市 温县 博爱县 武陟县 修武县 新乡市 获嘉县 新乡县 卫辉市 鹤壁市 浚县 淇县 安阳县 濮阳市 南乐县 清丰县 范县 台前县
县域单元

（b）

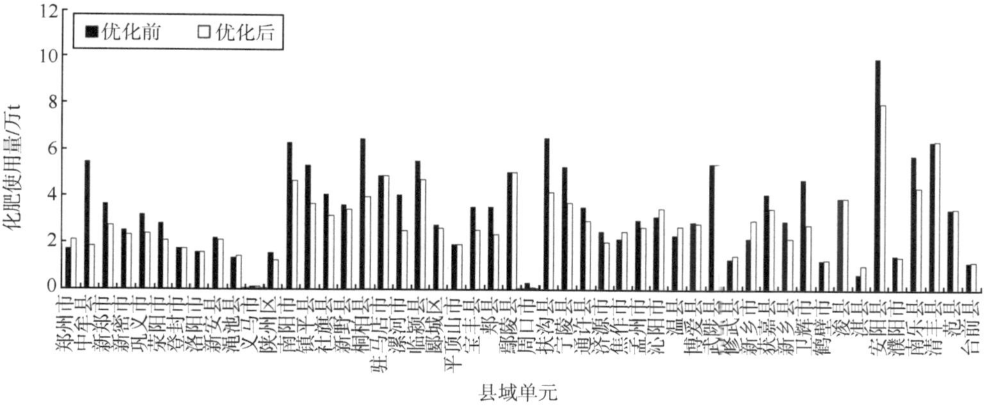
■优化前 □优化后
化肥使用量/万t
0
2
4
6
8
10
12
郑州市 中牟县 新郑市 新密市 巩义市 荥阳市 登封市 洛阳市 新安县 渑池县 义马市 陕州区 南阳市 镇平县 社旗县 新野县 桐柏县 驻马店市 漯河市 临颍县 郾城区 平顶山市 宝丰县 郏县 鄢陵县 周口市 扶沟县 宁陵县 通许县 济源市 焦作市 孟州市 沁阳市 温县 博爱县 武陟县 修武县 新乡市 获嘉县 新乡县 卫辉市 鹤壁市 浚县 淇县 安阳县 濮阳市 南乐县 清丰县 范县 台前县
县域单元

（c）

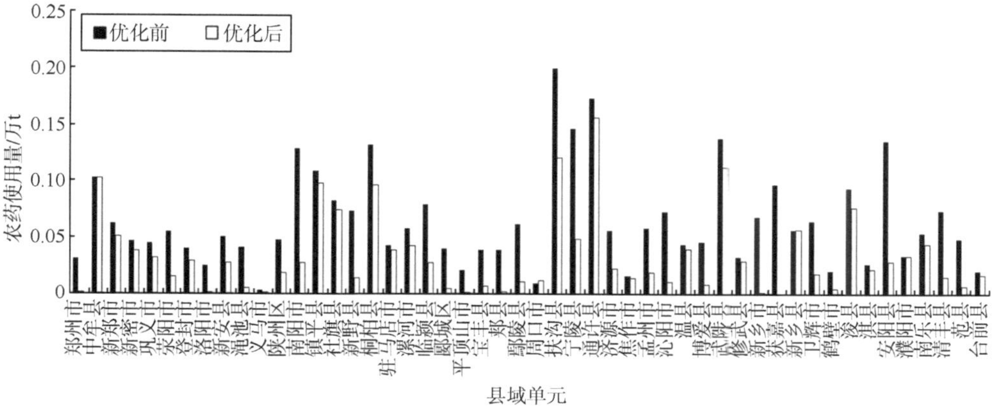
■优化前 □优化后
农药使用量/万t
0
0.05
0.10
0.15
0.20
0.25
郑州市 中牟县 新郑市 新密市 巩义市 荥阳市 登封市 洛阳市 新安县 渑池县 义马市 陕州区 南阳市 镇平县 社旗县 新野县 桐柏县 驻马店市 漯河市 临颍县 郾城区 平顶山市 宝丰县 郏县 鄢陵县 周口市 扶沟县 宁陵县 通许县 济源市 焦作市 孟州市 沁阳市 温县 博爱县 武陟县 修武县 新乡市 获嘉县 新乡县 卫辉市 鹤壁市 浚县 淇县 安阳县 濮阳市 南乐县 清丰县 范县 台前县
县域单元

（d）

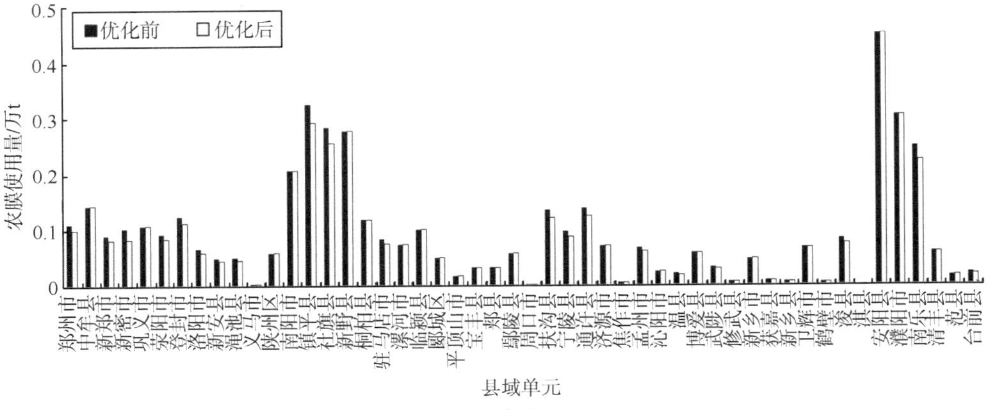

（e）

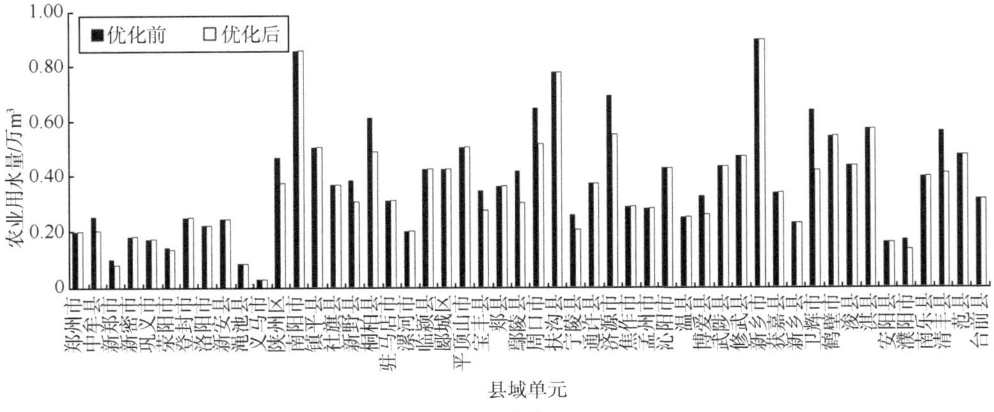

（f）

图 7-7　水土缺乏区优化前后农业生产投入对比

四、水少土多区农业低碳发展优化方案

该类区域水资源总量较少，低于河南省县域单元水资源总量平均值，同时，其农业播种面积较多，高于平均值。其特点是水资源相对较少、播种面积大，粮食产量高。由于此类区域水资源较少，所以要严格控制农业用水量，农业用水量不能超过其现有值。其他影响因素的约束条件如有效灌溉面积要大于或等于原来的面积，农业生产中的物资投入如化肥、农药、农膜可以适当增加但河南省总体的物资投入量要减少。优化后具体结果见附表 11。

由结果可知，该类区域在保证农业碳排放不超过碳排放阈值的约束条件下通过多目标线性规划求解后粮食产量均有所上升（图 7-8），该类区域 34 个县域的优化前粮食产量总和为 2355.12 万 t，优化后粮食产量总量为 2494.92 万 t，增加

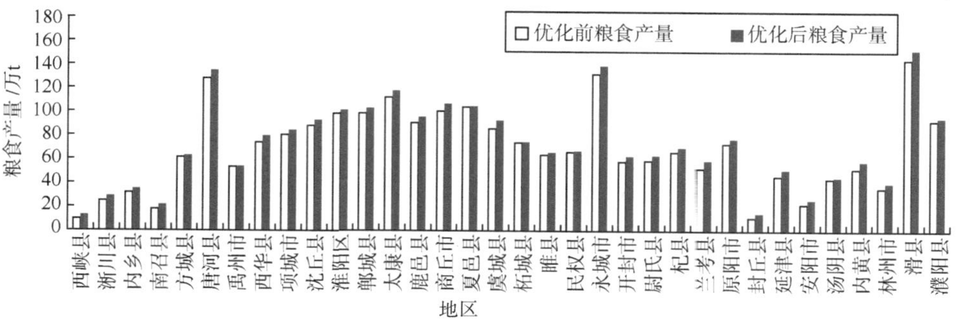

图 7-8　河南省县域单元水少土多区优化前后粮食产量对比

了 139.8 万 t。农业碳排放总量由 404.87 万 t 减少到 352.87 万 t，减少了 52 万 t。该类区域中滑县的优化前粮食产量最高，为 144.57 万 t，西峡县的优化前粮食产量最低，为 9.63 万 t。滑县水土资源组合模式优化后得到的粮食产量为 152.93 万 t，西峡县优化后的粮食产量为 12.81 万 t，分别增加了 8.36 万 t、3.18 万 t。该类区域优化后粮食产量增加最多是滑县，粮食产量增加最少为禹州市，由原来的 53.55 万 t 增加到 53.99 万 t，增加了 0.44 万 t。其中，水土资源模式优化后粮食产量增加较大的前五名县域分别为滑县、永城市、虞城县、唐河县、兰考县，粮食产量分别增加了 8.36 万 t、7.19 万 t、7.02 万 t、6.94 万 t、6.65 万 t。

该类区域优化后水土资源组合模式较原来发生了较大变化，具体可分为两种水土资源组合开发模式：节水减投型和保水减投型。①节水减投型。此类水土资源开发模式的特点为化肥、农药、农膜等使用量减少，耕地有效灌溉面积不变或增加，农业用水量减少，如西峡县、淅川县。县域土地资源的开发投入量本身就较大，因此优化后的减少幅度较大，农业用水量减少较小，主要调控土地资源的开发投入。②保水减投型。此类水土资源开发模式的特点为化肥、农药、农膜等物资投入减少，农业用水量保持不变。县域化肥投入的均值由 11.39 万 t 降到 7.69 万 t，变化较大，农业用水量的均值由 6673.95 m^3 减少到 6337.35 m^3，变化较小。该类区域两种模式的实质都是减少投入，区别在于农业用水量的变化。由于该类区域土地资源较多，水资源量较少，实际生产投入物资较多，因此为了实现碳减排和粮食增产，该类区域总体上应该减少物资投入。同时由于缺乏水资源，但是耕地面积又多，农业用水量的需求较大，为了保证顺利完成既定目标，水资源用量最好保持原水平，然后不断提高水资源利用效率，保证农业用水量的不增加甚至减少。

结合影响因素的相关约束条件，优化后该类区域水土资源开发模式变化为有效灌溉面积的总量增加（图 7-9），由优化前的 2012.89 khm^2 增加到 3128.43 hm^2。化肥、农药、农膜使用量减少，化肥使用量由优化前的 387.13 万 t 减少到 261.35

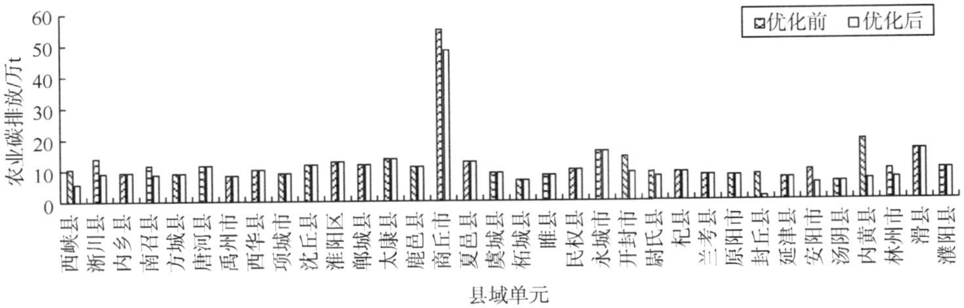
农业碳排放/万t
60
50
40
30
20
10
0
优化前 优化后
西峡县 淅川县 内乡县 南召县 方城县 唐河县 禹州市 西华县 项城市 沈丘县 淮阳区 郸城县 太康县 鹿邑县 商丘市 夏邑县 虞城县 柘城县 睢县 民权县 永城市 开封市 尉氏县 杞县 兰考县 原阳市 封丘县 延津县 安阳市 汤阴县 内黄县 林州市 滑县 濮阳县
县域单元

（a）

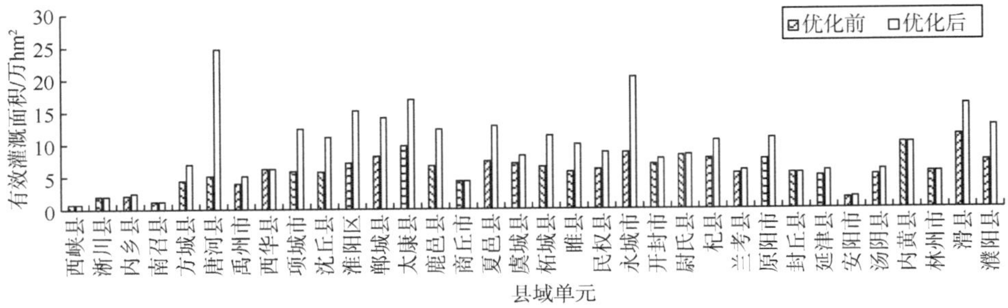
有效灌溉面积/万hm²
30
25
20
15
10
5
0
优化前 优化后
西峡县 淅川县 内乡县 南召县 方城县 唐河县 禹州市 西华县 项城市 沈丘县 淮阳区 郸城县 太康县 鹿邑县 商丘市 夏邑县 虞城县 柘城县 睢县 民权县 永城市 开封市 尉氏县 杞县 兰考县 原阳市 封丘县 延津县 安阳市 汤阴县 内黄县 林州市 滑县 濮阳县
县域单元

（b）

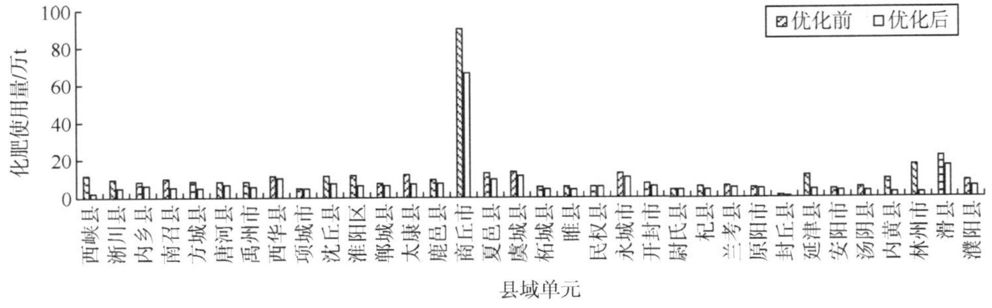
化肥使用量/万t
100
80
60
40
20
0
优化前 优化后
西峡县 淅川县 内乡县 南召县 方城县 唐河县 禹州市 西华县 项城市 沈丘县 淮阳区 郸城县 太康县 鹿邑县 商丘市 夏邑县 虞城县 柘城县 睢县 民权县 永城市 开封市 尉氏县 杞县 兰考县 原阳市 封丘县 延津县 安阳市 汤阴县 内黄县 林州市 滑县 濮阳县
县域单元

（c）

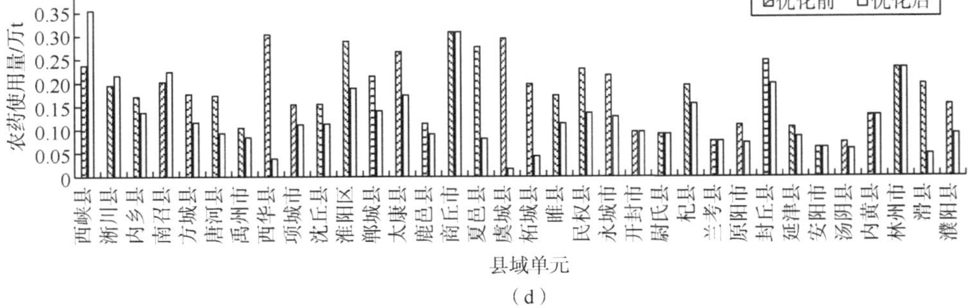
农药使用量/万t
0.40
0.35
0.30
0.25
0.20
0.15
0.10
0.05
0
优化前 优化后
西峡县 淅川县 内乡县 南召县 方城县 唐河县 禹州市 西华县 项城市 沈丘县 淮阳区 郸城县 太康县 鹿邑县 商丘市 夏邑县 虞城县 柘城县 睢县 民权县 永城市 开封市 尉氏县 杞县 兰考县 原阳市 封丘县 延津县 安阳市 汤阴县 内黄县 林州市 滑县 濮阳县
县域单元

（d）

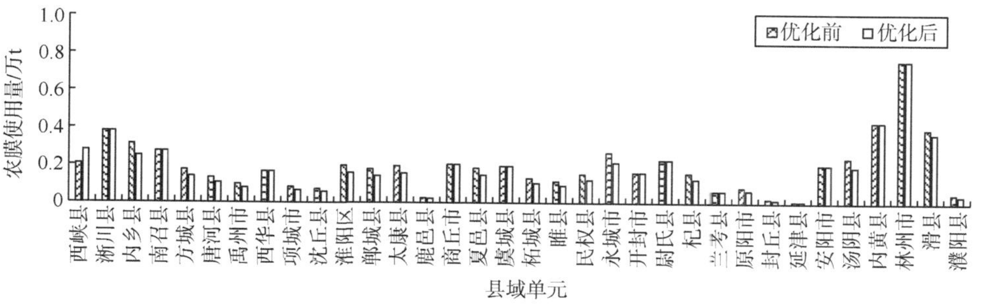

（e）

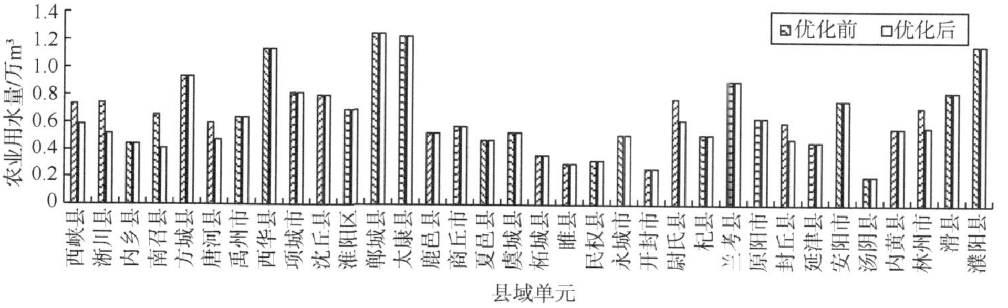

（f）

图 7-9　水少土多区优化前后农业生产投入对比

万 t，农药使用量减少得较多，由优化前的 62 166.21 t 减少到 43 004.02 t，农膜使用量由优化前的 65 514.15 t 减少到 60 260.4 t，农业用水量的总量减少，由优化前的 226 914.20 m^3 减少到 215 470.04 m^3。

第四节　河南省农业绿色低碳发展的政策建议

结合以上优化方案，针对当前河南省农业绿色低碳转型面临的问题，基于“水-土-能-碳”多要素协同优化的视角，从强化低碳农业顶层设计、制定农业碳计量标准、区域差别化治理、优化农业种植结构、鼓励农业科技创新和发展农业新质生产力等方面提出了相关政策建议，为农业水土资源高效利用和碳减排提供政策参考和实践指导。

一、强化低碳农业顶层设计，完善低碳发展制度体系

①基于“双碳”目标制定全国低碳农业发展规划，设定明确的低碳农业发展行动方案和路线图。针对不同气候带和农业生产方式，制定针对性的农业低碳发展的指导方案，推动农业生产的固碳减排。②加强农业适应气候变化能力建设，

通过开展农业防灾减灾、农业适应技术与研发等。增强我国农业抵御气候变化不利影响、保障粮食安全、促进社会经济可持续发展的综合实力。③完善农业碳减排与碳补偿的激励机制，将农业碳减排目标纳入生态保护补偿体系，适度提高农户使用有机肥和低碳农药、采用节水灌溉措施等的补助力度，通过补偿激励等方式调动地方政府和农户参与农业碳减排的积极性。④落实保护性耕作、秸秆还田、有机肥施用、绿肥种植等措施，加强高标准农田建设，加快退化耕地治理，加大黑土地等保护力度，保持和提升农业碳汇能力。

二、制定农业碳计量标准，强化碳减排评价考核

①建立基于生产全生命周期的农业碳排放计量体系，对农业生产全过程中各项物资投入及资源利用的碳排放进行精确核算，实时监测农业生产过程的温室气体排放动态。②实行农业碳标签制度。政府应出台相关法律法规，明确农业碳标签的定义、适用范围、认证程序和管理要求；制订农业碳标签的核算方法、评价标准和技术规范，确保碳标签的准确性和可比性；鼓励农产品生产企业和销售商积极采用碳标签，并成立专门的农业碳标签认证机构，负责碳标签的认证、审核和管理工作。③设置差别化的农业碳排放阈值，将农业碳排放强度纳入区域农业生产和经济社会发展长期目标中，建立可量化的农业碳排放约束考核指标和标准，推动农业碳减排评价体系在全国的试点及推广应用。

三、开展水土资源潜能划分，推动区域差别化治理

以国土空间规划编制为依托，基于资源环境承载能力和国土空间开发适宜性评价，加强不同地区耕地生产潜力评价，针对不同自然条件的地域进行农业水土资源潜能划分，并以碳排放强度与农业生产效率为基础为各类区域制定碳排放阈值，进而对不同水土资源组合区域进行精准管理和分区施策。①水土丰富区。主要开展节能减投型生产模式，大力开展测土配方施肥，主要推广节能减投生产，研发“肥药一体化”技术，推行物理防治和施用生物有机肥，减少物资投入。②水多土少区。主要开展节水减投型和耗水减投型生产模式，严格控制农资投入，优化水资源利用，确保化肥、农药、农膜用量不超标。③水土缺乏区。主要开展节水减投型、保水增投型和保水减投型生产模式，鉴于该区域水土资源匮乏，应根据投入水平、土地和水资源量进行农业生产，同时严格控制农业用水量，确保农业用水量不增加。④水少土多区。主要开展节水减投型和保水减投型生产模式。该区域土地资源丰富而水资源较少，鼓励规模化种植，通过扩大土地规模进而减少投入。面对农业用水供需矛盾，需重点发展节水节能技术，改进灌溉方

式，提高水资源利用效率。

四、优化农业种植结构，高效配置农业生产要素

优化作物种植结构，因地制宜进行资源调控配置，以“水-土-能-碳”协同优化为目标，构建生产生态协调的农业生产体系，是推动农业可持续发展的重要路径。①综合考虑自然条件、水土资源承载能力和农业生产实际等因素，为不同地区制定科学的农业发展规划。在沿黄地区，根据各县域的自然条件和资源特点，秉持“保供调优”的原则，因地制宜地制定农业发展策略。同时在保障粮食安全的前提下优化农作物的组合方式，发展区域特色农业。例如，在水资源丰富的地区，可优先发展稻米、小麦等需水量大的作物；而在土壤肥沃的区域，可以推广经济作物，以增收为目标；通过调整农作物种植结构，推广间作套种技术，提高土地利用率和产出效率。针对不同土壤和气候条件，分类施策，形成科学合理的专业化生产格局。②建立用地养地结合的耕作制度。根据不同区域的水土资源条件和生态基础，在部分地区尝试建立耕地轮作制度，促进土壤的长期肥力，以保障国家粮食安全和农民种植收入基本稳定，提升农业可持续生产能力。③针对地下水漏斗区、重金属污染区以及生态退化地区，如太行山和豫西山地丘陵，开展休耕试点项目，减轻土地负担，改善生态环境。同时，鼓励农民在休耕地采取植被覆盖等保护措施，防止水土流失。

五、鼓励农业科技创新，提升资源利用效率

科技创新是推动农业现代化和低碳农业发展的关键驱动力。建议政府部门以提升“水-土-能”利用效率和碳减排为目标，加大农业新质生产力的发展力度，摆脱传统的农业生产模式，发展具有高科技、高效能、高质量特征的先进生产力。①加大科技创新的资金支持。设立专项基金，鼓励高校和科研机构联合攻关，支持低碳农业技术和智能农业设备的研发。②结合高标准农田建设进行节水改造，鼓励采用滴灌、喷灌、微喷灌等节水灌溉方式，在生产条件较差地区可先改用畦灌的方式，加强农业灌溉用水的智能监管，严格控制农业用水量，并且加强退化土地修复和农地改造，特别是加强土地生态整治，实现农业用地水土一体化改造。③引进和推广精准灌溉施肥。研发推广作物吸收、利用率高的新型肥料产品，进一步提高肥料利用率、减少农业面源污染、保障农产品质量。④加强生物技术在农业生产中的应用。开发具有更强抗逆性和更高产量的作物新品种，因地制宜推广稻田节水灌溉技术，改进稻田施肥管理，推广有机肥腐熟还田等技术，选育推广高产、优质、低碳水稻品种，降低水稻单产甲烷排放强度。

六、建立大数据平台，发展农业新质生产力

①建设基于大数据、集成化的农业智慧监管平台。通过物联网、大数据以及人工智能等技术实现对水资源、土地资源、能源消耗和碳排放数据进行实时采集和处理，对水土资源开发过程中的多源数据进行深度分析，通过人工智能技术为农户和农业企业提供智能化、个性化的辅助生产方案，实现农业生产的精准管理。②鼓励发展“互联网+农机作业”。建立健全“天空地”一体化监测体系，合理布局田间物联网监测设备，统筹推进农业气象、水土资源、苗情、土壤墒情、病虫害、灾情等监测预警网络建设，提升防灾减灾实时监测和预警预报能力。鼓励有条件的家庭农场、农民合作社等开展数字化改造，因地制宜探索多样化的智慧农场建设模式，鼓励有条件的农业社会化服务主体加快智慧农业技术示范应用，提供遥感监测、农事作业、经营管理、防灾减灾等技术服务。③以河南省黄河流域农业节水灌区为依托，在济源、洛阳、新乡、焦作、郑州、开封和濮阳等地，针对不同地域打造不同地形区、不同种植方式、不同灌溉模式的若干农业智慧绿色发展示范区，推广国产化全流程农业生产智能管控系统，推动农业生产过程中水土能资源高效精准管理，助推农业“双碳”目标的实现。

参考文献

蔡良彤. 2014. 基于主要农资投入的湖南省农地利用碳排放研究. 长沙: 中南林业科技大学.

陈慧, 付光辉, 刘友兆. 2018. 江苏省县域农业温室气体排放: 时空差异与趋势演进. 资源科学, 40(5): 1084-1094.

陈琳, 闫明, 潘根兴. 2011. 南京地区大棚蔬菜生产的碳足迹调查分析. 农业环境科学学报, 30(9): 1791-1796.

丁明磊, 李宇翔, 赵荣钦, 等. 2019. 面向配额分配模拟的工业行业碳排放绩效: 以郑州市为例. 自然资源学报, 34(5): 1027-1040.

樊胜岳, 麻亮亮. 2016. 中国大陆足迹家族的环境库兹涅茨曲线分析. 自然资源学报, 31(9): 1452-1462.

方恺. 2015. 足迹家族: 概念、类型、理论框架与整合模式. 生态学报, 35(6): 1647-1659.

盖美, 张福祥. 2018. 辽宁省区域碳排放-经济发展-环境保护耦合协调分析. 地理科学, 38(5): 764-772.

高志强, 刘纪远, 曹明奎, 等. 2004. 土地利用和气候变化对农牧过渡区生态系统生产力和碳循环的影响. 中国科学（地球科学）, 34(10): 946-957.

郭萍, 单宝英, 郭珊珊. 2019. 基于 Pareto 解集的多目标农业水土资源优化配置模型. 天津大学学报（自然科学与工程技术版）, 52(10): 1008-1016.

何炫蕾, 陈兴鹏, 庞家幸. 2018. 基于 LMDI 的兰州市农业碳排放现状及影响因素分析. 中国农业大学学报, 23(7): 150-158.

何艳秋, 戴小文. 2016. 中国农业碳排放驱动因素的时空特征研究. 资源科学, 38(9): 1780-1790.

胡婉玲, 张金鑫, 王红玲. 2020. 中国种植业碳排放时空分异研究. 统计与决策, 36(15): 92-95.

贾琳, 夏英. 2017. 农户粮食生产规模效率及其影响因素分析：基于黑、豫、川三省玉米种植户的调查数据. 资源科学, 39(5): 924-933.

贾蕊, 陆迁. 2017. 不同灌溉技术条件下信贷约束对农户生产效率的影响: 以甘肃张掖为例. 资源科学, 39(4): 756-765.

姜秋香, 周智美, 王子龙, 等. 2017. 基于水土资源耦合的水资源短缺风险评价及优化. 农业工程学报, 33(12): 136-143.

金福良, 王璐, 李谷成, 等. 2013. 不同规模农户冬油菜生产技术效率及影响因素分析: 基于随机前沿函数与 1707 个农户微观数据. 中国农业大学学报, 18(1): 210-217.

黎孔清, 陈俭军, 马豆豆. 2018. 基于STIRPAT和GM(1,1)模型的湖南省农地投入碳排放增长机理及趋势预测. 长江流域资源与环境, 27(2): 345-352.
李波. 2012. 经济增长与农业碳排放关系的实证研究. 生态环境学报, 21(2): 220-224.
李波, 张俊飚, 李海鹏. 2011. 中国农业碳排放与经济发展的实证研究. 干旱区资源与环境, 25(12): 8-13.
李博, 张文忠, 余建辉. 2016. 碳排放约束下的中国农业生产效率地区差异分解与影响因素. 经济地理, 36(9): 150-157.
李贵宝. 1997. 离子交换膜浸提土壤有效养分的埋置法简介. 土壤通报, (3): 141.
李国志, 李宗植. 2010. 中国农业能源消费碳排放因素分解实证分析: 基于LMDI模型.农业技术经济, (10): 66-72.
李健, 滕欣. 2014. 天津市海陆产业系统耦合协调发展研究. 干旱区资源与环境, 28(2): 1-6.
李凯, 赵荣钦, 张俊华, 等. 2017. 河南省水、土、能资源综合利用效率与碳排放强度的关系研究. 华北水利水电大学学报(自然科学版), 38(1): 87-92.
李杨, 张容, 顾强, 等. 2020. 水足迹视角下中部5省主要粮食作物用水分析. 人民黄河, 42(12): 56-60.
刘静, 梅旭荣, 连煜阳, 等. 2022. 黄河流域农业高质量发展中水土资源优化配置研究. 中国农业资源与区划, 43(6): 1-14.
刘俊辉, 曾福生. 2018. 碳排放约束下的粮食主产区农业生产效率及其影响因素. 江苏农业科学, 46(17): 321-326.
刘立平. 2014. 河南省农业碳排放时空特征及影响因素研究. 水土保持研究, 21(4): 179-183, 189.
刘彦随, 甘红, 张富刚. 2006. 中国东北地区农业水土资源匹配格局. 地理学报, 61(8): 847-854.
刘子飞, 王昌海. 2015. 有机农业生产效率的三阶段DEA分析: 以陕西洋县为例. 中国人口·资源与环境, 25(7): 105-112.
卢小宏, 黄晶, 史磊刚, 等. 2012. 北京市主要农作模式的碳效益分析. 中国农业大学学报, 17(2): 48-53.
逯进, 常虹, 汪运波. 2017. 中国区域能源、经济与环境耦合的动态演化. 中国人口·资源与环境, 27(2): 60-68.
雒新萍, 刘晓洁. 2020. 中国典型农作物需水量及生产水足迹区域差异. 节水灌溉, (1): 88-93.
马晓哲, 王雅晴, 刘昌新, 等. 2019. 碳税政策对农业土地利用变化及其碳排放的影响. 生态学报, 39(5): 1815-1828.
牛海生, 李大平, 张娜, 等. 2014. 不同灌溉方式冬小麦农田生态系统碳平衡研究. 生态环境学报, 23(5): 749-755.
潘家华, 张丽峰. 2011. 我国碳生产率区域差异性研究. 中国工业经济, (5): 47-57.
戚焦耳, 郭贯成, 陈永生. 2015. 农地流转对农业生产效率的影响研究: 基于DEA-Tobit模型的分析.资源科学, 37(9): 1816-1824.

钱龙, 洪名勇. 2016. 非农就业、土地流转与农业生产效率变化: 基于 CFPS 的实证分析. 中国农村经济, (12): 2-16.

钱晓雍. 2011. 上海农田生态系统碳源汇时空格局及其影响因素分析 农业环境科学学报, 30(7): 1460-1467.

苏芳, 丁新泉, 高志岭, 等. 2007. 华北平原冬小麦–夏玉米轮作体系氮肥的氨挥发. 中国环境科学, 27(3): 409-413.

孙艳芝, 沈镭, 钟帅, 等. 2017. 中国碳排放变化的驱动力效应分析. 资源科学, 39(12): 2265-2274.

谭秋成. 2011. 中国农业温室气体排放: 现状及挑战. 中国人口·资源与环境, 21(10): 69-75.

田云. 2015. 中国低碳农业发展: 生产效率、空间差异与影响因素研究. 武汉: 华中农业大学.

田云, 李波, 张俊飚. 2011. 我国农地利用碳排放的阶段特征及因素分解研究. 中国地质大学学报(社会科学版), 11(1): 59-63.

田云, 张俊飚. 2014. 中国农业碳排放研究回顾、评述与展望. 华中农业大学学报(社会科学版), 33(2): 23-27.

田云, 张俊飚, 李波. 2012. 中国农业碳排放研究: 测算、时空比较及脱钩效应. 资源科学, 34(11): 2097-2105.

王宝义, 张卫国. 2016. 中国农业生态效率测度及时空差异研究. 中国人口·资源与环境, 26(6): 11-19.

王劲峰, 徐成东. 2017. 地理探测器: 原理与展望. 地理学报, 72(1): 116-134.

王嫚嫚, 刘颖, 蒯昊, 等. 2017. 土地细碎化、耕地地力对粮食生产效率的影响: 基于江汉平原354个水稻种植户的研究. 资源科学, 39(8): 1488-1496.

王帅, 赵荣钦, 韩枫, 等. 2020. 河南省农作物虚拟水与隐含碳排放的时空格局及关联机制研究. 华北水利水电大学学报（自然科学版）, 41(2): 72-80.

王帅, 赵荣钦, 苏辉, 等. 2019. 河南省典型区农业水土资源开发的碳排放效应研究. 华北水利水电大学学报（自然科学版）, 40(1): 71-78.

王小彬, 武雪萍, 赵全胜, 等. 2011. 中国农业土地利用管理对土壤固碳减排潜力的影响. 中国农业科学, 44(11): 2284-2293.

吴贤荣, 张俊飚, 田云, 等. 2014. 中国省域农业碳排放: 测算、效率变动及影响因素研究: 基于DEA-Malmquist 指数分解方法与 Tobit 模型运用. 资源科学, 36(1): 129-138.

伍芬琳, 李琳, 张海林, 等. 2007. 保护性耕作对农田生态系统净碳释放量的影响. 生态学杂志, 26(12): 2035-2039.

邢慧茹, 张晓骏, 邓义. 2016. 农业生产效率与其影响因素相关关系实证分析: 基于湖北省数据. 中国农业资源与区划, 37(12): 198-203.

闫美霞, 郭青霞, 丁一, 等. 2024. 水足迹视角下黄土丘陵区农业水土资源匹配格局: 以山西省和顺县为例. 湖北农业科学, 63(2): 41-49.

杨勇, 邓祥征, 李志慧, 等. 2017. 2000—2015 年华北平原土地利用变化对粮食生产效率的影响. 地理研究, 36(11): 2171-2183.

尧波, 郑艳明, 胡丹, 等. 2014. 江西省县域农业碳排放的时空动态及影响因素分析. 长江流域资源与环境, 23(3): 311-318.

姚成胜, 钱双双, 李政通, 等. 2017. 黑龙江省农业碳排放、科技投入与经济增长关系研究. 中国农业资源与区划, 38(8): 8-15.

姚华荣, 吴绍洪, 曹明明. 2004. GIS 支持下的区域水土资源优化配置研究. 农业工程学报, (2): 31-35.

叶优良, 杨素勤, 黄玉芳, 等. 2007. 河南省小麦生产发展与展望. 中国农学通报, 23(1): 199-203.

岳云华, 冉清红, 孙传敏, 等. 2010. 基于灰色关联分析的农业生态系统能量产投研究. 西南大学学报（自然科学版）, 32(11): 1-7.

张丽娜, 陈志, 杨敏丽, 等. 2018. 我国玉米生产效率时空特征分析. 农业机械学报, 49(1): 183-193.

张鹏岩, 何坚坚, 庞博, 等. 2017. 农田生态系统碳足迹时空变化: 以河南省为例. 应用生态学报, 28(9): 3050-3060.

张胜利, 李付立. 2017. 河南省玉米产业发展情况调研报告. 河南农业, (22): 5-6.

张小平, 王龙飞. 2014. 甘肃省农业碳排放与经济增长的脱钩研究.资源开发与市场, 30(10): 1226-1231.

张秀梅, 李升峰, 黄贤金, 等. 2010. 江苏省 1996 年至 2007 年碳排放效应及时空格局分析. 资源科学, 32(4): 768-775.

张永强, 蒲晨曦, 王珧, 等. 2018. 化肥投入效率测度及归因: 来自 20 个玉米生产省份的面板证据. 资源科学, 40(7): 1333-1343.

张宇. 2015. 华北平原灌溉农业生产的水、碳足迹评价方法及应用. 北京: 中国农业大学.

张志高, 袁征, 李贝歌, 等. 2017. 基于投入视角的河南省农业碳排放时空演化特征与影响因素分解. 中国农业资源与区划, 38(10): 152-161.

赵荣钦. 2012. 城市系统碳循环及土地调控研究. 南京: 南京大学出版社.

赵荣钦, 陈志刚, 黄贤金, 等. 2012. 南京大学土地利用碳排放研究进展. 地理科学, 32(12): 1473-1480.

赵荣钦, 李志萍, 韩宇平, 等. 2016. 区域“水—土—能—碳”耦合作用机制分析. 地理学报, 71(9): 1613-1628.

赵荣钦, 张帅, 黄贤金, 等. 2014. 中原经济区县域碳收支空间分异及碳平衡分区. 地理学报, 69(10): 1425-1437 .

赵先贵, 赵晶, 马彩虹, 等. 2016. 基于足迹家族的云南省资源与环境压力评价. 生态学报, 36(12): 3714-3722.

赵亚南，徐霞，黄玉芳，等. 2018. 河南省小麦、玉米氮肥需求及节氮潜力. 中国农业科学, 51(14): 2747-2757.

中国农业年鉴编辑委员会. 2004. 中国农业年鉴 2004. 北京：中国农业出版社.

朱兆良. 2000. 农田中氮肥的损失与对策. 土壤与环境, 9(1): 1-6.

Ababaei B, Sohrabi T, Mirzaei F. 2014. Development and application of a planning support system to assess strategies related to land and water resources for adaptation to climate change. Climate Risk Management, 6: 39-50.

Al-Ghandoor A, Jaber J O. 2009. Analysis of energy and exergy utilisation of Jordan's agricultural sector. International Journal of Exergy, 6(4): 491-508.

Al-Mansour F, Jejcic V. 2017. A model calculation of the carbon footprint of agricultural products: The case of Slovenia. Energy, 136: 7-15.

Asakereh A, Shiekhdavoodi M J, Akram A. 2010. Investigation of energy consumption in agriculture sector of Iran and their effect on air pollution and social cost. Research Journal of Applied Sciences Engineering and Technology, 2(5): 401-406.

Börjesson P, Tufvesson L M. 2011. Agricultural crop-based biofuels–resource efficiency and environmental performance including direct land use changes. Journal of Cleaner Production, 19(2/3): 108-120.

Bouwman A F. 1990. Soils and the Greenhouse Effect. New York: John Wiley and Sons.

Bouwman A F, Boumans L J M, Batjes N H. 2002. Estimation of global NH_3 volatilization loss from synthetic fertilizers and animal manure applied to arable lands and grasslands. Global Biogeochemical Cycles, 16(2): 1-14.

Brankatschk G, Finkbeiner M. 2017. Crop rotations and crop residues are relevant parameters for agricultural carbon footprints. Agronomy for Sustainable Development, 37: 58.

Brookes G, Barfoot P. 2017. Environmental impacts of genetically modified (GM) crop use 1996–2015: Impacts on pesticide use and carbon emissions. GM Crops & Food, 8(2): 117-147.

Camargo G G T, Ryan M R, Richard T L. 2013. Energy use and greenhouse gas emissions from crop production using the farm energy analysis tool. BioScience, 63(4): 263-273.

Chaitra B S, Chandrakanth M G. 2005. Optimal extraction of groundwater for irrigation: synergies from surface water bodies in tropical India. Water Policy, 7(6): 597-611.

Chen X, Thorp K R, Ouyang Z, et al. 2019. Energy consumption due to groundwater pumping for irrigation in the North China Plain. Science of The Total Environment, 669: 1033-1042.

Clark M, Tilman D. 2017. Comparative analysis of environmental impacts of agricultural production systems, agricultural input efficiency, and food choice. Environmental Research Letters, 12(6): 064016.

Deng X, Gibson J. 2019. Improving eco-efficiency for the sustainable agricultural production: a case study in Shandong, China. Technological Forecasting and Social Change, 144: 394-400.

Dhillon M S, Kaur S, Aggarwal R. 2019. Delineation of critical regions for mitigation of carbon emissions due to groundwater pumping in central Punjab. Groundwater for Sustainable Development, 8: 302-308.

Dincer I, Hussain M M, Al-Zaharnah I. 2005. Energy and exergy utilization in agricultural sector of Saudi Arabia. Energy Policy, 33(11): 1461-1467.

Djumaboev K, Yuldashev T, Holmatov B, et al. 2019. Assessing water use, energy use and carbon emissions in lift-irrigated areas: a case study from karshi steppe in Uzbekistan. Irrigation and Drainage, 68(3): 409-419.

Fang K, Heijungs R, de Snoo G R. 2014. Theoretical exploration for the combination of the ecological, energy, carbon, and water footprints: Overview of a footprint family. Ecological Indicators, 36: 508-518.

Farajian L, Moghaddasi R, Hosseini S. 2018. Agricultural energy demand modeling in Iran: approaching to a more sustainable situation. Energy Reports, 4: 260-265.

Felzer B S. 2012. Carbon, nitrogen, and water response to climate and land use changes in Pennsylvania during the 20th and 21st centuries. Ecological Modelling, 240:49-63.

Follett R F. 2001. Soil management concepts and carbon sequestration in cropland soils. Soil and Tillage Research, 61(1/2): 77-92.

Fuhrman J, McJeon H, Patel P, et al. 2020. Food-energy-water implications of negative emissions technologies in a +1.5℃ future. Nature Climate Change, 10(10): 920-927.

Gan Y, Liang C, Chai Q, et al. 2014. Improving farming practices reduces the carbon footprint of spring wheat production. Nature Communications, 5: 5012.

Gautam V K, Awasthi M K, Trivedi A. 2020. Optimum allocation of water and land resource for maximizing farm income of Jabalpur district, Madhya pradesh. International Journal of Environment and Climate Change, 10(12): 224-232.

Ge Q S, Dai J H, He F N, et al. 2008. Land use changes and their relations with carbon cycles over the past 300 a in China. Science in China Series D: Earth Sciences, 51(6): 871-884.

Gebre S L, Van Orshoven J, Cattrysse D. 2023. Optimizing the combined allocation of land and water to agriculture in the Omo-Gibe River basin considering the water-energy-food-nexus and environmental constraints. Land, 12(2): 412.

Gong X, Zhang H, Ren C, et al. 2020. Optimization allocation of irrigation water resources based on crop water requirement under considering effective precipitation and uncertainty. Agricultural Water Management, 239: 106264.

Gupta R K. 2002. Water and energy linkages for groundwater exploitation: a case study of Gujarat State, India. Water Science and Technology, 45(8): 151-166.

Hatirli S A, Ozkan B, Fert C. 2005. An econometric analysis of energy input-output in Turkish agriculture. Renewable and Sustainable Energy Reviews, 9(6): 608-623.

Huang X, Chen C, Qian H, et al. 2017. Quantification for carbon footprint of agricultural inputs of grains cultivation in China since 1978. Journal of Cleaner Production, 142: 1629-1637.

International Energy Agency. 2008. World energy out-look 2008. New York: UAPC Press.

IPCC. 2007. Climate change 2007: the physical science basis, working group I contribution to the fourth assessment report of the IPCC. Cambridge: Cambridge University Press.

IPCC. 2013. Working group I contribution to the IPCC fifth assessment report, climate change 2013: the physical science basis. Cambridge: Cambridge University Press.

Jackson T M, Khan S, Hafeez M. 2010. A comparative analysis of water application and energy consumption at the irrigated field level. Agricultural Water Management, 97(10):1477-1485.

Kashyap D, Agarwal T. 2019. Food loss in India: water footprint, land footprint and GHG emissions. Environment, Development and Sustainability, 12(2): 1-14.

Khan S, Hanjra M A, Mu J. 2009b. Water management and crop production for food security in China: a review. Agricultural Water Management, 96(3): 349-360.

Khan S, Khan M A, Hanjra M A, et al. 2009a. Pathways to reduce the environmental footprints of water and energy inputs in food production. Food Policy, 34(2): 141-149.

Kim J H, Jobbágy E G, Jackson R B. 2016. Trade-offs in water and carbon ecosystem services with land-use changes in grasslands. Ecological Applications, 26(6): 1633-1644.

Lal R. 2004. Carbon emission from farm operations. Environment International, 30(7): 981-990.

Lamb A, Green R, Bateman I, et al. 2016. The potential for land sparing to offset greenhouse gas emissions from agriculture. Nature Climate Change, 6: 488-492.

Li C, Wang Y, Qiu G Y. 2013. Water and energy consumption by agriculture in the Minqin oasis region. Journal of Integrative Agriculture,12(8): 1330-1340.

Li F, Ren J, Wu S, et al. 2021. Comparison of regional winter wheat mapping results from different similarity measurement indicators of NDVI time series and their optimized thresholds. Remote Sensing, 13(6): 1162.

Li M, Cao X, Liu D, et al. 2022. Sustainable management of agricultural water and land resources under changing climate and socio-economic conditions: a multi-dimensional optimization approach. Agricultural Water Management, 259: 107235.

Liu C, Cui N, Gong D, et al. 2020. Evaluation of seasonal evapotranspiration of winter wheat in humid region of East China using large-weighted lysimeter and three models. Journal of Hydrology, 590: 125388.

Morgounov A, Gummadov N, Belen S, et al. 2014. Association of digital photo parameters and NDVI with winter wheat grain yield in variable environments. Turkish Journal of Agriculture and

Forestry, 38(5): 624-632.

Nguyen T T, Do T L, Parvathi P, et al. 2018. Farm production efficiency and natural forest extraction: Evidence from Cambodia. Land Use Policy, 71: 480-493.

Niles J O, Brown S, Pretty J, et al. 2002. Potential carbon mitigation and income in developing countries from changes in use and management of agricultural and forest lands. Philosophical Transactions of the Royal Society of London. Series A: Mathematical, Physical and Engineering Sciences, 360(1797): 1621-1639.

Pearson P N, Palmer M R. 2000. Atmospheric carbon dioxide concentrations over the past 60 million years. Nature, 406(6797): 695-699.

Pishgar-Komleh S H, Akram A, Keyhani A, et al. 2017. Variability in the carbon footprint of open-field tomato production in Iran-A case study of Alborz and East-Azerbaijan provinces. Journal of Cleaner Production, 142: 1510-1517.

Qureshi A S. 2014. Reducing carbon emissions through improved irrigation management: a case study from Pakistan. Irrigation and Drainage, 63(1): 132-138.

Ringler C, Bhaduri A, Lawford R. 2013. The nexus across water, energy, land and food (WELF): potential for improved resource use efficiency? . Current Opinion in Environmental Sustainability, 5(6): 617-624.

Sainju U M, Jabro J D, Stevens W B. 2008. Soil carbon dioxide emission and carbon content as affected by irrigation, tillage, cropping system, and nitrogen fertilization. Journal of Environmental Quality, 37(1): 98-106.

Shortall O K, Barnes A P. 2013. Greenhouse gas emissions and the technical efficiency of dairy farmers. Ecological Indicators, 29:478-488.

Siddiqi A, Anadon L D. 2011. The water-energy nexus in Middle East and North Africa. Energy Policy, 39(8): 4529-4540.

Silalertruksa T, Gheewala S H. 2018. Land-water-energy nexus of sugarcane production in Thailand. Journal of Cleaner Production, 182: 521-528.

Skaggs R, Hibbard K, Janetos T C, et al. 2012. Climate and energy-water-land system interactions technical report to the U.S. department of energy in support of the National Climate Assessment. Richland: Pacific Northwest National Lab.

Smith P. 2008. Land use change and soil organic carbon dynamics. Nutrient Cycling in Agroecosystems, 81: 169-178.

Su X, Li J, Singh V P. 2014. Optimal allocation of agricultural water resources based on virtual water subdivision in Shiyang River Basin. Water Resources Management, 28: 2243-2257.

Sun J, Twine T E, Hill J, et al. 2017. Effects of land use change for crops on water and carbon budgets in the Midwest USA. Sustainability, 9(2): 225.

Sun J, Yang Y, Qi P, et al. 2024. Development and application of a new water-carbon-economy coupling model (WCECM) for optimal allocation of agricultural water and land resources. Agricultural Water Management, 291: 108608.

Talukder B, VanLoon G W, Hipel K W. 2019. Energy efficiency of agricultural systems in the southwest coastal zone of Bangladesh. Ecological Indicators, 98: 641-648.

Upadhyaya A, Alok K S. 2015. Concept of water, land and energy productivity in agriculture and pathways for improvement. Irrigation and Drainage Systems Engineering, 5(1): 1-10.

Vleeshouwers L M, Verhagen A. 2002. Carbon emission and sequestration by agricultural land use: a model study for Europe. Global Change Biology, 8(6): 519-530.

Wang J, Rothausen S G S A, Conway D, et al. 2012. China's water-energy nexus: greenhouse-gas emissions from groundwater use for agriculture. Environmental Research Letters, 7(1): 014035.

Wang S, Cao T, Chen B. 2017. Urban energy-water nexus based on modified input-output analysis. Applied Energy, 196: 208-217.

Watanabe M D B, Ortega E. 2014. Dynamic emergy accounting of water and carbon ecosystem services: a model to simulate the impacts of land-use change. Ecological Modelling, 271: 113-131.

West T O, Marland G. 2002. A synthesis of carbon sequestration, carbon emissions, and net carbon flux in agriculture: comparing tillage practices in the United States. Agriculture, Ecosystems & Environment, 91(1/3): 217-232.

West T O, Marland G. 2003. Net carbon flux from agriculture: carbon emissions, carbon sequestration, crop yield, and land-use change. Biogeochemistry, 63(1): 73-83.

Xiong C, Yang D, Xia F, et al. 2016a. Changes in agricultural carbon emissions and factors that influence agricultural carbon emissions based on different stages in Xinjiang, China. Scientific Reports, 6: 36912.

Xiong C H, Yang D G, Huo J W. 2016b. Spatial-temporal characteristics and LMDI-based impact factor decomposition of agricultural carbon emissions in Hotan prefecture, China. Sustainability, 8(3): 262.

Yao Z, Zhang D, Yao P, et al. 2017. Coupling life-cycle assessment and the RothC model to estimate the carbon footprint of green manure-based wheat production in China. Science of the Total Environment, 607-608: 433-442.

Zhang W, Dou Z, He P, et al. 2013. New technologies reduce greenhouse gas emissions from nitrogenous fertilizer in China. Proceedings of the National Academy of Sciences, 110(21): 8375-8380.

Zhang X Q, Pu C, Zhao X, et al. 2016. Tillage effects on carbon footprint and ecosystem services of climate regulation in a winter wheat-summer maize cropping system of the North China Plain.

Ecological Indicators, 67: 821-829.

Zhao H, Zhang P, Wang Y, et al. 2020. Canopy morphological changes and water use efficiency in winter wheat under different irrigation treatments. Journal of Integrative Agriculture, 19(4): 1105-1116.

Zhao R, Liu Y, Tian M, et al. 2018. Impacts of water and land resources exploitation on agricultural carbon emissions: The water-land-energy-carbon nexus. Land Use Policy, 72(3): 480-492.

Zheng J, Wang W, Chen D, et al. 2019. Exploring the water-energy-food nexus from a perspective of agricultural production efficiency using a three-stage data envelopment analysis modelling evaluation method: a case study of the middle and lower reaches of the Yangtze River, China. Water Policy, 21(1): 49-72.

Zhu R, Zhao R, Sun J, et al. 2021. Temporospatial pattern of carbon emission efficiency of China's energy-intensive industries and its policy implications. Journal of Cleaner Production, 286: 125507.

Zou X, Li K, Cremades R, et al. 2015. Greenhouse gas emissions from agricultural irrigation in China. Mitigation and Adaptation Strategies for Global Change, 20(2): 295-315.

Zou X, Li Y, Gao Q, et al. 2012. How water saving irrigation contributes to climate change resilience: a case study of practices in China. Mitigation and Adaptation Strategies for Global Change, 17: 111-132.

附　录

附表 1　农业水土资源耦合开发生产情况调查问卷

尊敬的朋友，您好！

水土资源是影响农业生产的直接要素，如何全面促进资源节约，大幅度降低水、土地和能源的消耗强度，提高利用效率和效益是实现农业高质量发展的关键。河南省各乡镇农业生产条件千差万别，存在水土资源浪费现象，因此开展河南省农业水土资源耦合开发生产情况调查研究对于提高河南省农业粮食产量、减少温室气体排放、建设现代化的绿色高质量发展农业体系具有重要意义。

希望能得到您的支持和配合，谢谢！

华北水利水电大学农业碳排放研究课题组

调研人员：__________　调研地点：__________

调研时间：__________　经纬度：__________

一、人员基本信息					
家庭人数/人		是否外出务工		农业活动人数/人	
受教育年限/年					
耕地面积/亩		是否转让		种植面积/亩	
耕地块数/块		单块耕地面积/亩			
二、农作物生产物资投入产出信息					
作物种类	小麦		种植面积/亩		
翻耕与播种					
是否翻耕		机械类型	○家用小型机械　○大型机械		
亩均翻耕耗油量/（L/斤）		亩均种子/（斤/元）		亩均播种耗油量/（L/斤）	
物资投入					
亩均除草剂使用量/ml		亩均杀虫剂使用量/ml		亩均其他农药使用量/ml	

续表

二、农作物生产物资投入产出信息					
亩均化肥投入量/kg		亩均氮肥投入量/kg			
灌溉					
类型	○调水工程 ○地下水 ○地表水（引黄） ○节水灌溉 ○无灌溉				
灌溉次数/次		每次每亩耗电量/（kW·h）		每次每亩耗油量/L	
机井数目/口		机井深度/m		单井灌溉面积/亩	
灌溉措施	○漫灌 ○喷灌 ○滴灌				
收获					
是否机械收割		亩均收获耗油量/（L/斤）		亩均产量/（kg/斤）	
小型机械运输耗油量/（L/斤）					
备注：					

作物种类	玉米		种植面积/亩		
翻耕与播种					
是否翻耕		机械类型	○家用小型机械 ○大型机械		
亩均翻耕耗油量/（L/斤）		亩均种子/（元/斤）		亩均播种耗油量/（L/斤）	
物资投入					
亩均除草剂使用量/ml		亩均杀虫剂使用量/ml		亩均其他农药使用量/ml	
亩均化肥投入量/kg		亩均氮肥投入量/kg			
灌溉					
类型	○调水工程 ○地下水 ○地表水（引黄） ○节水灌溉 ○无灌溉				
灌溉次数/次		每次每亩耗电量/（kW·h）		每次每亩耗油量/L	
机井数目/口		机井深度/m		单井灌溉面积/亩	
灌溉措施	○漫灌 ○喷灌 ○滴灌				
收获					
是否机械收割		亩均收获耗油量/（L/斤）		亩均产量/（kg/斤）	
小型机械运输耗油量/（L/斤）					
备注：					

附表2　河南省典型区农业水土资源开发不同阶段碳排放强度汇总（单位：kg/hm²）

调研村庄	土地资源开发碳强度			土地资源开发平均碳强度	水资源开发碳强度		水资源开发平均碳强度
	土地翻耕	土地投入	土地收获		灌溉	打井	
兰考县三义寨乡白云山村	35.23	872.31	94.46	334.00	56.78	0.8443	28.81
通许县四所楼镇王庄村	49.03	745.36	75.00	289.80	160.05	0.8443	80.45
修武县郇封镇郇封村	40.56	853.20	61.98	318.58	213.41	0.8443	107.13
温县招贤乡小营村	71.85	1168.97	50.88	430.57	133.23	0.8443	67.04
武陟县谢旗营镇程封村	33.61	1390.90	12.60	479.04	107.31	0.8443	54.08
博爱县金城乡张武村	32.44	940.10	11.43	327.99	79.26	0.8443	40.05
济源市轵城镇柿花沟村	43.23	776.89	41.71	287.28	74.65	0.8443	37.75
偃师区高龙镇高龙村	70.16	746.78	64.26	293.73	204.85	0.8443	102.85
伊川县高山镇侯村	24.81	588.00	31.98	214.93	0	0.8443	0.42
嵩县何村镇何村	20.21	708.50	6.16	244.96	0	0.8443	0.42
栾川县三川镇柳子村	20.24	917.88	0	312.71	0	0.8443	0.42
卢氏县东明镇涧西村	38.83	979.06	0	339.30	80.85	0.8443	40.85
南召县皇后乡北召店村	61.13	1034.34	38.59	378.02	3.45	0.8443	2.15
淅川县金河镇中吴店村	45.93	1007.31	31.08	361.44	0	0.8443	0.42
邓州市林扒镇千兵村	46.96	734.09	53.33	278.13	27.49	0.8443	14.17
唐河县桐寨铺镇周庄村	45.82	794.21	95.13	311.72	31.29	0.8443	16.07
镇平县侯集镇易营村	55.54	803.20	20.38	293.04	70.54	0.8443	35.69
平桥区长台关乡余寨村	68.38	632.65	91.18	264.07	131.92	0.8443	66.38
光山县北向店乡王畈村	156.53	788.43	114.04	353.00	144.80	0.8443	72.82
商城县鲇鱼山乡庙岗村	166.47	577.59	71.48	271.85	0	0.8443	0.42
固始县南大桥乡安埠村	105.92	674.63	95.69	292.08	32.57	0.8443	16.71
新蔡县陈店镇陈店村	71.06	876.30	105.86	351.07	107.34	0.8443	54.09
确山县任店镇任店村	72.84	755.79	72.02	300.22	2.77	0.8443	1.81
遂平县常庄镇三里朱村	24.24	744.69	58.95	275.96	51.00	0.8443	25.92
西平县宋集乡孔牛村	41.94	770.76	70.65	294.45	43.53	0.8443	22.19
舞阳县太尉镇邢庄村	40.67	673.90	40.30	251.62	63.60	0.8443	32.22
临颍县杜曲镇大于庄村	25.39	554.01	37.00	205.47	37.45	0.8443	19.15
叶县廉村镇王博儒村	37.77	669.18	60.42	255.79	50.66	0.8443	25.75
鲁山县马楼乡冢留村	69.65	735.74	67.22	290.87	27.40	0.8443	14.12
郏县冢头镇前王庄村	40.47	489.30	14.55	181.44	58.67	0.8443	29.76
汝州市小屯镇崔辛庄村	55.13	764.29	89.26	302.89	173.60	0.8443	87.22
长葛市老城镇榆园村	66.57	737.77	97.71	300.68	115.37	0.8443	58.11
太康县毛庄镇毛庄村	59.19	726.83	86.20	290.74	46.78	0.8443	23.81
淮阳区刘庄乡张路口村	25.94	764.98	90.87	293.93	24.76	0.8443	12.80
周口市川汇区高庄村	42.50	820.83	91.75	318.36	34.47	0.8443	17.66

续表

调研村庄	土地资源开发碳强度			土地资源开发平均碳强度	水资源开发碳强度		水资源开发平均碳强度
	土地翻耕	土地投入	土地收获		灌溉	打井	
项城市郑郭镇牛营村	53.01	761.55	105.51	306.69	44.57	0.8443	22.71
沈丘县莲池镇田营村	34.09	888.61	132.01	351.57	74.69	0.8443	37.77
永城市侯岭乡方庄村	36.25	804.54	69.63	303.47	17.34	0.8443	9.09
夏邑县何营乡槐树刘村	61.37	725.86	105.85	297.69	49.70	0.8443	25.27
睢县尚屯镇祥府寨村	33.63	656.15	82.49	257.42	42.87	0.8443	21.86
梁园区双八镇双八村	33.61	522.40	18.67	191.56	67.29	0.8443	34.07
柘城县张桥乡老王集村	52.38	523.00	36.03	203.80	58.00	0.8443	29.42
封丘县城关乡拐铺村	57.38	697.89	85.35	280.21	109.51	0.8443	55.18
原阳县太平镇陈庄村	25.63	943.90	49.48	339.67	0.48	0.8443	0.66
辉县市赵固乡高庙村	76.47	830.43	97.42	334.77	166.73	0.8443	83.79
淇县庙口镇原本庙村	96.52	625.20	91.79	271.17	241.60	0.8443	121.22
浚县白寺镇左洼村	74.63	823.75	84.91	327.76	871.85	0.8443	436.35
汤阴县韩庄镇大黄村	35.47	466.40	18.40	173.42	39.45	0.8443	20.15
内黄县楚旺镇东街村	58.34	1102.40	17.15	392.63	125.95	0.8443	63.40
南乐县杨村乡楼营村	37.26	762.21	83.20	294.22	90.70	0.8443	45.77
范县龙王庄镇万庄村	34.66	683.78	62.21	260.22	67.26	0.8443	34.05
濮阳县子岸镇大陈村	60.12	748.73	92.65	300.50	82.14	0.8443	41.49
宁陵县赵村乡徐黑村	46.75	652.43	19.90	239.69	54.62	0.8443	27.73
中牟县郑庵镇砚台寺村	114.21	646.43	28.55	263.06	98.83	0.8443	49.84
滑县半坡店镇西老河寨村	11.21	672.56	38.37	240.71	83.90	0.8443	42.37
长垣市丁栾镇前吴庄村	18.89	994.12	39.92	350.98	95.22	0.8443	48.03
禹州市褚河镇元东村	24.11	742.53	35.42	267.35	0	0.8443	0.42
台前县城关镇后三里村	52.62	676.57	13.15	247.45	32.10	0.8443	16.47
杞县宗店乡瓦岗村	46.02	722.43	11.51	259.99	51.45	0.8443	26.15
鹿邑县玄武镇孟庄村	27.63	1020.42	35.17	361.07	82.32	0.8443	41.58
孟津区会盟镇雷河村	59.87	711.43	32.24	267.85	45.47	0.8443	23.16
卧龙区谢庄乡匡庄村	60.62	677.94	28.91	255.82	0	0.8443	0.42
陕州区大营镇温塘村	37.25	908.45	9.31	318.34	74.66	0.8443	37.75
息县东岳镇大刘庄村	28.01	768.11	56.99	284.37	0	0.8443	0.42
正阳县大林镇蔡庄村	74.68	673.30	18.67	255.55	237.96	0.8443	119.40
平均碳排放强度	51.83	773.11	56.08		83.02	0.8443	

附表 3　河南省典型区不同作物农业水土资源开发不同阶段碳排放强度汇总（单位：kg/hm²）

调研村庄	作物类型	土地资源开发碳强度			土地资源开发平均碳强度	水资源开发碳强度
		土地翻耕	土地投入	土地收获		灌溉
兰考县三义寨乡白云山村	小麦	61.02	829.78	73.58	321.46	57.34
	玉米	3.55	862.10	117.39	327.68	62.67
	水稻	75.98	1185.08	92.57	451.21	20.72
通许县四所楼镇王庄村	小麦	75.05	1005.93	66.99	382.66	156.75
	玉米	37.66	804.65	89.92	310.74	167.01
	花生	57.58	485.82	0.80	181.40	132.48
修武县郇封镇郇封村	小麦	81.12	835.16	49.90	322.06	222.97
	玉米	4.98	871.24	74.05	316.76	203.86
温县招贤乡小营村	小麦	69.15	1216.22	34.44	439.94	154.78
	玉米	66.72	880.71	83.40	343.61	139.73
	花生	76.44	1159.66	66.85	434.32	103.05
武陟县谢旗营镇程封村	小麦	33.61	1293.28	13.07	446.65	120.04
	玉米	33.61	1420.78	11.20	488.53	36.38
	花生	33.61	1555.03	13.07	533.90	152.78
博爱县金城乡张武村	小麦	42.94	825.56	14.31	294.27	76.08
	玉米	14.81	1175.63	6.58	399.01	84.58
济源市轵城镇柿花沟村	小麦	68.22	779.62	38.50	295.45	73.20
	玉米	18.24	774.17	44.92	279.11	76.11
偃师区高龙镇高龙村	小麦	108.79	709.61	59.35	292.58	194.64
	玉米	27.75	787.61	69.65	295.00	216.08
伊川县高山镇侯村	小麦	42.85	662.34	44.35	249.85	0
	玉米	7.42	610.07	24.75	214.08	0
	花生	30.42	380.93	24.32	145.22	0
嵩县何村镇何村	小麦	26.60	683.36	12.54	240.83	0
	玉米	14.05	732.77	0	248.94	0
栾川县三川镇柳子村	小麦	81.06	665.04	0	248.70	0
	玉米	7.91	969.13	0	325.68	0
卢氏县东明镇涧西村	小麦	37.98	650.35	0	229.44	98.33
	玉米	39.26	1143.41	0	394.22	72.11
南召县皇后乡北召店村	小麦	77.13	645.65	42.55	255.11	22.94
	玉米	78.84	1116.14	44.35	413.11	2.41
	花生	23.23	987.81	26.60	345.88	0

续表

调研村庄	作物类型	土地资源开发碳强度			土地资源开发平均碳强度	水资源开发碳强度
		土地翻耕	土地投入	土地收获		灌溉
淅川县金河镇中吴店村	小麦	52.95	1002.93	57.01	370.96	0
	玉米	38.91	1011.68	5.15	351.91	0
邓州市林扒镇千兵村	小麦	47.12	741.98	49.31	279.47	26.95
	玉米	41.18	610.19	58.86	236.74	26.11
	花生	63.05	1249.32	0	437.46	43.91
	水稻	62.75	812.61	114.95	330.10	18.23
唐河县桐寨铺镇周庄村	小麦	70.61	775.63	66.94	304.39	30.45
	玉米	14.78	740.86	112.92	289.52	31.01
	花生	96.26	1307.93	163.77	522.65	39.19
镇平县侯集镇易营村	小麦	62.04	904.78	21.83	329.55	83.21
	玉米	50.04	767.12	18.67	278.61	57.23
	花生	43.21	657.19	18.67	239.69	51.96
平桥区长台关乡余寨村	水稻	80.45	599.49	107.28	262.41	155.20
	玉米	0	716.29	0	238.76	0
	花生	60.79	1046.34	0	369.04	0
光山县北向店乡王畈村	水稻	156.53	788.43	114.04	353.00	144.80
商城县鲇鱼山乡庙岗村	水稻	197.97	687.20	87.01	324.06	0
	花生	113.99	509.26	0	207.75	0
	玉米	113.99	280.55	91.18	161.91	0
固始县南大桥乡安埠村	水稻	105.92	674.63	95.69	292.08	32.57
新蔡县陈店镇陈店村	小麦	81.96	876.80	116.95	358.57	63.06
	玉米	35.15	803.46	103.05	313.89	162.03
	花生	95.55	966.35	88.60	383.50	121.89
确山县任店镇任店村	小麦	85.17	768.09	71.57	308.28	5.29
	玉米	30.28	766.89	78.63	291.93	0
	花生	101.82	729.45	65.74	299.00	2.56
遂平县常庄镇三里朱村	小麦	43.48	722.63	60.79	275.63	48.61
	玉米	3.62	768.33	56.98	276.31	53.56
西平县宋集乡孔牛村	小麦	88.22	722.97	66.04	292.41	38.87
	玉米	1.52	905.07	82.62	329.74	51.76
	花生	0	360.94	0	120.31	0
	大豆	0	116.20	28.50	48.23	26.63

续表

调研村庄	作物类型	土地资源开发碳强度			土地资源开发平均碳强度	水资源开发碳强度
		土地翻耕	土地投入	土地收获		灌溉
舞阳县太尉镇邢庄村	小麦	67.10	775.65	44.45	295.73	62.09
	玉米	4.20	671.07	38.32	237.86	64.84
	花生	10.45	951.52	0	320.66	65.73
	大豆	33.53	186.43	57.19	92.38	65.00
临颍县杜曲镇大于庄村	小麦	42.17	736.33	37.93	272.14	35.76
	大豆	9.60	367.96	37.51	138.36	40.61
	玉米	75.99	671.97	25.15	257.70	58.23
叶县廉村镇王謇儒村	小麦	64.33	662.93	68.04	265.10	39.56
	玉米	9.21	675.89	52.24	245.78	62.60
鲁山县马楼乡冢留村	小麦	137.35	694.77	66.63	299.58	27.90
	玉米	1.95	776.71	67.80	282.15	26.89
郏县冢头镇前王庄村	小麦	48.71	493.09	19.53	187.11	72.64
	玉米	34.50	527.07	9.86	190.48	38.70
	花生	33.61	392.91	16.43	147.65	101.85
汝州市小屯镇崔辛庄村	小麦	105.27	664.04	73.03	280.78	129.98
	玉米	7.84	895.75	110.13	337.91	225.31
	花生	0	163.49	0	54.50	18.03
长葛市老城镇榆园村	小麦	93.26	743.26	81.62	306.05	105.55
	玉米	5.72	725.24	134.42	288.46	137.78
太康县毛庄镇毛庄村	小麦	116.47	750.47	72.31	313.08	48.91
	玉米	2.13	709.27	97.45	269.62	45.31
	大豆	0	653.60	121.58	258.39	39.33
淮阳区刘庄乡张路口村	小麦	87.63	755.25	87.63	310.17	33.78
	玉米	0	847.02	113.99	320.34	58.60
	花生	0	745.03	85.52	276.85	9.36
周口市川汇区高庄村	小麦	77.40	822.81	78.11	326.11	25.38
	玉米	3.00	818.59	107.18	309.59	44.74
项城市郑郭镇牛营村	小麦	106.03	755.66	94.72	318.80	41.66
	玉米	0	767.44	116.31	294.58	47.49
沈丘县莲池镇田营村	小麦	68.09	799.04	113.29	326.81	56.27
	玉米	0.09	978.18	150.72	376.33	93.11

续表

调研村庄	作物类型	土地资源开发碳强度			土地资源开发平均碳强度	水资源开发碳强度
		土地翻耕	土地投入	土地收获		灌溉
永城市城厢乡洪岗村方庄村	小麦	49.26	1067.46	69.84	395.52	22.54
	玉米	22.11	553.06	87.04	220.74	17.24
	大豆	7.39	185.35	50.66	81.13	0
夏邑县何营乡槐树刘村	小麦	122.75	715.68	91.93	310.12	32.89
	玉米	0	736.04	119.77	285.27	66.51
睢县尚屯镇祥府寨村	小麦	80.55	756.97	83.08	306.87	45.89
	玉米	6.25	673.65	111.90	263.93	42.99
	花生	6.72	499.72	43.71	183.38	38.72
梁园区双八镇双八村	小麦	33.61	652.97	26.14	237.57	98.21
	玉米	33.61	391.78	11.20	145.53	36.38
柘城县张桥乡老王集村	小麦	51.03	604.80	53.52	236.45	59.01
	玉米	56.01	483.19	18.67	185.96	59.48
	花生	33.61	391.78	26.14	150.51	36.38
封丘县城关乡拐铺村	小麦	114.75	710.07	81.50	302.11	113.92
	玉米	0	685.70	89.20	258.30	105.11
原阳县太平镇陈庄村	小麦	15.19	714.40	56.93	262.17	0
	水稻	35.46	1159.91	42.46	412.61	0.93
辉县市赵固乡高庙村	小麦	165.70	782.87	85.27	344.61	187.68
	玉米	0	937.95	108.28	348.74	157.47
	花生	0	657.58	106.38	254.65	120.94
淇县庙口镇原本庙村	小麦	205.30	666.01	82.94	318.08	321.15
	玉米	0	658.26	112.31	256.86	189.43
	花生	0	43.96	0	14.65	26.22
浚县白寺镇左洼村	小麦	149.25	820.28	79.79	349.77	989.71
	玉米	0	827.21	90.03	305.75	753.98
汤阴县韩庄镇大黄村	小麦	37.34	545.76	25.60	202.90	46.89
	玉米	33.61	397.69	11.20	147.50	32.01
内黄县楚旺镇东街村	小麦	73.28	980.16	7.00	353.48	128.22
	玉米	96.02	1139.44	19.20	418.22	133.03
	花生	2.49	1304.81	33.61	446.97	116.40
南乐县杨村乡楼营村	小麦	74.52	810.65	71.54	318.90	100.37
	玉米	0	713.77	94.85	269.54	81.04

续表

调研村庄	作物类型	土地资源开发碳强度			土地资源开发平均碳强度	水资源开发碳强度
		土地翻耕	土地投入	土地收获		灌溉
范县龙王庄镇万庄村	玉米	0	898.11	95.69	331.27	65.67
	小麦	77.39	821.45	76.99	325.28	105.05
	大豆	17.92	214.70	0	77.54	15.46
濮阳县子岸镇大陈村	小麦	115.58	704.43	79.19	299.73	83.78
	玉米	4.67	793.03	106.12	301.27	80.50
宁陵县赵村乡徐黑村	小麦	102.02	705.53	25.50	277.68	150.53
	玉米	97.76	606.61	24.44	242.94	157.12
	花生	0	562.52	35.11	199.21	61.45
中牟县郑庵镇砚台寺村	小麦	174.26	603.24	43.57	273.69	222.05
	玉米	220.44	613.75	55.11	296.43	210.87
	花生	93.38	640.95	23.35	252.56	234.95
滑县半坡店镇西老河寨村	小麦	47.90	747.47	11.98	269.12	192.41
	玉米	0	548.38	90.65	213.01	193.69
	花生	0	636.65	61.35	232.67	180.88
长垣市丁栾镇前吴庄村	小麦	80.73	1284.36	20.18	461.76	137.70
	玉米	0	855.52	101.55	319.02	252.22
	花生	0	716.34	48.88	255.07	253.51
禹州市褚河镇元东村	小麦	68.69	712.86	17.17	266.24	0
	玉米	0	709.24	83.74	264.33	0
台前县城关镇后三里村	小麦	71.43	619.34	17.86	236.21	74.43
	玉米	78.48	676.80	19.62	258.30	70.20
杞县宗店乡瓦岗村	小麦	63.43	708.08	15.86	262.46	108.79
	玉米	67.69	675.90	16.92	253.50	122.99
鹿邑县玄武镇孟庄村	小麦	42.00	1011.89	53.45	369.11	193.79
	玉米	36.72	942.53	46.74	342.00	177.05
孟津区会盟镇雷河村	小麦	65.61	659.38	65.61	263.53	102.42
	玉米	104.97	704.44	26.24	278.55	102.42
卧龙区谢庄乡匡庄村	小麦	107.02	647.89	45.86	266.92	0
	玉米	99.35	644.67	42.58	262.20	0
	花生	52.69	655.40	35.13	247.74	0
陕州区大营镇温塘村	小麦	70.20	798.53	17.55	295.43	186.88
	玉米	35.93	941.46	8.98	328.79	149.47

续表

调研村庄	作物类型	土地资源开发碳强度			土地资源开发平均碳强度	水资源开发碳强度
		土地翻耕	土地投入	土地收获		灌溉
息县东岳镇大刘庄村	小麦	79.79	692.97	53.19	275.32	0
	玉米	0	778.22	109.16	295.79	0
正阳县大林镇蔡庄村	小麦	106.38	650.81	26.60	261.26	0
	水稻	106.38	638.80	26.60	257.26	1072.07

附表 4　调研村庄农业碳排放强度（单位：kg/hm^2）

调研村庄	土地资源开发利用				水资源开发利用灌溉碳排放	农业碳排放强度
	土地投入		土地翻耕	土地收获		
	化肥碳排放	农药碳排放	翻耕碳排放	收获碳排放		
兰考县白云山村	937.28	21.70	46.85	94.51	46.91	1147.26
通许县王庄村	721.31	44.15	56.76	52.57	152.08	1026.88
修武县郇封村	842.50	10.70	43.05	61.98	213.41	1171.64
温县小营村	1073.15	12.38	70.77	61.56	132.52	1350.38
武陟县程封村	1414.88	8.16	33.61	12.45	103.06	1572.15
博爱县张武村	980.77	19.83	28.87	10.45	80.33	1120.25
济源市柿花沟村	761.75	15.15	43.23	41.71	74.65	936.49
偃师区高龙村	733.97	14.64	68.27	64.50	205.36	1086.73
伊川县侯村	541.69	9.42	26.90	31.14	0.00	609.15
嵩县何村	699.16	8.90	20.32	6.27	0.00	734.65
栾川县柳子村	816.80	0.29	44.48	0.00	0.00	861.57
卢氏县涧西村	889.66	7.23	38.62	0.00	85.22	1020.72
南召县北召店村	910.03	6.51	59.73	37.83	8.45	1022.55
淅川县中吴店村	999.74	7.57	45.93	31.08	0.00	1084.32
邓州市千兵村	834.92	18.60	53.52	55.78	28.80	991.63
唐河县周庄	921.11	20.36	60.55	114.54	33.55	1150.12
镇平县易营村	752.46	23.91	51.76	19.72	64.14	911.98
平桥区余寨村	778.06	9.32	47.08	35.76	51.73	921.95
光山县王畈村	768.99	19.44	156.53	114.04	144.80	1203.79
商城县庙岗村	480.47	11.87	141.98	59.40	0.00	693.72
固始县安埠村	661.21	13.41	105.92	95.69	32.57	908.80
新蔡县陈店村	855.99	26.22	70.88	102.87	115.66	1171.61
确山县任店村	736.83	17.98	72.42	71.98	2.62	901.83

续表

调研村庄	土地资源开发利用				水资源开发利用灌溉碳排放	农业碳排放强度
	土地投入		土地翻耕	土地收获		
	化肥碳排放	农药碳排放	翻耕碳排放	收获碳排放		
遂平县三里朱村	726.07	19.41	23.55	58.89	51.09	879.00
西平县孔牛村	510.48	15.82	22.43	44.29	29.32	622.34
舞阳县邢庄村	631.49	14.68	28.82	34.99	64.42	774.39
临颍县大于庄村	568.08	24.01	42.59	33.53	44.87	713.07
叶县王博儒村	651.16	18.25	36.77	60.14	51.08	817.40
鲁山县冢留村	714.86	20.88	69.65	67.22	27.40	900.01
郏县前王庄村	456.49	14.53	38.94	15.27	71.06	596.30
汝州市崔辛庄村	560.30	14.13	37.71	61.05	124.44	797.62
长葛市榆园村	714.84	19.42	49.49	108.02	121.67	1013.43
太康县毛庄村	690.20	14.25	39.54	97.11	44.52	885.61
淮阳区张路口村	767.05	15.38	29.21	95.71	33.91	941.27
周口市川汇区高庄村	799.60	21.11	40.20	92.65	35.06	988.61
项城市牛营村	737.23	24.32	53.01	105.51	44.57	964.65
沈丘县田营村	869.18	19.42	34.09	132.01	74.69	1129.39
永城市方庄	572.78	29.18	26.25	69.18	13.26	710.64
夏邑县槐树刘村	705.64	20.23	61.37	105.85	49.70	942.79
睢县祥府寨村	613.76	29.68	31.17	79.56	42.53	796.71
梁园区双八村	514.50	7.88	33.61	18.67	67.29	641.94
柘城县老王集村	477.79	15.47	46.88	32.78	51.62	624.54
封丘县拐铺村	678.54	19.34	57.38	85.35	109.51	950.13
原阳县陈庄村	898.92	38.24	25.32	49.70	0.46	1012.64
辉县市高庙村	777.56	15.24	55.23	99.98	155.37	1103.37
淇县原本庙村	446.31	9.77	68.43	65.08	178.93	768.53
浚县左洼村	797.72	26.03	74.63	84.91	871.85	1855.13
汤阴县大黄村	459.38	12.35	35.47	18.40	39.45	565.05
内黄县东街村	1123.94	17.53	57.26	19.94	125.88	1344.55
南乐县楼营村	742.89	19.32	37.26	83.20	90.70	973.37
范县万庄村	615.99	28.77	31.77	57.55	62.06	796.15
濮阳县大陈村	727.75	20.99	60.12	92.65	82.14	983.64
宁陵县徐黑村	614.03	10.86	66.59	28.35	123.03	842.87
中牟县砚台寺村	599.52	19.79	162.70	40.67	222.62	1045.31
滑县西老河寨村	632.82	11.34	15.97	54.66	188.99	903.78

续表

调研村庄	土地资源开发利用				水资源开发利用灌溉碳排放	农业碳排放强度
	土地投入		土地翻耕	土地收获		
	化肥碳排放	农药碳排放	翻耕碳排放	收获碳排放		
长垣市前吴庄村	939.35	12.72	26.91	56.87	214.48	1250.34
禹州市元东村	705.63	5.42	34.34	50.46	0.00	795.85
台前县后三里村	633.28	14.79	74.95	18.74	72.31	814.07
杞县瓦岗村	676.90	15.09	65.56	16.39	115.89	889.82
鹿邑县孟庄村	966.82	10.39	39.36	50.09	185.42	1252.08
孟津区雷河村	643.13	38.79	85.29	45.92	102.42	915.55
卧龙区匡庄村	638.14	11.17	86.35	41.19	0.00	776.86
陕州区温塘村	860.14	9.86	53.07	13.27	168.18	1104.50
息县大刘庄村	727.60	8.00	39.89	81.18	0.00	856.66
正阳县蔡庄村	637.17	7.64	106.38	26.60	536.03	1313.82

附表 5　灌溉用水强度（前 120 个）（单位：m^3/t）

乡镇名	用水强度	乡镇名	用水强度	乡镇名	用水强度	乡镇名	用水强度
石板岩镇	615.83	白土镇	468.79	黄水乡	439.99	城关镇（浚县）	422.38
陈化店镇	603.07	狮豹头乡	468.45	曹村乡	439.21	宜村乡	421.00
柏梁镇	564.03	硖石乡	465.49	城关镇（濮阳县）	438.01	北冶镇	420.96
大马镇	563.65	东村乡	464.53	环翠峪	436.31	五龙镇	420.44
寺河乡	546.77	合涧镇	459.98	千户寨乡	436.02	小河镇	420.15
西张村镇	532.40	宫前乡	459.66	善应镇	434.22	孙营乡	419.66
沙窑乡	531.95	三川镇	455.82	东姚镇	433.91	五里川镇	418.85
城关镇（封丘县）	529.92	桥北乡	453.48	拍石头乡	432.80	新习乡	418.70
菜园乡	521.54	大池山乡	449.71	苏村乡	432.26	马店镇	415.50
黄洞乡	506.33	两门镇	448.42	冷水镇	431.69	上八里镇	414.74
后河镇	499.75	豆公镇	447.42	安陵镇	430.05	陈桥乡	412.97
张汴乡	498.10	故县镇	445.83	原康镇	426.91	川口乡	410.25
店子乡	494.67	东凡乡（陕州区）	445.77	南寨镇	426.54	道口镇	410.10
叫河镇	491.50	古宋乡（睢阳区）	445.75	长水镇	424.91	韩董庄镇	410.09
上戈镇	484.39	下峪镇（洛宁县）	444.75	秋扒乡	424.46	西山底乡	409.07
城关镇（夏邑县）	479.18	官道口镇（卢氏县）	444.62	狮子庙镇	424.42	林七镇	408.66
荆乡回族乡	478.45	南村镇	443.77	陶湾镇	423.64	张茅乡	407.88
后庄乡	474.36	黄华镇	443.20	东拴马乡	422.76	阳店镇	406.79

续表

乡镇名	用水强度	乡镇名	用水强度	乡镇名	用水强度	乡镇名	用水强度
陈固镇	405.86	田氏镇	401.29	石盘屯乡	393.62	城关镇（延津县）	387.17
庙口镇	405.60	仁村乡	400.32	睢阳区	392.46	双槐树乡	387.15
罗岭乡	404.68	菜园镇	400.09	瓦岗寨乡	391.84	司庄乡	387.05
浚县农场	404.01	汤河乡	399.67	狮子坪乡	391.61	任村镇	386.92
瓦店镇	403.62	东庄镇	399.43	亳城镇	391.49	张集乡	386.43
上观乡	403.38	马家乡	399.40	王庄镇	391.47	姚村镇	385.91
石井镇	403.18	城关镇（柘城县）	399.12	五亩乡	390.89	永和镇	385.71
王庄镇	402.42	张村乡	398.24	徐镇镇	390.87	故县镇	385.24
原店镇	401.43	西平罗乡	395.32	中召镇	389.32	东凡乡（卢氏县）	445.77
石庙镇	401.42	兴华镇	394.48	横涧乡	388.86	古宋乡（原阳县）	445.75
庄子镇	401.38	袁坊乡	394.45	石寺镇	388.78	下峪镇（汤阴县）	444.75
穆册乡	401.34	韩陵镇	393.71	赵村乡	388.29	官道口镇（杞县）	444.62

附表 6　灌溉碳排放强度（前 120 个）（单位：kg/t）

乡镇名	碳排放强度	乡镇名	碳排放强度	乡镇名	碳排放强度	乡镇名	碳排放强度
叫河镇	27.41	石庙镇	23.86	柏树乡	22.83	孙营乡	22.12
环翠峪	25.56	太平镇	23.71	大李庄乡	22.67	西张村镇	22.12
竹林镇	25.35	采桑镇	23.71	大马镇	22.57	七里坪乡	22.09
陈化店镇	25.25	寄料镇	23.69	故县镇	22.55	狮子坪乡	22.03
白土镇	25.07	冷水镇	23.68	峪里乡	22.51	寨根乡	22.03
范村乡	24.93	饭坡乡	23.55	锦屏镇	22.51	侯寨乡	22.01
三川镇	24.89	寺河乡	23.55	汤河乡	22.48	何村镇	21.99
北冶镇	24.83	万隆乡	23.51	高山镇	22.48	北山口镇	21.97
狮豹头乡	24.74	后河镇	23.47	桑坪镇	22.45	狮子庙镇	21.94
陶湾镇	24.72	桂林镇	23.46	五里川镇	22.44	顺河	21.93
大峪沟镇	24.71	横水镇	23.42	徐庄乡	22.44	下冶乡	21.92
大池山乡	24.19	上店镇	23.19	原店镇	22.42	河顺镇	21.85
柏梁镇	24.14	小关镇	23.11	杏花营	22.34	刘店乡	21.83
东姚镇	24.12	石界河乡	23.09	横涧乡	22.27	车村镇	21.80
马寨镇	24.10	上戈镇	23.05	石道乡	22.27	大峪镇	21.76
新中镇	24.06	城关镇（汝阳县）	22.95	赵堡乡	22.24	瓦窑沟乡	21.72
石井镇	24.01	赤土店镇	22.94	仙人庄乡	22.22	朱阳关镇	21.72
张集乡	23.87	石寺镇	22.94	千户寨乡	22.19	范里镇	21.71

续表

乡镇名	碳排放强度	乡镇名	碳排放强度	乡镇名	碳排放强度	乡镇名	碳排放强度
官道口镇	21.68	杏花营镇	21.27	夏馆镇	20.93	坡头镇	20.69
东区	21.66	庙子乡	21.24	城关镇（栾川县）	20.92	石庄乡	20.68
峡窝镇	21.63	康店镇	21.20	三郊口乡	20.90	土门乡	20.68
栾川乡	21.59	马柿坪乡	21.17	大冶镇	20.84	小浪底镇	20.67
店子乡	21.55	孟庄镇	21.13	付店镇	20.82	临淇镇	20.67
秋扒乡	21.55	四棵树乡	21.08	下峪镇	20.80	卢店镇	20.67
乔楼镇	21.53	东明镇	21.03	惠济区	20.78	尚庄乡	20.61
焦村乡	21.44	双槐树乡	21.00	板场乡	20.77	五头镇	20.61
石板岩镇	21.42	大金店镇	20.98	黄寺岗	20.76	张湾乡	20.59
西坪镇	21.41	西沃乡	20.98	文峪乡	20.76	回龙乡	20.56
茶店乡	21.28	龙洞乡	20.94	大口乡	20.71	西村镇	20.55
仓头乡	21.28	酒后乡	20.94	西簧乡	20.69	蟒川镇	20.53

附表 7　乡镇“水–能–碳”系统耦合协调度（前 120 个）

乡镇名	耦合协调度	乡镇名	耦合协调度	乡镇名	耦合协调度	乡镇名	耦合协调度
善堂镇	0.64	庄头镇	0.54	荆隆宫乡	0.51	清集乡	0.50
新镇镇	0.59	马厂镇	0.53	应举镇	0.51	杨庙乡	0.50
江村镇	0.58	曹里乡	0.53	高朗乡	0.51	兰青乡	0.50
永兴镇	0.58	桐寨铺镇	0.53	逊母口镇	0.51	西夏镇	0.50
马头镇	0.57	吕潭乡	0.53	黎阳镇	0.51	玉皇庙镇	0.50
白道口镇	0.57	老店镇	0.52	转楼乡	0.51	高贤乡	0.50
牛屯镇	0.57	包屯镇	0.52	焦虎镇	0.51	坞墙镇	0.50
张君墓镇	0.56	板桥镇	0.52	临汝镇	0.50	刘集镇	0.49
留固镇	0.56	郎中镇	0.52	上官镇	0.50	枣村乡	0.49
奉母镇	0.56	张店镇	0.52	常兴乡	0.50	高阳镇	0.49
小河镇	0.56	西华营镇	0.52	平城乡	0.50	小屯镇	0.49
常营镇	0.56	西姜寨镇	0.52	厚坡镇	0.50	望田镇	0.49
屯子镇	0.55	大新镇	0.52	葛岗镇	0.50	裴村店乡	0.49
白潭镇	0.55	水坡镇	0.52	固城乡	0.50	真阳镇	0.49
朱口镇	0.55	王庄镇	0.52	朱砂镇	0.50	沈寨乡	0.49
陶城乡	0.55	仪封乡	0.51	只乐乡	0.50	岗李乡	0.49
白寺乡	0.55	半坡店镇	0.51	大林乡	0.50	崔桥镇	0.49
构林镇	0.54	八里湾镇	0.51	勒马乡	0.50	大许寨乡	0.49
八里营乡	0.54	芝麻洼乡	0.51	裴桥镇	0.50	卞岗镇	0.49

续表

乡镇名	耦合协调度	乡镇名	耦合协调度	乡镇名	耦合协调度	乡镇名	耦合协调度
韭园镇	0.49	三义寨乡	0.48	大营镇	0.48	八公桥镇	0.47
白云寺镇	0.49	老爷庙乡	0.48	王庄镇	0.48	毛堌堆乡	0.47
万古镇	0.49	王庄镇	0.48	傅集镇	0.48	汲冢镇	0.47
艾岗乡	0.49	彭店乡	0.48	练寺镇	0.48	齐老乡	0.47
赵营乡	0.49	城关镇	0.48	独树镇	0.48	安岭镇	0.47
大寨乡	0.49	路口乡	0.48	博望镇	0.48	符草楼镇	0.47
郭村镇	0.49	子岸镇	0.48	圉镇镇	0.47	樊乡镇	0.47
大马镇	0.49	红花集镇	0.48	大岗李乡	0.47	仇楼镇	0.47
源潭镇	0.48	聂堆镇	0.48	王岗镇	0.47	四所楼镇	0.47
昝岗乡	0.48	十八里镇	0.48	王称堌乡	0.47	万滩镇	0.47
傅集镇	0.48	邢庄乡	0.48	鲁河镇	0.47	柿园乡	0.47

附表 8 河南省各县域单元农业生产效率

地区	农业生产效率	地区	农业生产效率	地区	农业生产效率
郑州市	1.0912	淮滨县	1.7209	柘城县	1.0938
中牟县	1.0348	固始县	1.0489	睢县	1.2978
新郑市	1.0018	驻马店市	1.1812	民权县	0.7089
新密市	0.3651	泌阳县	1.1034	永城市	1.1234
巩义市	0.2636	确山县	0.5499	开封市	1.1125
荥阳市	0.6529	汝南县	1.0026	尉氏县	1.0493
登封市	0.2282	平舆县	1.2012	通许县	1.1189
洛阳市	1.0298	新蔡县	1.0498	杞县	1.0870
孟津区	1.0095	正阳县	1.0563	兰考县	0.6696
偃师区	0.6020	遂平县	1.0082	济源市	0.2720
栾川县	1.2363	上蔡县	1.0088	焦作市	1.0229
新安县	1.1160	西平县	1.0903	孟州市	1.0605
伊川县	1.0655	漯河市	1.0364	沁阳市	0.6827
宜阳县	0.7565	舞阳县	0.6818	温县	1.2406
汝阳县	0.5082	临颍县	0.7274	博爱县	1.0493
嵩县	1.1129	郾城区	0.6744	武陟县	1.1120
洛宁县	1.0990	平顶山市	0.3897	修武县	1.0115
三门峡市	0.3721	叶县	0.8192	新乡市	1.6474
渑池县	1.0658	鲁山县	0.2813	获嘉县	1.1308
义马市	0.2123	宝丰县	0.3378	新乡县	0.6339

续表

地区	农业生产效率	地区	农业生产效率	地区	农业生产效率
卢氏县	0.3419	郏县	0.5330	原阳县	0.6929
陕州区	0.5440	汝州市	0.3121	封丘县	1.0461
灵宝市	0.6204	许昌市	1.0240	延津县	1.0749
南阳市	0.5454	襄城县	0.6300	卫辉市	0.4712
西峡县	0.2094	禹州市	0.4914	辉县市	0.4050
淅川县	0.2526	建安区	1.0518	长垣市	0.3848
内乡县	0.3216	鄢陵县	1.0301	鹤壁市	0.4222
南召县	0.2041	长葛市	1.0559	浚县	1.1800
镇平县	0.6440	周口市	1.1325	淇县	1.4087
方城县	0.4746	扶沟县	0.8128	安阳市	1.0214
社旗县	1.0096	西华县	0.6913	安阳县	1.1058
唐河县	1.1257	商水县	1.2306	汤阴县	1.0194
新野县	0.7485	项城市	1.1785	内黄县	1.0313
桐柏县	0.3187	沈丘县	0.6652	林州市	0.1987
邓州市	1.0001	淮阳区	0.6432	滑县	1.0270
信阳市	1.0673	郸城县	0.6453	濮阳市	0.7130
罗山县	1.1762	太康县	0.6922	南乐县	0.7129
光山县	1.0019	鹿邑县	1.2010	清丰县	1.0014
新县	1.2097	商丘市	0.4904	濮阳县	1.0317
商城县	0.6248	夏邑县	1.0349	范县	0.5105
潢川县	1.1427	虞城县	0.6407	台前县	0.6984
息县	1.0591	宁陵县	0.6954		

附表 9　各县域土地资源开发碳排放强度阈值（单位：kg/hm^2）

地区	农业生产效率	土地资源碳排放强度	约束目标	“十三五”分解目标后碳排放强度	土地资源碳排放强度阈值	土地资源碳排放强度阈值变化率
郑州市	1.091 2	658.48	0.2	526.78	535.87	1.73%
中牟县	1.034 8	565.29	0.2	452.23	456.69	0.99%
新郑市	1.001 8	783.06	0.2	626.44	629.90	0.55%
新密市	0.365 1	885.05	0.2	708.04	652.72	–7.81%
巩义市	0.263 6	1066.77	0.2	853.42	775.35	–9.15%
荥阳市	0.652 9	580.22	0.2	464.17	445.46	–4.03%
登封市	0.228 2	934.90	0.2	747.92	676.02	–9.61%
洛阳市	1.029 8	825.58	0.2	660.47	666.54	0.92%

续表

地区	农业生产效率	土地资源碳排放强度	约束目标	“十三五”分解目标后碳排放强度	土地资源碳排放强度阈值	土地资源碳排放强度阈值变化率
孟津区	1.009 5	688.03	0.2	550.42	554.02	0.65%
偃师区	0.602 0	831.48	0.2	665.18	633.91	–4.70%
栾川县	1.236 3	695.95	0.2	556.76	576.98	3.63%
新安县	1.116 0	691.74	0.2	553.39	564.75	2.05%
伊川县	1.065 5	657.15	0.2	525.72	533.02	1.39%
宜阳县	0.756 5	827.36	0.2	661.89	644.20	–2.67%
汝阳县	0.508 2	1 016.46	0.2	813.17	764.92	–5.93%
嵩县	1.112 9	647.35	0.2	517.88	528.30	2.01%
洛宁县	1.099 0	729.25	0.2	583.40	594.08	1.83%
三门峡市	0.372 1	972.52	0.2	778.02	717.94	–7.72%
渑池县	1.065 8	869.22	0.2	695.38	705.07	1.39%
义马市	0.212 3	900.98	0.2	720.78	649.99	–9.82%
卢氏县	0.341 9	971.92	0.2	777.54	714.41	–8.12%
陕州区	0.544 0	994.51	0.2	795.60	752.14	–5.46%
灵宝市	0.620 4	966.87	0.2	773.50	739.01	–4.46%
南阳市	0.545 4	831.31	0.18	681.67	644.56	–5.44%
西峡县	0.209 4	791.20	0.18	648.78	584.81	–9.86%
淅川县	0.252 6	1 274.41	0.18	1 045.01	947.91	–9.29%
内乡县	0.321 6	960.87	0.18	787.91	721.85	–8.38%
南召县	0.204 1	1 025.39	0.18	840.82	757.33	–9.93%
镇平县	0.644 0	1 099.24	0.18	901.38	863.98	–4.15%
方城县	0.474 6	884.76	0.18	725.50	679.25	–6.37%
社旗县	1.009 6	1 200.32	0.18	984.27	990.71	0.65%
唐河县	1.125 7	1 061.02	0.18	870.04	889.00	2.18%
新野县	0.748 5	955.35	0.18	783.39	761.64	–2.78%
桐柏县	0.318 7	840.84	0.18	689.49	631.41	–8.42%
邓州市	1.000 1	1012.01	0.18	829.85	834.24	0.53%
信阳市	1.067 3	1 085.65	0.18	890.23	902.80	1.41%
罗山县	1.176 2	446.75	0.18	366.34	376.75	2.84%
光山县	1.001 9	1 088.35	0.18	892.45	897.39	0.55%
新县	1.209 7	350.31	0.18	287.26	296.69	3.28%
商城县	0.624 8	950.14	0.18	779.12	744.83	–4.40%

续表

地区	农业生产效率	土地资源碳排放强度	约束目标	“十三五”分解目标后碳排放强度	土地资源碳排放强度阈值	土地资源碳排放强度阈值变化率
潢川县	1.142 7	436.05	0.18	357.56	366.16	2.40%
息县	1.059 1	621.38	0.18	509.53	516.18	1.30%
淮滨县	1.720 9	655.94	0.18	537.87	591.66	10.00%
固始县	1.048 9	905.31	0.18	742.36	751.05	1.17%
驻马店市	1.181 2	792.23	0.18	649.63	668.53	2.91%
泌阳县	1.103 4	1 168.18	0.18	957.90	975.98	1.89%
确山县	0.549 9	923.36	0.18	757.16	716.38	–5.39%
汝南县	1.002 6	862.86	0.18	707.54	711.52	0.56%
平舆县	1.201 2	837.89	0.18	687.07	708.87	3.17%
新蔡县	1.049 8	1 133.49	0.18	929.46	940.45	1.18%
正阳县	1.056 3	1 067.78	0.18	875.58	886.68	1.27%
遂平县	1.008 2	828.49	0.18	679.36	683.69	0.64%
上蔡县	1.008 8	936.49	0.18	767.92	772.87	0.64%
西平县	1.090 3	867.70	0.18	711.51	723.71	1.71%
漯河市	1.036 4	893.94	0.18	733.03	740.41	1.01%
舞阳县	0.681 8	926.87	0.18	760.03	732.27	–3.65%
临颍县	0.727 4	874.58	0.18	717.15	695.26	–3.05%
郾城区	0.674 4	730.73	0.18	599.20	576.74	–3.75%
平顶山市	0.389 7	853.38	0.2	682.70	631.57	–7.49%
叶县	0.819 2	816.29	0.2	653.03	640.97	–1.85%
鲁山县	0.281 3	930.65	0.2	744.52	678.15	–8.91%
宝丰县	0.337 8	872.86	0.2	698.29	641.22	–8.17%
郏县	0.533 0	626.35	0.2	501.08	472.98	–5.61%
汝州市	0.312 1	1045.64	0.19	846.97	774.88	–8.51%
许昌市	1.024 0	923.89	0.19	748.35	754.66	0.84%
襄城县	0.630 0	1 030.54	0.19	834.74	798.57	–4.33%
禹州市	0.491 4	889.48	0.19	720.48	676.14	–6.15%
建安区	1.051 8	1 015.80	0.19	822.80	832.75	1.21%
鄢陵县	1.030 1	795.38	0.19	644.25	650.21	0.92%
长葛市	1.055 9	994.23	0.19	805.33	815.50	1.26%
周口市	1.132 5	876.52	0.18	718.75	735.06	2.27%
扶沟县	0.812 8	1 025.83	0.18	841.18	824.94	–1.93%

续表

地区	农业生产效率	土地资源碳排放强度	约束目标	“十三五”分解目标后碳排放强度	土地资源碳排放强度阈值	土地资源碳排放强度阈值变化率
西华县	0.691 3	1 017.34	0.18	834.22	804.79	–3.53%
商水县	1.230 6	815.91	0.18	669.05	692.85	3.56%
项城市	1.178 5	859.97	0.18	705.17	725.44	2.87%
沈丘县	0.665 2	1 097.49	0.18	899.94	865.10	–3.87%
淮阳区	0.643 2	977.69	0.18	801.71	768.36	–4.16%
郸城县	0.645 3	1 054.82	0.18	864.95	829.21	–4.13%
太康县	0.692 2	968.75	0.18	794.37	766.44	–3.52%
鹿邑县	1.201 0	975.52	0.18	799.92	825.28	3.17%
商丘市	0.490 4	703.13	0.18	576.57	541.01	–6.17%
夏邑县	1.034 9	983.59	0.18	806.54	814.50	0.99%
虞城县	0.640 7	844.16	0.18	692.21	663.19	–4.19%
宁陵县	0.695 4	846.01	0.18	693.73	669.62	–3.47%
柘城县	1.093 8	737.48	0.18	604.73	615.38	1.76%
睢县	1.297 8	898.34	0.18	736.64	769.36	4.44%
民权县	0.708 9	1 083.36	0.18	888.36	859.07	–3.30%
永城市	1.123 4	955.76	0.2	764.61	781.04	2.15%
开封市	1.112 5	1 143.62	0.19	926.33	944.92	2.01%
尉氏县	1.049 3	1 057.70	0.19	856.74	866.82	1.18%
通许县	1.118 9	1 254.35	0.19	1 016.02	1 037.26	2.09%
杞县	1.087 0	961.99	0.19	779.21	792.24	1.67%
兰考县	0.669 6	998.36	0.18	818.66	787.44	–3.81%
济源市	0.272 0	975.90	0.2	780.72	710.16	–9.04%
焦作市	1.022 9	1 028.55	0.2	822.84	829.67	0.83%
孟州市	1.060 5	841.98	0.2	673.58	682.49	1.32%
沁阳市	0.682 7	843.22	0.2	674.58	650.01	–3.64%
温县	1.240 6	1 192.33	0.2	953.86	989.05	3.69%
博爱县	1.049 3	954.63	0.2	763.70	772.69	1.18%
武陟县	1.112 0	1 311.96	0.2	1 049.57	1 070.56	2.00%
修武县	1.011 5	1 084.70	0.2	867.76	873.66	0.68%
新乡市	1.647 4	748.70	0.19	606.45	661.24	9.03%
获嘉县	1.130 8	714.03	0.19	578.36	591.36	2.25%
新乡县	0.633 9	1 289.78	0.19	1 044.73	999.99	–4.28%

续表

地区	农业生产效率	土地资源碳排放强度	约束目标	“十三五”分解目标后碳排放强度	土地资源碳排放强度阈值	土地资源碳排放强度阈值变化率
原阳县	0.692 9	764.70	0.19	619.41	597.69	–3.51%
封丘县	1.046 1	822.10	0.19	665.90	673.45	1.13%
延津县	1.074 9	791.66	0.19	641.24	650.94	1.51%
卫辉市	0.471 2	806.22	0.19	653.04	611.11	–6.42%
辉县市	0.405 0	1 106.29	0.19	896.09	830.77	–7.29%
长垣市	0.384 8	1 178.16	0.18	966.09	893.10	–7.55%
鹤壁市	0.422 2	853.74	0.2	682.99	634.75	–7.06%
浚县	1.180 0	1 664.67	0.2	1 331.74	1 370.26	2.89%
淇县	1.408 7	1 030.06	0.2	824.05	872.66	5.90%
安阳市	1.021 4	906.30	0.2	725.04	730.91	0.81%
安阳县	1.105 8	1 223.62	0.2	978.90	997.67	1.92%
汤阴县	1.019 4	600.90	0.2	480.72	484.49	0.78%
内黄县	1.031 3	1 153.78	0.2	923.03	931.70	0.94%
林州市	0.198 7	1 177.75	0.2	942.20	847.98	–10.00%
滑县	1.027 0	895.49	0.18	734.31	740.79	0.88%
濮阳市	0.713 0	1 483.42	0.19	1 201.57	1 162.62	–3.24%
南乐县	0.712 9	1 190.83	0.19	964.57	933.29	–3.24%
清丰县	1.001 4	839.48	0.19	679.98	683.70	0.55%
濮阳县	1.031 7	824.32	0.19	667.70	674.01	0.95%
范县	0.510 5	753.20	0.19	610.09	574.08	–5.90%
台前县	0.698 4	696.58	0.19	564.23	544.85	–3.43%
总计		114 762.56		93 052.66	91 413.47	–1.76%

附表 10　各县域水资源开发碳排放强度阈值（单位：kg/m³）

地区	农业生产效率	水资源碳排放强度	约束目标	“十三五”分解目标后碳排放强度	水资源碳排放强度阈值	变化率
郑州市	1.0912	1.02	0.20	0.82	0.83	1.73%
中牟县	1.0348	2.21	0.20	1.77	1.79	0.99%
新郑市	1.0018	5.34	0.20	4.27	4.30	0.55%
新密市	0.3651	2.69	0.20	2.15	1.98	–7.81%
巩义市	0.2636	2.63	0.20	2.11	1.91	–9.15%
荥阳市	0.6529	2.61	0.20	2.09	2.00	–4.03%
登封市	0.2282	1.73	0.20	1.38	1.25	–9.61%

续表

地区	农业生产效率	水资源碳排放强度	约束目标	“十三五”分解目标后碳排放强度	水资源碳排放强度阈值	变化率
洛阳市	1.0298	0.72	0.20	0.57	0.58	0.92%
孟津区	1.0095	0.60	0.20	0.48	0.48	0.65%
偃师区	0.602	0.66	0.20	0.52	0.50	–4.70%
栾川县	1.2363	0.10	0.20	0.08	0.08	3.63%
新安县	1.116	1.53	0.20	1.22	1.25	2.05%
伊川县	1.0655	0.74	0.20	0.59	0.60	1.39%
宜阳县	0.7565	1.08	0.20	0.87	0.84	–2.67%
汝阳县	0.5082	0.54	0.20	0.43	0.40	–5.93%
嵩县	1.1129	0.33	0.20	0.26	0.27	2.01%
洛宁县	1.099	0.15	0.20	0.12	0.12	1.83%
三门峡市	0.3721	0.01	0.20	0.01	0.01	–7.72%
渑池县	1.0658	2.21	0.20	1.77	1.79	1.39%
义马市	0.2123	0.55	0.20	0.44	0.40	–9.82%
卢氏县	0.3419	0.38	0.20	0.31	0.28	–8.12%
陕州区	0.544	0.54	0.20	0.43	0.41	–5.46%
灵宝市	0.6204	0.40	0.20	0.32	0.30	–4.46%
南阳市	0.5454	0.94	0.18	0.77	0.73	–5.44%
西峡县	0.2094	1.93	0.18	1.58	1.42	–9.86%
淅川县	0.2526	2.52	0.18	2.07	1.87	–9.29%
内乡县	0.3216	2.78	0.18	2.28	2.09	–8.38%
南召县	0.2041	2.39	0.18	1.96	1.76	–9.93%
镇平县	0.644	1.77	0.18	1.45	1.39	–4.15%
方城县	0.4746	1.26	0.18	1.03	0.96	–6.37%
社旗县	1.0096	2.03	0.18	1.67	1.68	0.65%
唐河县	1.1257	2.31	0.18	1.90	1.94	2.18%
新野县	0.7485	1.37	0.18	1.13	1.09	–2.78%
桐柏县	0.3187	1.37	0.18	1.12	1.03	–8.42%
邓州市	1.0001	1.68	0.18	1.38	1.39	0.53%
信阳市	1.0673	0.35	0.18	0.29	0.29	1.41%
罗山县	1.1762	0.09	0.18	0.08	0.08	2.84%
光山县	1.0019	0.37	0.18	0.30	0.30	0.55%
新县	1.2097	0.01	0.18	0.01	0.01	3.28%

续表

地区	农业生产效率	水资源碳排放强度	约束目标	“十三五”分解目标后碳排放强度	水资源碳排放强度阈值	变化率
商城县	0.6248	0.12	0.18	0.10	0.09	–4.40%
潢川县	1.1427	0.19	0.18	0.15	0.16	2.40%
息县	1.0591	0.33	0.18	0.27	0.27	1.30%
淮滨县	1.7209	0.33	0.18	0.27	0.30	10.00%
固始县	1.0489	0.31	0.18	0.25	0.26	1.17%
驻马店市	1.1812	2.44	0.18	2.00	2.06	2.91%
泌阳县	1.1034	1.70	0.18	1.39	1.42	1.89%
确山县	0.5499	0.63	0.18	0.51	0.49	–5.39%
汝南县	1.0026	0.59	0.18	0.48	0.49	0.56%
平舆县	1.2012	0.34	0.18	0.28	0.29	3.17%
新蔡县	1.0498	0.94	0.18	0.77	0.78	1.18%
正阳县	1.0563	0.83	0.18	0.68	0.69	1.27%
遂平县	1.0082	0.62	0.18	0.51	0.51	0.64%
上蔡县	1.0088	0.87	0.18	0.72	0.72	0.64%
西平县	1.0903	0.79	0.18	0.65	0.66	1.71%
漯河市	1.0364	2.73	0.18	2.24	2.26	1.01%
舞阳县	0.6818	0.56	0.18	0.46	0.44	–3.65%
临颍县	0.7274	1.73	0.18	1.42	1.38	–3.05%
郾城区	0.6744	0.73	0.18	0.60	0.57	–3.75%
平顶山市	0.3897	0.36	0.20	0.29	0.27	–7.49%
叶县	0.8192	0.82	0.20	0.65	0.64	–1.85%
鲁山县	0.2813	0.84	0.20	0.68	0.62	–8.91%
宝丰县	0.3378	1.01	0.20	0.81	0.74	–8.17%
郏县	0.533	0.69	0.20	0.55	0.52	–5.61%
汝州市	0.3121	0.74	0.19	0.60	0.55	–8.51%
许昌市	1.024	0.06	0.19	0.05	0.05	0.84%
襄城县	0.63	0.84	0.19	0.68	0.65	–4.33%
禹州市	0.4914	1.73	0.19	1.40	1.31	–6.15%
建安区	1.0518	0.66	0.19	0.54	0.54	1.21%
鄢陵县	1.0301	1.40	0.19	1.13	1.14	0.92%
长葛市	1.0559	0.56	0.19	0.46	0.46	1.26%
周口市	1.1325	0.09	0.18	0.08	0.08	2.27%

续表

地区	农业生产效率	水资源碳排放强度	约束目标	“十三五”分解目标后碳排放强度	水资源碳排放强度阈值	变化率
扶沟县	0.8128	1.31	0.18	1.07	1.05	–1.93%
西华县	0.6913	1.14	0.18	0.94	0.90	–3.53%
商水县	1.2306	0.94	0.18	0.77	0.80	3.56%
项城市	1.1785	1.32	0.18	1.08	1.11	2.87%
沈丘县	0.6652	1.87	0.18	1.53	1.47	–3.87%
淮阳区	0.6432	2.34	0.18	1.91	1.84	–4.16%
郸城县	0.6453	1.20	0.18	0.98	0.94	–4.13%
太康县	0.6922	1.40	0.18	1.15	1.11	–3.52%
鹿邑县	1.201	2.47	0.18	2.03	2.09	3.17%
商丘市	0.4904	12.40	0.18	10.17	9.54	–6.17%
夏邑县	1.0349	3.21	0.18	2.63	2.66	0.99%
虞城县	0.6407	2.15	0.18	1.77	1.69	–4.19%
宁陵县	0.6954	2.81	0.18	2.30	2.22	–3.47%
柘城县	1.0938	2.18	0.18	1.79	1.82	1.76%
睢县	1.2978	3.21	0.18	2.64	2.75	4.44%
民权县	0.7089	3.91	0.18	3.20	3.10	–3.30%
永城市	1.1234	3.80	0.20	3.04	3.11	2.15%
开封市	1.1125	6.51	0.19	5.27	5.38	2.01%
尉氏县	1.0493	1.43	0.19	1.16	1.17	1.18%
通许县	1.1189	2.16	0.19	1.75	1.78	2.09%
杞县	1.087	2.13	0.19	1.72	1.75	1.67%
兰考县	0.6696	1.13	0.18	0.92	0.89	–3.81%
济源市	0.272	0.60	0.20	0.48	0.44	–9.04%
焦作市	1.0229	1.16	0.20	0.93	0.94	0.83%
孟州市	1.0605	1.53	0.20	1.22	1.24	1.32%
沁阳市	0.6827	1.07	0.20	0.86	0.82	–3.64%
温县	1.2406	2.27	0.20	1.82	1.88	3.69%
博爱县	1.0493	1.04	0.20	0.83	0.84	1.18%
武陟县	1.112	2.46	0.20	1.97	2.01	2.00%
修武县	1.0115	0.72	0.20	0.58	0.58	0.68%
新乡市	1.6474	0.23	0.19	0.19	0.20	9.03%
获嘉县	1.1308	1.12	0.19	0.91	0.93	2.25%

续表

地区	农业生产效率	水资源碳排放强度	约束目标	“十三五”分解目标后碳排放强度	水资源碳排放强度阈值	变化率
新乡县	0.6339	2.25	0.19	1.82	1.74	–4.28%
原阳县	0.6929	1.60	0.19	1.29	1.25	–3.51%
封丘县	1.0461	1.63	0.19	1.32	1.34	1.13%
延津县	1.0749	1.85	0.19	1.50	1.52	1.51%
卫辉市	0.4712	0.84	0.19	0.68	0.64	–6.42%
辉县市	0.405	0.81	0.19	0.66	0.61	–7.29%
长垣市	0.3848	0.63	0.18	0.52	0.48	–7.55%
鹤壁市	0.4222	0.35	0.20	0.28	0.26	–7.06%
浚县	1.18	3.81	0.20	3.05	3.14	2.89%
淇县	1.4087	0.79	0.20	0.63	0.67	5.90%
安阳市	1.0214	1.55	0.20	1.24	1.25	0.81%
安阳县	1.1058	6.27	0.20	5.01	5.11	1.92%
汤阴县	1.0194	3.43	0.20	2.75	2.77	0.78%
内黄县	1.0313	4.20	0.20	3.36	3.39	0.94%
林州市	0.1987	1.86	0.20	1.49	1.34	–10.00%
滑县	1.027	2.33	0.18	1.91	1.93	0.88%
濮阳市	0.713	2.22	0.19	1.80	1.74	–3.24%
南乐县	0.7129	1.97	0.19	1.60	1.55	–3.24%
清丰县	1.0014	1.31	0.19	1.06	1.07	0.55%
濮阳县	1.0317	1.02	0.19	0.83	0.84	0.95%
范县	0.5105	0.87	0.19	0.71	0.66	–5.90%
台前县	0.6984	0.80	0.19	0.65	0.63	–3.43%
总计				157.47	154.79	–1.67%

附表 11 河南省县域单元水土优化方案

类型	地区	非期望产出		期望产出		土地资源及人类投入								水资源投入	
		农业碳排放/万 t		粮食产量/万 t		有效灌溉面积/khm^2		化肥使用量/万 t		农药使用量/t		农膜使用量/t		农业用水量/m^3	
		碳排放阈值	优化后	优化前	优化后	优化前	优化后	优化前	优化后	优化前	优化后	优化前	优化后	优化前	优化后
水土丰富区	邓州市	21.52	21.52	117.21	121.51	112.64	117.92	18.77	13.59	3 501.00	2 660.84	3 612.00	3 612.00	15 520.40	17 072.44
	信阳市	9.39	9.39	63.82	68.72	77.13	77.13	8.35	5.48	1 225.56	1 086.41	1 694.52	1 694.52	32 028.75	9 219.07
	息县	8.21	8.21	96.34	97.05	63.08	102.73	6.32	5.73	1 838.34	442.96	2 541.78	612.46	30 010.50	40 320.29
	淮滨县	5.96	5.96	58.35	62.80	31.93	42.57	9.64	7.52	1 184.71	102.20	1 638.04	1 638.04	19 890.00	16 197.50
	固始县	12.62	12.62	116.70	122.73	104.79	111.45	10.13	10.13	2 891.00	576.95	3 180.00	3 180.00	49 355.25	44 419.77
	泌阳县	29.66	24.72	63.25	68.03	42.22	42.22	15.43	11.59	1 366.60	1 366.60	2 651.43	2 651.43	20 926.40	23 019.11
	确山县	13.95	10.77	54.03	60.34	38.42	38.42	9.89	8.33	875.69	875.69	1 698.97	1 698.97	28 665.34	31 531.74
	汝南县	10.08	8.96	75.78	81.45	61.43	81.91	7.19	6.05	636.86	636.86	1 235.62	1 235.62	20 735.00	22 808.53
	平舆县	9.93	9.76	77.90	83.93	54.28	72.37	7.12	7.07	630.23	630.23	1 222.75	1 222.75	34 611.50	38 072.59
	新蔡县	14.84	10.21	83.26	88.23	60.08	80.10	8.02	8.02	709.84	567.87	1 377.20	1 101.76	19 005.80	20 906.39
	正阳县	18.44	13.59	85.71	92.76	55.27	73.69	10.56	10.56	935.39	935.39	1 814.81	1 814.81	26 788.85	26 724.07
	遂平县	8.07	8.07	59.91	64.72	42.92	57.22	5.99	5.99	530.72	530.72	1 029.68	1 029.68	15 741.00	16 008.53
	上蔡县	12.77	11.80	104.81	111.05	77.55	120.89	8.39	8.39	743.01	743.01	1 441.55	1 441.55	17 694.05	19 463.46
	西平县	8.65	6.46	93.88	94.21	52.87	104.11	6.07	6.07	537.35	158.15	1 042.55	834.04	13 117.50	14 429.25
	鲁山县	8.97	5.37	20.91	27.66	22.69	22.69	11.70	2.50	1 287.10	1 287.10	1 099.22	1 099.22	14 570.00	16 027.00
	商水县	10.66	10.66	101.06	106.70	72.71	128.00	6.93	6.93	1 026.00	797.50	483.00	483.00	13 324.80	17 902.43
	辉县市	8.76	8.76	56.13	60.34	26.00	42.34	8.55	7.90	974.00	454.69	694.00	694.00	14 309.00	15 739.90
	长垣市	9.60	9.60	65.37	68.64	44.96	59.95	7.71	6.37	1 135.00	908.00	687.00	549.60	20 168.40	22 185.18

续表

类型	地区	非期望产出		期望产出		土地资源及人类投入								水资源投入	
		农业碳排放/万 t		粮食产量/万 t		有效灌溉面积/khm^2		化肥使用量/万 t		农药使用量/t		农膜使用量/t		农业用水量/m^3	
		碳排放阈值	优化后	优化前	优化后	优化前	优化后	优化前	优化后	优化前	优化后	优化前	优化后	优化前	优化后
水多土少区	孟津区	3.44	3.44	24.46	27.06	18.02	27.09	2.12	1.87	483.00	434.70	388.00	349.20	7 155.20	7 870.72
	偃师区	3.27	3.27	25.01	29.08	36.36	36.36	2.51	1.66	520.00	439.16	245.00	245.00	6 536.00	4 357.79
	栾川县	0.98	0.86	4.40	6.49	3.86	3.86	0.92	0.54	68.00	83.06	99.00	99.00	11 696.00	10 526.40
	伊川县	3.90	3.90	36.91	38.88	26.60	43.32	2.51	2.46	332.00	298.80	526.00	473.40	6 536.00	7 189.60
	宜阳县	6.40	6.40	37.12	37.80	16.41	32.65	4.29	3.89	1 015.00	826.57	950.00	855.00	7 585.20	8 343.72
	汝阳县	3.21	2.96	17.91	21.54	14.48	19.31	1.73	1.61	387.00	387.00	507.00	507.00	7 942.96	8 737.25
	嵩县	2.88	2.88	20.75	22.05	9.76	19.42	2.49	1.57	457.00	372.16	308.00	277.20	10 715.60	11 787.16
	洛宁县	3.41	3.41	25.60	27.29	10.41	20.09	2.16	2.12	420.00	309.48	572.00	514.80	27 520.00	30 272.05
	三门峡市	0.18	0.18	2.55	3.06	1.48	2.18	0.16	0.10	48.14	10.19	59.14	59.14	18 495.50	20 345.05
	卢氏县	4.46	4.46	11.98	12.67	2.69	5.28	3.81	2.81	1 173.51	955.65	1 441.44	1 297.30	15 797.50	14 217.74
	灵宝市	3.45	3.45	22.35	27.11	24.44	24.44	2.86	2.11	878.63	330.37	1 079.23	1 079.23	11 342.25	9 053.70
	罗山县	3.57	3.57	71.33	76.71	58.73	83.50	3.88	3.16	970.24	65.67	1 341.50	1 341.50	44 869.50	49 356.27
	光山县	6.81	6.57	56.88	61.56	50.28	67.04	3.81	3.63	674.06	674.06	931.99	931.99	22 610.25	24 871.30
	新县	0.47	0.47	12.39	14.88	10.71	10.71	0.86	0.56	245.11	3.06	338.90	338.90	48 818.25	43 936.47
	商城县	3.86	3.03	32.08	37.34	45.68	45.68	2.32	1.27	418.73	418.73	578.96	578.96	42 178.50	46 396.53
	潢川县	3.57	3.57	68.84	74.44	56.81	56.81	7.92	5.12	1 113.22	27.42	1 539.19	1 134.16	22 610.25	20 349.22
	舞阳县	5.88	5.88	53.64	56.79	38.87	70.67	5.26	3.04	759.00	683.10	962.10	865.89	13 230.00	14 552.99
	叶县	4.89	4.89	60.64	65.37	50.50	53.91	6.75	6.75	742.72	59.90	634.30	634.30	7 626.00	6 863.40
	汝州市	7.64	6.94	46.97	52.46	49.78	49.78	9.75	4.25	717.00	717.00	717.00	717.00	13 874.40	15 261.84

续表

类型	地区	非期望产出		期望产出		土地资源及人类投入								水资源投入	
		农业碳排放/万 t		粮食产量/万 t		有效灌溉面积/khm^2		化肥使用量/万 t		农药使用量/t		农膜使用量/t		农业用水量/m^3	
		碳排放阈值	优化后	优化前	优化后	优化前	优化后	优化前	优化后	优化前	优化后	优化前	优化后	优化前	优化后
水多土少区	许昌市	0.58	0.58	8.16	8.30	1.92	6.96	0.52	0.36	64.35	31.78	60.66	54.59	11 551.50	12 706.64
	襄城县	6.25	6.25	55.28	56.19	38.71	57.61	5.35	4.28	657.80	447.44	620.08	558.07	9 558.30	10 514.13
	建安区	7.08	7.08	66.58	68.82	53.54	78.89	5.82	4.38	715.00	582.26	674.00	606.60	13 001.10	14 301.20
	长葛市	4.51	4.51	53.99	55.39	43.81	71.35	3.78	2.75	464.75	309.87	438.10	394.29	9 739.50	10 713.45
水土缺乏区	郑州市	1.69	1.61	26.33	30.24	21.80	31.06	1.72	2.10	311.00	15.40	1 105.63	995.06	2 023.22	2 023.22
	中牟县	4.56	4.54	18.41	35.52	58.70	58.70	5.47	1.84	1 026.00	1 026.00	1 433.50	1 433.50	2 549.75	2 039.80
	新郑市	4.43	4.43	26.80	30.03	36.79	37.89	3.66	2.72	626.00	509.79	907.38	816.64	1 032.06	825.65
	新密县	3.64	3.64	21.10	24.39	15.79	24.87	2.53	2.32	469.00	381.93	1 021.75	832.07	1 838.76	1 838.76
	巩义市	3.35	3.35	15.81	19.11	15.83	15.83	3.17	2.38	451.00	320.24	1 075.13	1 075.12	1 752.71	1 752.71
	荥阳市	2.92	2.92	33.03	34.41	30.81	48.52	2.81	2.07	555.00	150.45	930.25	837.23	1 458.39	1 374.52
	登封县	3.13	2.83	19.56	20.16	12.58	19.81	1.74	1.74	400.00	294.74	1 242.88	1 118.59	2 506.06	2 506.06
	洛阳市	1.29	1.18	18.80	19.12	11.16	15.90	1.57	1.57	251.00	12.50	664.00	597.60	2 236.00	2 236.00
	新安县	3.07	3.07	20.48	20.96	6.54	18.78	2.20	2.10	505.00	275.67	502.00	151.80	2 159.60	2 459.60
	渑池县	1.56	1.56	17.95	18.10	7.59	19.71	1.35	1.39	415.24	50.58	510.05	459.04	869.75	869.75
	义马市	0.11	0.11	0.92	1.22	0.90	0.90	0.11	0.09	33.10	5.43	40.66	40.66	286.13	286.13
	陕州区	1.93	1.93	11.04	13.46	10.82	10.82	1.56	1.23	481.44	187.56	591.36	591.36	4 686.00	3 748.80
	南阳市	6.25	6.25	70.49	75.94	70.06	94.40	6.32	4.65	1 288.56	275.83	2 064.51	2 064.51	8 565.00	8 565.00
	镇平县	7.06	7.06	50.26	53.09	39.21	68.24	5.32	3.66	1 086.07	977.46	3 244.23	2 919.81	5 081.90	5 081.90
	社旗县	6.17	6.17	52.51	56.53	31.24	86.36	4.06	3.16	828.36	745.52	2 831.33	2 548.20	3 682.95	3 682.95

续表

类型	地区	非期望产出		期望产出		土地资源及人类投入								水资源投入	
		农业碳排放/万 t		粮食产量/万 t		有效灌溉面积/khm^2		化肥使用量/万 t		农药使用量/t		农膜使用量/t		农业用水量/m^3	
		碳排放阈值	优化后	优化前	优化后	优化前	优化后	优化前	优化后	优化前	优化后	优化前	优化后	优化前	优化后
水土缺乏区	新野县	4.22	4.22	50.05	57.40	54.85	78.16	3.61	3.42	736.32	139.62	2 772.34	2 772.34	3 854.25	3 083.40
	桐柏县	6.29	6.29	23.92	27.94	20.77	20.77	6.50	3.96	1 325.38	963.11	1 179.72	1 179.72	6 138.25	4 910.60
	驻马店市	6.41	6.24	47.09	49.04	35.43	50.49	4.87	4.87	431.21	388.09	836.62	752.95	3 113.44	3 113.44
	漯河市	4.56	4.56	44.11	50.00	36.25	84.34	4.04	2.51	581.90	428.78	737.61	737.61	2 018.80	2 018.80
	临颍县	5.85	5.85	51.14	57.40	44.62	63.58	5.51	4.71	794.42	276.95	1 007.00	1 007.00	4 252.42	4 252.42
	郾城区	2.44	2.44	28.03	32.79	23.94	29.94	2.77	2.61	399.74	48.69	506.71	506.71	4 253.20	4 253.20
	平顶山市	1.37	1.37	22.97	26.84	19.57	22.30	1.92	1.92	211.00	11.54	180.20	180.20	5 084.00	5 084.00
	宝丰县	2.56	2.56	23.71	29.67	28.02	28.02	3.53	2.52	388.24	70.18	331.57	331.57	3 456.50	2 765.20
	郏县	1.89	1.89	31.61	37.34	34.79	38.86	3.53	2.35	388.24	19.89	331.57	331.57	3 627.00	3 627.00
	鄢陵县	4.78	4.78	53.93	60.64	66.88	66.88	5.03	5.02	618.48	108.41	583.01	583.01	4 190.25	3 033.20
	周口市	0.51	0.19	2.32	4.22	12.35	12.35	0.28	0.03	97.00	118.48	32.00	28.80	6 488.90	5 191.12
	扶沟县	8.17	8.17	59.63	62.00	64.41	78.21	6.55	4.18	1 999.00	1 205.97	1 351.00	1 215.90	7 772.80	7 772.80
	宁陵县	5.77	5.77	45.86	50.35	47.90	67.76	5.28	3.70	1 469.20	486.44	975.50	877.95	2 593.50	2 074.80
	通许县	6.65	6.65	37.27	41.74	47.14	55.00	3.54	2.92	1 738.00	1 564.20	1 379.00	1 241.10	3 724.80	3 724.80
	济源市	3.03	3.03	22.36	26.31	25.02	25.02	2.48	2.02	565.00	225.77	718.00	718.00	6 917.55	5 534.04
	焦作市	2.70	2.70	17.98	19.22	9.49	13.52	2.17	2.47	159.98	143.98	63.30	56.97	2 889.25	2 889.25
	孟州市	3.50	3.50	29.20	32.80	24.27	34.58	2.96	2.66	584.00	193.36	683.00	614.70	2 825.75	2 825.75
	沁阳市	3.53	3.53	33.71	37.71	28.00	33.78	3.15	3.48	729.00	107.17	260.00	260.00	4 286.25	4 286.25
	温县	4.72	4.18	30.70	33.19	26.11	37.21	2.32	2.69	441.00	396.90	220.00	198.00	2 508.25	2 508.25

续表

类型	地区	非期望产出		期望产出		土地资源及人类投入								水资源投入	
		农业碳排放/万 t		粮食产量/万 t		有效灌溉面积/khm^2		化肥使用量/万 t		农药使用量/t		农膜使用量/t		农业用水量/m^3	
		碳排放阈值	优化后	优化前	优化后	优化前	优化后	优化前	优化后	优化前	优化后	优化前	优化后	优化前	优化后
水土缺乏区	博爱县	2.74	2.74	20.00	24.53	19.10	19.10	2.90	2.83	465.30	84.47	587.20	587.20	3 270.25	2 616.20
	武陟县	8.74	8.71	52.15	53.39	43.14	55.62	5.41	5.41	1 384.00	1 127.07	338.00	304.20	4 349.75	4 349.75
	修武县	2.75	2.60	21.02	24.38	20.52	27.81	1.29	1.43	327.00	294.30	81.60	73.44	4 730.75	4 730.75
	新乡市	1.82	1.82	72.00	77.48	16.61	99.15	2.19	2.95	685.10	5.64	482.00	482.00	8 934.40	8 934.40
	获嘉县	3.14	1.82	32.80	38.47	26.34	30.73	4.09	3.47	974.00	8.16	94.00	94.00	3 385.30	3 385.30
	新乡县	4.01	4.01	26.59	31.19	38.50	39.05	2.94	2.18	569.80	569.80	75.40	75.40	2 303.40	2 303.40
	卫辉市	4.08	4.08	35.60	63.43	101.88	101.88	4.74	2.78	647.30	181.90	676.00	676.00	6 386.70	4 183.19
	鹤壁市	1.43	1.43	16.17	19.69	16.32	18.01	1.24	1.24	207.00	45.70	65.00	65.00	5 458.65	5 458.65
	浚县	13.72	7.29	73.75	74.76	55.50	120.37	3.93	3.93	940.00	765.49	842.00	757.80	4 374.15	4 374.15
	淇县	3.83	2.10	29.66	32.50	20.94	54.37	0.65	1.00	269.00	219.06	16.00	14.40	5 711.70	5 711.70
	安阳县	8.22	8.22	64.77	70.11	77.53	77.53	9.97	8.03	1 363.96	288.66	4 494.15	4 494.15	1 609.40	1 609.40
	濮阳市	2.96	2.53	14.14	16.95	18.77	18.77	1.44	1.37	338.00	338.00	3 032.00	3 032.00	1 695.00	1 356.00
	南乐县	6.13	6.13	45.29	47.12	32.07	49.01	5.80	4.37	544.00	443.01	2 474.00	2 226.60	3 966.30	3 966.30
	清丰县	6.01	5.92	55.49	59.74	54.70	54.70	6.42	6.42	745.00	153.71	597.00	597.00	5 627.40	4 073.50
	范县	3.17	3.17	34.32	38.47	32.46	33.51	3.46	3.46	493.00	70.64	180.00	180.00	4 779.90	4 779.90
	台前县	1.97	1.97	20.31	20.65	16.40	24.32	1.15	1.16	206.00	167.76	234.00	210.60	3 152.70	3 152.70
水少土多区	西峡县	10.45	5.66	9.63	12.81	7.65	7.65	11.64	2.30	2 374.63	3 542.54	2 064.51	2 786.80	7 337.35	5 869.88
	淅川县	13.91	9.02	25.00	29.08	20.00	20.00	9.56	5.13	1 951.25	2 156.46	3 804.60	3 804.60	7 423.00	5 214.48
	内乡县	9.30	9.30	31.85	35.11	20.92	24.41	8.39	6.36	1 711.94	1 369.55	3 126.26	2 501.01	4 453.80	4 453.80

续表

类型	地区	非期望产出		期望产出		土地资源及人类投入								水资源投入	
		农业碳排放/万 t		粮食产量/万 t		有效灌溉面积/khm^2		化肥使用量/万 t		农药使用量/t		农膜使用量/t		农业用水量/m^3	
		碳排放阈值	优化后	优化前	优化后	优化前	优化后	优化前	优化后	优化前	优化后	优化前	优化后	优化前	优化后
水少土多区	南召县	11.53	8.67	18.03	21.76	12.11	12.11	9.93	5.33	2 024.88	2 237.84	2 742.85	2 742.85	6 537.95	4 155.70
	方城县	9.03	9.03	61.47	63.02	43.76	68.91	8.66	5.12	1 767.17	1 157.47	1 740.09	1 392.07	9 364.40	9 364.40
	唐河县	11.57	11.57	127.97	134.91	51.30	246.88	8.48	6.79	1 730.35	927.91	1 327.19	1 061.75	5 966.95	4 773.56
	禹州市	8.39	8.39	53.55	53.99	39.65	51.12	8.49	5.67	1 043.90	835.12	984.04	787.23	6 387.30	6 387.30
	西华县	10.24	10.24	74.19	79.84	62.29	62.29	11.40	10.24	3 028.00	378.69	1 663.00	1 663.00	11 346.90	11 346.90
	项城市	9.07	9.07	80.49	84.48	58.16	123.63	4.94	4.74	1 538.00	1 113.31	829.00	663.20	8 154.50	8 154.50
	沈丘县	11.77	11.77	88.22	92.87	57.57	110.73	11.36	7.54	1 555.00	1 125.62	715.00	572.00	7 981.00	7 981.00
	淮阳区	12.74	12.74	98.64	101.26	71.17	151.29	11.65	6.42	2 883.90	1 888.91	1 975.00	1 580.00	6 940.00	6 940.00
	郸城县	11.75	11.75	98.64	103.02	80.91	140.82	7.47	6.30	2 140.00	1 401.67	1 780.00	1 424.00	12 492.00	12 492.00
	太康县	13.60	13.60	112.11	117.63	96.84	168.55	11.97	7.10	2 653.00	1 737.67	1 949.00	1 559.20	12 283.80	12 283.80
	鹿邑县	11.04	11.04	90.51	95.58	66.00	122.64	9.38	7.50	1 135.00	908.00	260.00	223.10	5 274.00	5 274.00
	商丘市	54.87	48.25	100.57	106.70	42.97	42.97	89.88	66.11	3 079.28	3 079.28	2 044.54	2 044.54	5 752.25	5 752.25
	夏邑县	12.63	12.63	104.01	104.80	73.26	127.51	12.80	9.52	2 757.26	811.47	1 830.73	1 464.58	4 754.75	4 754.75
	虞城县	9.00	9.00	85.74	92.76	70.00	81.67	13.44	11.40	2 938.40	162.76	1 951.00	1 951.00	5 320.00	5 320.00
	柘城县	6.65	6.65	74.08	74.78	64.73	112.66	5.50	4.34	1 972.35	430.02	1 309.57	1 047.66	3 657.50	3 657.50
	睢县	8.24	8.24	63.81	65.92	56.90	99.03	5.72	4.33	1 730.84	1 133.67	1 149.22	919.37	2 992.50	2 992.50
	民权县	9.99	9.99	66.24	67.19	61.05	86.99	5.70	5.68	2 294.36	1 359.76	1 523.38	1 218.71	3 225.25	3 225.25
	永城市	15.94	15.94	132.01	139.20	86.34	202.85	12.70	10.50	2 159.00	1 279.54	2 680.00	2 144.00	5 132.40	5 132.40
	开封市	14.08	9.16	58.22	62.80	68.43	76.59	7.33	5.86	952.00	952.00	1 613.00	1 613.00	2 619.00	2 619.00

续表

类型	地区	非期望产出		期望产出		土地资源及人类投入								水资源投入	
		农业碳排放/万 t		粮食产量/万 t		有效灌溉面积/khm^2		化肥使用量/万 t		农药使用量/t		农膜使用量/t		农业用水量/m^3	
		碳排放阈值	优化后	优化前	优化后	优化前	优化后	优化前	优化后	优化前	优化后	优化前	优化后	优化前	优化后
水少土多区	尉氏县	9.05	7.72	58.93	63.43	81.41	83.18	4.19	4.19	916.00	916.00	2 283.00	2 283.00	7 740.60	6 192.48
	杞县	9.02	9.02	66.18	70.09	77.24	104.70	5.92	4.24	1 953.00	1 562.40	1 577.00	1 261.60	5 150.70	5 150.70
	兰考县	8.06	8.06	52.50	59.15	54.11	58.87	6.18	5.28	760.00	760.00	628.00	628.00	9 063.00	9 063.00
	原阳市	7.92	7.92	73.19	77.57	76.00	108.30	5.19	4.68	1 101.00	721.14	817.00	653.60	6 351.80	6 351.80
	封丘县	8.13	1.14	11.21	14.88	54.72	54.72	1.23	0.13	2 478.00	1 982.40	216.21	172.97	6 072.60	4 858.08
	延津县	7.05	7.05	45.99	51.42	49.70	57.98	11.51	4.28	1 054.00	858.37	93.00	93.00	4 641.70	4 641.70
	安阳市	9.53	5.32	22.51	26.31	16.08	17.96	4.50	3.60	615.37	615.37	2 027.59	2 027.59	7 644.65	7 644.65
	汤阴县	5.74	5.74	44.00	45.25	51.00	59.50	5.33	3.44	729.56	583.65	2 403.85	1 923.08	2 073.65	2 073.65
	内黄县	19.20	6.54	52.16	58.56	100.58	100.58	9.60	2.59	1 313.21	1 313.21	4 326.92	4 326.92	5 663.85	5 663.85
	林州市	9.59	6.86	36.04	40.45	55.55	55.55	16.93	2.48	2 315.56	2 315.56	7 629.60	7 629.59	7 149.45	5 719.56
	滑县	16.03	16.03	144.57	152.93	111.93	159.50	21.62	16.38	1 972.00	475.16	3 965.00	3 709.38	8 304.00	8 304.00
	濮阳县	9.76	9.76	92.86	95.37	72.56	126.29	8.54	5.78	1 538.00	911.50	485.00	388.00	11 661.60	11 661.60